도시의 이해

김 타 열

학력 : 서울대학교 농과대학 농공학과 졸업
서울대학교 환경대학원 도시계획학 석사
한양대학교 도시공학과 공학박사

경력 : 국토연구원 책임연구원
University of Washington 객원교수
대한국토 · 도시계획학회 상임이사, 대구경북지회장 역임

현재 : 영남대학교 도시공학과 교수
전국도시(공)학과교수협의회 의장
지방도시계획위원회 위원

저서 및 주요 논문
도시계획론 (공저) 보성각, 2000
토지이용분류체계의 표준화 (공저) 토지이용연구회,1994
대도시중심부 지기결정에서 근린효과, 국토계획 129호, 2003년
토지이용정보체계 구축의 방법 등 다수의 논문

도시의 이해

지은이 / 김타열
펴낸이 / 우동기
초판발행 / 2006년 4월 3일
초판3쇄 / 2008년 2월 26일
펴낸곳 / 영남대학교 출판부
출판등록 / 1975년 9월 5일 경산 제 16-1호
주소 / 경북 경산시 대동 214-1번지
전화 / (053) 810-1801~3
팩스 / (053) 810-4722

값 13,000원
ISBN 89-7581-142-5 93540

도시의 이해

김타열 지음

영남대학교출판부

머 리 말

우리나라는 2000년에 국민의 80% 이상이 도시에 거주하여 이미 성숙한 도시사회에 진입해 있다. 이러한 성숙도시화를 과거 40년간이라는 단기간에 이룩하면서 도시를 인식하는 방법에 두 가지의 특성이 있다. 하나는 도시의 변화에 대한 매우 민감한 국민적 관심이다. 특히 지가와 주택 등 부동산을 중심으로 한 도시에 대한 경험적 지식의 학습에 대부분의 시민들이 매우 적극적이다. 다른 한편에는 이러한 실제적 지식의 필요성에 비해 도시의 이론적 지식은 미흡한 실정이다.

상당한 수준의 도시이론을 고등학교에서 국민 소양으로서 교육하고 있으나 저자의 경험으로는 상위권 성적으로 졸업한 학생들도 도시에 대한 이해의 수준이 비교적 낮은 편이다. 이러한 이유로는 너무 이론 중심의 교육 결과이고, 도시이론의 입문서들도 대부분 이론에 치중해 있다. 그래서 일반인들이나 다른 전문분야에서 도시의 이론을 공부하기가 여간 어렵지 않다. 도시의 이해에 대한 초보적인 접근은 비교적 설명력이 높은 단순한 이론들의 이해에 초점이 되어야 할 필요가 있다.

현대 도시생활에서 개인이나 기업은 주택, 상가와 공장 등 도시 활동들의 입지를 결정할 때 도시공간이론들이 동원될 필요가 있다. 시청이 도시계획 등의 공공정책을 결정할 때에 시민들이 적극적으로 관여하거나 정책 결과를 이용하여 개인의 권리를 옹호할 수도 있다. 도시 규모가 클수록 도시 내부 구성요소 간의 관계가 복잡하기 때문에 대도시 생활에서 도시공간의 이론이 더욱 필요하다. 이러한 면에서 도시공간이론을 현대 도시생활과 연계하여 책 제목을 설정하였다.

이 책의 구성은 크게 4편으로 되어 있다. 제1편은 지역 관점에서 도시성격의 모색이다. 정주체계 변화의 중요한 요소인 도시화를 현재 우리나라의 도시화단계 측면에서 다룬다. 대도시권의 변화이론을 우리나라 5대 대도시권에서 검증하고 중심지이론이 정주체계의 핵심적 이론으로 설명된다.

제2편에서는 도시의 주요 구성요소인 주택, 공업 및 상업의 수요와 공급 간의 관계성과 이들의 도시 내 분포에 대한 거시적인 고찰을 담는 것이다. 주택부문에서는 현대 도시의 주택문제 성격과 정책방향을 포함하고, 도시성장 요소로서 공업의 성장론과 입지론을 다루고 그리고 도시 내 상업의 분포이론을 설명한다.

제3편은 도시공간구성의 논리를 제시하는 것이 주요 과업이다. 먼저 지대와 지가 생성의 이론과 이것들이 토지이용과의 관계성을 설명하고, 도시활동체계와 도시공간 간의 관계성, 교통이 토지이용의 변화에 주는 영향, 대도시 내 주거지 분화의 이론 등을 담고 있다.

제4편은 도시 개선정책의 주요 수단인 도시계획의 개념을 간략하게 소개하고 도시계획의 신뢰성과 정당성에 대한 논의를 강조하고 있다. 그리고 마지막 장에서 미래 도시정책의 기본이념인 지속가능한 발전을 위한 도시계획의 방법을 소개하는 것이다.

이 책은 몇 가지 측면에서 특징을 지니고 있다. 첫째는 각 장이 되는 12개의 주제들이 각각 한 권의 전문서가 될 정도의 포괄적인 범위이나 핵심적인 이론을 가능한 현실세계와 연계하여 설명함으로서 이해력을 높이는데 초점을 두고 각 장마다 완결성을 높이는 것이다. 초보자들이 쉽게 접근하도록 다양한 이론의 나열을 지양하고 설명 이론을 단순화한다. 두 번째는 우리나라 상황의 특이성에 근거하여 접근한다. 대표적인 것이 도시화과정에 의한 정주체계의 변화이다. 우리나라 도시화는 1960년대부터 초기단계-가속화단계-종착단계가 급속하게 진행되었기 때문에 우리나라의 특수성에 근거하여 국토 공간상의 인구 분포 이론을 설명한다. 세 번째는 도시의 이해를 지역적 차원과 도시의 거시적 공간 그리고 도시공간구성의 논리까지 포괄하여 도시의 이해에 필요한 기본적인 분야를 포괄하고 있다. 다루는 분야는 넓지만 가능한 도시에 대한 지식을 간단명료하게 제시하고자 한다. 마지막으로 각 장의 말미에 학습한 핵심적인 논리를 서술형의 연습문제를 첨부하여 학습 내용을 재음미할 수 있고 또한 심층적인 탐구를 유도하고 있다.

도시공간이론의 입문서로서 도시계획과 교통계획 등의 전공자와, 건축학, 조경학, 지리학, 경제학, 사회학, 행정학 등 분야에서 도시에 관심이 많은 전공자와 사회에서 도시 공부를 시도하는 분들에게 입문서로 이용되길 기대한다.

끝으로 원고와 그림의 입력을 전적으로 맡아 고생한 연구생들에게 고마움을 전하고 책이 나오기까지 고생한 영남대 출판부에 감사한다.

2006년 3월

김 타 열

차 례

제 3편 도시공간 형성

제7장 지가와 토지이용

제8장 도시활동체계와 도시공간 구성

제9장 교통과 토지이용

제10장 도시내 주거지 분화

제 4편 도시의 개선 정책

세11징 도시계획의 개념과 정당성

제12장 지속가능한 발전과 도시계획

제1편 | 도시와 지역의 관계

제 1 장

도시화

1. 도시화의 개념

1) 도시화의 의미

도시화는 한나라의 인구가 농촌지역에서 도시지역으로 옮겨가는 현상이다. 도시화의 진행은 전체인구에 대한 도시인구 비율의 증가현상을 말한다. 그리고 도시화는 주변지역에 재화와 서비스를 제공해 주는 도시가 증가하거나, 기존의 도시가 확대하여 보다 넓은 지역에 재화와 서비스를 제공해 주는 도시권의 확장현상이 나타난다.

한편 사회학자들은 도시화를 도시적 생활양식의 발전과정, 즉 도시성(urbanism)을 획득하는 과정으로 이해한다. 이때의 도시화는 도시의 발전에 따라 도시적 생활방식으로 이행되는 과정을 의미한다.

도시화는 산업화와 밀접한 관계를 갖는다. 산업화는 때로는 공업화라는 용어로 사용되기도 하는데, 이는 기술적 변화를 강조한다. 아울러 산업화는 생산양식의 변화와 직업의 전문화를 동반하게 된다. 도시화의 진행은 1차산업 종사자수가 줄어들고 2차 · 3차산업의 종사자수가 증가하여 2차 · 3차 산업의 비율이 증가하는 현상이 나타난다. 산업화를 통해 비1차산업의 종사자수가 증가하면 이는 도시인구의 증가요인이다. 그래서 도시화는 산업화와 병행하여 진행한다.

2) 도시화의 특징

도시화의 정의에 따라 도시화 수준도 다양하게 측정된다. 인구 지표로서 도시화수준은 한 국가의 전체인구 중 도시인구의 비중으로 측정한다. 사회적 관점에서 도시생활양식의 공간적 확산정도로 측정할 수 있다. 가장 일반적으로 이용되는 지표가 전국인구 중 도시인구의 비중을 나타내는 도시화율이다.

$$도시화율(\%)= \frac{전국도시인구}{전국총인구} \times 100.0$$

도시화율은 지역이나 국가적 차원에서 도시화 수준을 비교하는데 가장 기초적인 지표이다. 그러나 도시화 수준의 국가 간 시계열적 비교를 위해서는 도시 정의에서 공통성이 있어야 한다. 도시 정의는 인구분포와 인구밀도에 근거하나 국가마다 다양하다. 도시 행정단위가 2,500명에서 50,000명까지 차이가 나고 있다. 도시의 이러한 물리적 기준 이외에 2차 · 3차 산업의 종사자 비율에 의한 경제적 기준과 구성원의 사회적 이질성과 사회조직 등 사회적 기준에 따라 정의를 하기도 한다.

우리나라 도시 정의는 과거에는 시급 혹은 읍급 이상 도시를 대상으로 하는 두가지의 기준을 적용하기도 하였다. 그러나 1994년 통합시와 광역시의 행정단위를 도입하면서 통합시와 광역시는 농촌으로 볼 수 있는 면지역을 포함하고 있어 통합시와 광역시 전체를 도시로 정의하는 것은 문제가 있다. 종래의 읍급 혹은 시급 이상의 도시로 정의하기 위해서 도시를 다음중 한 가지로 규정할 필요가 있다.

- · 읍 수준 이상을 기준으로 하는 경우는 통합시와 광역시에서 농촌부분(면 행정구역)을 제외하는 것이다.
- · 시급 이상을 기준으로 하는 경우는 통합시와 광역시 행정구역에서 읍급과 면급 행정단위를 제척하는 것이다. 그리고 인구센서스 조사 결과에서 동(洞)지역으로 집계되어 있다.

3) 도시화 이해의 의의

국가발전과 밀접한 관계

한 나라의 도시화 수준은 국토의 크기, 인구규모, 역사적 배경, 자연자원, 경제구조와 도시설정 기준 등에 의해 영향을 받는다. 그러나 모든 요소 중 도시화 수준과 관계가 가장 밀접한 요인은 그 나라의 경제발전 수준이다. 〈그림 1-1〉은 2004년 인구규모가 2000만명 이상인 국가를 사례로 하여 소득수준과 도시화율의 관계를 표현한 것이다. 여기에서 도시화와 경제발전 간에 일정한 상관성이 있다. 도시화와 경제발전 간의 관련성은 다음의 3가지 의미를 지닌다. 첫째, 경제가 발전하면 도시화가 진행되는 경향이 있다. 둘째, 도시화와 경제발전은 반드시 정비례적인 관계는 아니다. 즉 도시화가 산업화의 경제발전에 의해서만 이루어지는 것은 아닌 것이다. 셋째, 경제발전 단계에 따라 도시화 양상이 다양하게 나타난다. 경제가 성장함에 따라 도시화율이 급속히 증가하나 경제발전이 일정한 정도에 도달하면 경제성장에 의한 도시화율의 성장은 점차 미약해지거나 둔화된다. (권용우: 140)

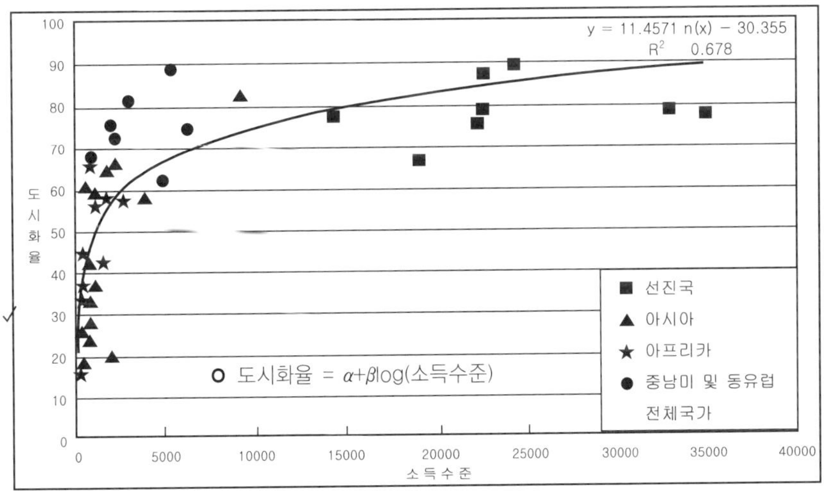

(자료근거 : UN Population Division, 2001)

〈그림 1-1〉 국가발전과 도시화 수준

도시화와 경제발전 간에 밀접한 관계가 성립될 수 있는 것은 경제활동이 도시의 발달을 가속화하기 때문이다. 일반적으로 경제활동에서 생산규모가 확대되면 될수록 단위생산당 생산비용이 감소하여 규모경제의 효과가 발생한다. 그리고 기업들이 한 곳에 집중하여 각자가 분담하는 하부구조 비용이 절감되어 집적경제의 효과가 나타나게 된다. 따라서 이러한 경제활동은 특정지역에 집중하는 경향이 있으며, 이에 따라 사람들이 공간적으로 집중하여 도시화가 진행된다.

가도시화(pseudo-urbanization)란 도시인구의 증가가 도시산업의 성장 보다 빠르게 진행되는 경우이다. 이는 도시산업이 갖는 고용능력을 초과하여 인구가 집중하는 현상을 말하며, 여러 가지 도시문제의 원인이 되고 있다. 〈그림1-1〉에서 중남미 국가들은 소득수준에 비해 도시화율이 매우 높은 것으로 나타나고 있어 가도시화 현상으로 유추된다.

가도시화는 많은 도시인구가 비공식 경제부문인 노점상, 일용 노동자, 암표상, 술집 접대부에 종사한다. 비공식 경제부문 종사자들은 대부분 소득이 낮기 때문에 도시외곽이나 고지대에 거주하여 불량주거지역을 형성한다. 불량주거지역은 도시기반시설이 부족하고 비위생적인 생활환경의 문제가 있다. 이들 지역은 저소득과 사회적 소외로 말미암아 탈법과 범죄의 온상이 되기도 한다. 가도시화 현상은 주로 개발도상국에서 심각하게 나타나며, 여러 가지 도시문제의 원인을 제공한다.(박종화 등: 71)

도시화는 도시정주체계의 기초

국토의 정주체계는 도시와 농촌의 공간적 배열상태이고 다양한 인구규모를 갖는 도시들의 공간적인 분포상태이다. 도시화는 인구이동의 결과이므로 정주체계의 변화를 초래한다.

우리나라는 1960년대 이후 산업화가 진행되면서 농촌에서 도시로 인구가 이동하고 대도시에서 인구가 팽창하였다. 과거의 이촌향도에 의한 대량의 인구이동이 가능했던 것은 농촌에 거주하는 인구가 많았기 때문이다. 그러나 2000년대로 들어선 지금 농촌인구가 급격히 감소한 실정에서 향후의 인구이동은 과거의 추세와 다른 형태로 일어날 것이다. 즉 도시와 도시 간의 경쟁이 인구이동의 주요 지배요인이 될 것이다.

도시화수준이 낮을 때의 도시화는 이촌향도적 인구이동이며 이 시기에는 대부분의 도시에서 인구증가를 가져온다. 그러나 도시화가 종착단계에 이르면 농촌에서 이주할 수 있는 인구의 비율이 낮기 때문에 도시 간의 인구이동이 중심이고 이것은 향후 정주체계 변화의 주요 영향 요소이다. 도시 간의 경쟁에 의한 인구이동이 도시의 성장과 쇠퇴를 좌우한다.

도시화는 제반 도시문제의 발생 원인

우리나라는 산업화과정에서 도시화율이 급격히 증가하는 가속화단계를 경험하였다. 도시화율의 급격한 증가는 도시인구의 급속한 증가를 가져오고 이에 따라서 시가지 팽창이 진행되었다. 시가지 확장은 지가의 급등, 주택부족과 주택가격의 상승에 의한 부동산투기 등의 사회적 문제를 야기하였고, 교통 등 도시기반시설이 충족되지 못해 시민생활 불편 등의 도시문제가 심각하게 된다.

도시의 시가지, 주택, 도시기반시설 등이 대부분 도시인구를 지지하는 것이기 때문에 인구변동이 도시문제의 일차적인 발생요인이다. 도시인구 변동은 먼저 도시화 과정에서 인식되어야 한다. 그러기 때문에 도시인구 변동의 전망도 도시화 수준과 연관하여 고찰할 수 있어야 한다.

2. 도시화 진행

1) 도시화 곡선과 도시화단계

도시화율의 변화를 그래프화한 것이 도시화 곡선(urbanization curve)이다. 도시화 진행은 처음에는 서서히 진행된다. 그러나 도시화를 촉진하는 여러 요인이 작용하면 갑자기 가속적으로 도시화가 이루어지다가, 어느 정도 진행되면 도시화의 진행이 둔화되고 도시화 수준이 안정단계에 이른다. 이러한 속성 때문에 도시화 곡선은 도시화가 낮은 단계에서부터 높은 단계에 이르기까지 로지스틱(logistic) 커브인 S자 형태를 나타낸다.

도시화 단계

도시화의 초기단계(initial stage)에는 도시화수준이 극히 낮을 뿐만 아니라 도시화율의 증가속도도 아주 완만하다. 이는 국가 경제가 주로 1차 산업에 의존하고 2 · 3차 산업이 미약하여 많은 인구가 농촌지역에 거주하고 있는 상태이다.

도시화의 가속화단계(accelaration stage)에 이르면 도시화수준이 급성장하는 단계이다. 이는 국가경제가 2 · 3차 산업을 중심으로 발전하는 과정이며, 인구 및 경제활동이 공간적으로 도시라는 특정 장소에 집중되는 도시성장의 격변기이다.

도시화의 종착단계(terminal stage)는 도시화수준이 한계치에 수렴하여 도시화율의 증가속도는 둔화된다. 도시화의 한계치는 이론적으로는 도시인구 합계가 전국인구를 초과할 수 없기 때문에 100%이다. 도시국가가 아니고 농촌지역에 거주인구가 안정적으로 존재하는 것을 가정하면 도시와 농촌 간의 균형적인 인구분포상태가 도시화율의 한계치가 된다.

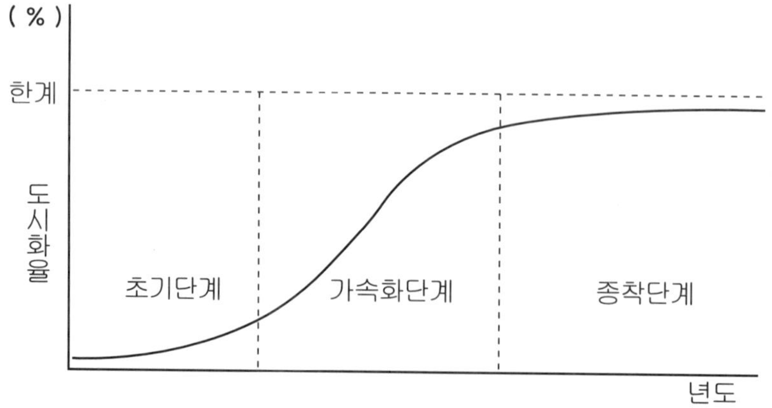

〈그림 1-2〉 도시화의 진행과정

한국의 도시화 과정

우리나라의 도시화는 1960년대 초반 경제개발의 산업화와 동시에 진행되었다. 이촌향도적 인구이동으로 도시의 인구집중이 가속되었다. 읍급 도시

이상을 도시로 가정하여 계산된 도시화율은 1970년의 40.7%에서 2000년 현재에는 81.9%에 달하고 있다. 우리나라 도시화는 1960년대 이전을 초기단계, 1960년대 초에서 1990년대 초반까지를 가속화단계, 그리고 1990년대 후반부터를 종착단계로 구분할 수 있다. 종착단계에서는 인구이동이 농촌에서 도시로의 방향보다는 도시간 인구이동이 중심이 된다.

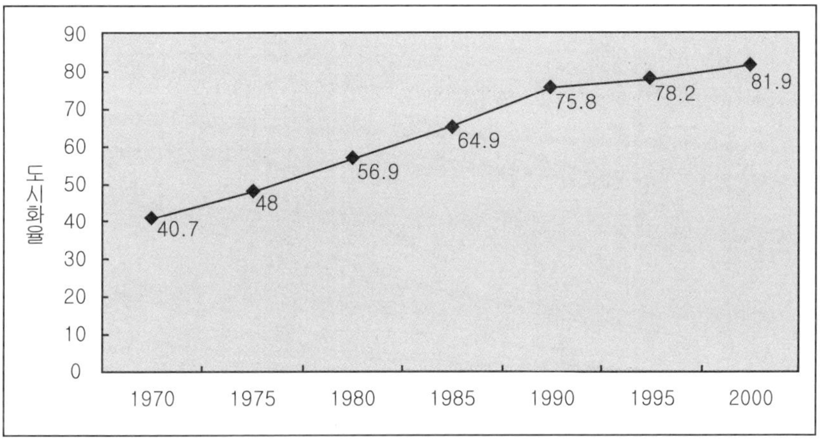

〈그림 1-3〉 한국의 도시화 진행과정

세계 각국 도시화 진행의 비교

세계 각국의 도시화 진행을 비교하면 각 나라마다 산업의 발전과정을 이해할 수 있다. 각 나라는 산업의 발전수준에 따라 도시화수준이 종착단계, 가속화단계, 그리고 초기단계로 구분된다. 〈그림1-4〉는 각국의 도시화율의 변화를 1950년에서 2000년까지 나타낸 것이다. 우리나라를 비롯해 영국, 독일, 프랑스, 이탈리아, 일본 등은 현재 도시화가 종착단계이다. 영국과 독일은 1950년대부터 종착단계에 있고 프랑스, 일본 및 이탈리아는 1970년까지 팽창단계였다가 그 이후 종착단계에 진입하였고 한국은 1995년 이후에 종착단계에 진입하고 있다.

필리핀, 말레이시아, 인도네시아와 중국은 도시화의 가속화단계에 속한다.

이들 국가들은 대부분 1975년과 1980년 이후 가속화단계에 진입하고 있고 산업화의 진행과 함께 도시인구의 급속한 팽창이 동시에 진행되고 있다. 그러나 미얀마, 베트남, 태국, 캄보디아 등 동남아시아 국가들은 아직 도시화의 초기단계에 머물고 있는 수준이며 산업화의 수준도 낮은 상태에 머물고 있다.

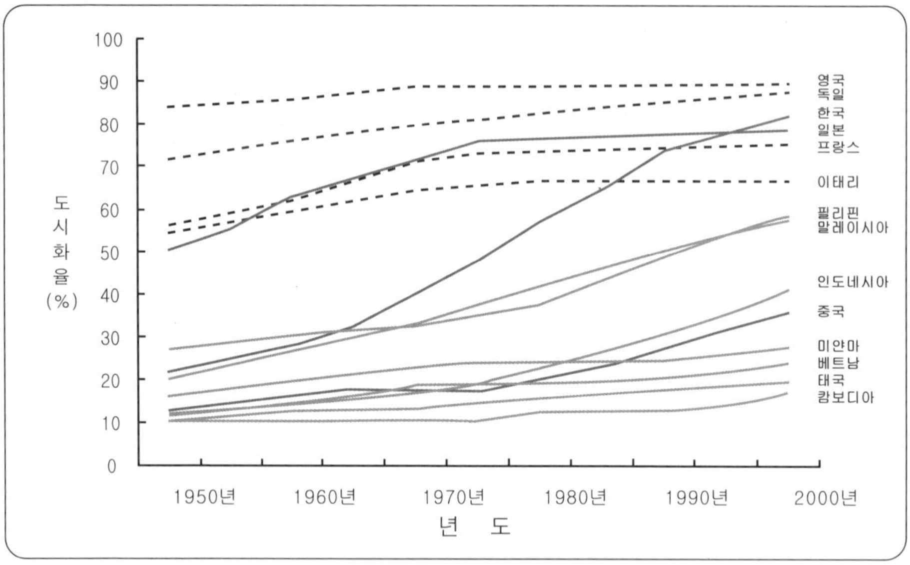

(자료 : UN Population Division, World Urbanization Prospects: The 2001 Revision)

〈그림 1-4〉 세계 각국의 도시화 진행

2) 팽창도시화와 성숙도시화

지금까지 살펴본 범세계적 도시화현상의 각종 유형은 많은 공통적인 특성을 지니고 있는데, 이를 정리해 보면 개발도상국의 도시화는 팽창도시화(expanding urbanization)이고, 선진국은 성숙도시화(mature urbanization)이다.

이 두 개의 도시화 유형에서 몇 가지 중요한 차이점을 정리해 본 것이 〈표 1-1〉이다. 팽창도시화는 산업화가 핵심적인 역할을 하게 되며, 도시화와 산업화는 개념상 세 가지 연속단계로 구분될 수 있다. 즉, 초기의 집중단계와 한정된 지역으로의 분산단계, 그리고 최종적으로 전국적인 완전분산단계가 그것이다.

성숙도시화의 특징은 도시지역 상호간의 인구이동을 기반으로 하는 인구재편성이라고 볼 수 있는데, 이에는 대도시권 내에서 계속 증대되는 인구의 교외화 현상까지도 포함시킬 수 있을 것이다. 이 단계에서 도시체계에 가장 큰 영향을 미치는 지배적인 요인은 도시 간 인구이동이다. 도시간 인구이동의 결정요인은 도·농간의 그것과는 상당한 차이가 있다. 즉, 도시에서 도시로 이동하는 인구는 이미 도시생활에 익숙한 까닭에 도시간 쾌적성의 차이에 훨씬 더 민감하다는 것이다.

〈표 1-1〉 팽창도시화와 성숙도시화의 비교

구 분	팽창도시화	성숙도시화
전 국 인 구	- 인구증가율이 순재생산율보다 높음 - 전국 인구 평균연령은 낮음	- 인구증가율이 순재생산율보다 낮은 경우가 많음 - 전국인구 평균연령은 30세 이상이고, 65세 이상의 인구비율이 상당히 높음
도·농간 인구이동	- 주요도시가 성장하는 가장 큰 요인이며, 전국적 도시체계내의 모든 도시가 성장하는 가장 뚜렷한 요인임 - 도시생활의 쾌적성은 인구이동의 주요 결정요인이 아님	- 도·농간 인구이동은 사실상 정지상태 - 도시성장은 도시간 인구이동에 좌우됨 - 이동인구는 도시생활의 쾌적성에 민감함 - 도시간의 zero-sum game을 통한 성장감소를 막는 단 하나의 요소는 국제간 이민 뿐임
경제적 사회적 통합도	- 부문간은 물론 지역간의 경제적·사회적 이동에 명백한 제약조건이 남아있음	-산업 및 서비스의 지역적 이동에 대한 대부분의 제약조건은 제거되었음 -환경이 쾌적한 지역이 유리함
소득수준과 경제구조	- 선진국 경제와는 아직 비교가 안됨 - 선진국과 견줄만한 수준에 도달하는 것이 국가의 주요 목표로 되어 있음	-경제의 선도적 부문은 고차적 인간자본 집약적이고, 성보 집약적 산업임 -고용의 주종은 서비스부문이고, 이 부문의 생산성은 이미 높은 수준에 도달하고 있음
수도권과 최대도시	- 상당한 성장률로 계속 성장중	-성장 중지상태 -사실상 대도시권인구가 지방으로 분산되고 있는 증거가 보임 -이와같은 새로운 경향이 현저하게 눈에 띄지 않는 이유는 수도권으로부터 빠져나가는 도시원주민의 수에 못지않게 국제적 이민에 의한 이주자가 들어오기 때문임

출처 : 노융희 역, 버트란드 르노, 개발도상국의 도시화정책, 법문사, 1980, P.64

3. 우리나라 도시화의 특성

1) 종주도시화의 심화

개발도상에 있는 많은 나라들은 경제발전과 더불어 하나 또는 몇 개의 대도시에 산업 및 인구가 집중하게 되는 종주도시화 현상을 체험하는데 우리나라도 예외는 아니다. 인구와 산업이 하나 또는 몇 개의 대도시에만 과도하게 집중하고 다른 지역은 성장잠재력에 비해 인구가 과소하고 산업이 발달하지 않으면 국가경제의 능률성 차원에서도 문제가 있다. 국가경제의 지속적인 발전을 위해서는 종주도시화 현상은 바람직하지 않으며 도시가 안정적인 계층구조를 이루는 것이 바람직하다. 도시체계가 안정적인 계층구조를 이루고 있을 때 쇄신의 공간적 확산이 촉진되기 때문이다.(박종화 등; 70-71)

수도권의 인구는 지속적으로 증가하여 현재 우리나라 사람의 절반 정도가 수도권에 거주하고 있다. 전국의 인구증가분 중에서 수도권에서 늘어난 인구의 비중이 1960년대에 59.2%, 1970년대에는 69.4%, 1980년대 88.5%로 급격히 증가하였으며, 최근 1990년대에는 133.8%로 전국 인구증가분을 훨씬 초과함으로써 비수도권의 절대인구가 감소하고 있다. 1960년과 2000년 사이에 우리나라 인구는 2,100만명 정도가 늘어났는데, 여기서 1,600만명정도를 수도권이 차지하였다(국토연구원, 1999: 39).

〈표 1-2〉 우리나라 지역별 인구분포의 변화

(단위:천명)

	1960		1980		2000		1960-2000년 증가분	
	인구	구성비(%)	인구	구성비(%)	인구	구성비(%)	인구	구성비(%)
수도권	5194	20.8	13298	35.5	21354	46.3	16160	76.4
영남지역	8030	32.1	11436	30.5	12861	27.9	4831	22.8
호남지역	5948	23.8	6067	16.2	5240	11.4	-708	-3.3
충청지역	3898	15.6	4380	11.7	4680	10.1	782	3.7
강원지역	1637	6.5	1791	4.8	1487	3.2	-150	-0.7
제주도	282	1.1	463	1.2	513	1.1	231	1.1
	24989	100.0	37435	100.0	46135	100.0	21146	100.0

자료 : 통계청, 인구 및 주택에 관한 통조사, 각년도

이러한 수도권 인구유입으로 전국에 대한 수도권의 인구비중이 1960년의 20.8%에서 1980년에는 35.5%가 되어 지속적으로 증가되었으며, 2000년에는 46.3%에 이르고 있다. 일본의 수도권 인구비중은 31.9%, 프랑스는 18.5%, 영국은 11.8%이다. 외국과 비교할 때 우리나라 수도권의 인구집중도는 매우 높은 편이다.

수도권 인구유입의 주된 원인은 수도권이 고급 일자리, 행정 및 기업의 중추관리기능, 연구 및 우수교육기회, 정보접근기회 등이 풍부할 뿐만 아니라 각종 문화활동을 위한 기반 등이 우수하기 때문이다. 지역 간 경제력 격차와 기회 격차의 상호작용에 의하여 수도권으로의 행정·경제 기능 집중은 더욱 심화되었다. 1997년 현재 행정기관, 정부투자기관 등 공공기관의 90.1%가 수도권에 집중되어 있고, 100대 기업 본사 중 95%가 수도권에 집중되어 있다. 이러한 전문직 고용기회, 대기업 및 공공기관 등의 중추관리기능이 수도권에 집중됨으로써 다시 그 관련기능을 끌어들이는 힘으로 작용하고 있다(국토연구원, 1999: 44-46).

이와 같이 수도권은 양적, 질적 측면 모두에 있어 지방보다 고용기회가 훨씬 풍부하여 인력과 경제력을 다시 끌어들이는 유인적 작용을 일으키는 반면, 수도권 이외 지역은 유출의 악순환을 경험함으로써 침체일로를 걷고 있다.

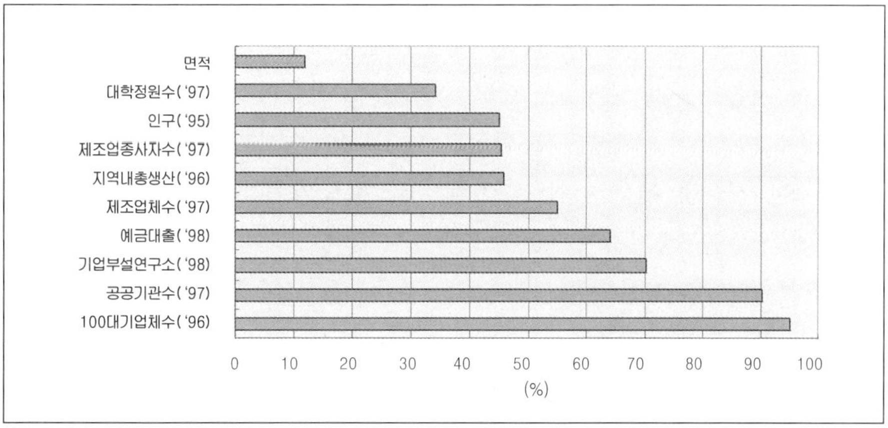

자료 : 국토연구원; 1999, P.46

〈그림 1-5〉 수도권 집중 현황

2000년 현재 우리나라 도시화율은 82%로 종착단계이다. 도시화의 종착단계는 도시화율의 증가가 미미한 상태이기 때문에 도시와 농촌간의 인구이동도 균형적이다. 농촌에서 유출될 자원은 고갈되었는데도 수도권으로의 계속적인 집중은 비수도권 지역의 인구유출을 초래하고 있다. 이러한 기존도시의 인구유출은 소도시에서 심각하고 지방대도시에서도 인구가 감소하여 지역간 불균형을 심화시키고 있다.

선진국의 도시화가 안정단계에 도달하면서 도시규모별 인구분포가 안정된 것은 우리나라에서 수도권의 계속적인 집중화와는 다르다. 이는 도시화의 가속화기간의 차이에서 그 이유를 찾을 수 있다. 가속화기간이 150년~200년이 소요된 선진국의 경우는 균형적 상태에 이른 반면, 우리나라는 그 기간이 40년으로 짧은 기간이고 이 기간동안 수도권 중심의 집중이 관성적으로 작용하기 때문이다. 우리나라 수도권의 집중현상이 선진국에 비해 심각한 이유가 여기에 있다.

2) 도시인구의 팽창과 시가지의 외연적 확산

우리나라는 단 기간의 급속한 도시화 진행에서 대도시 중심의 인구팽창을 가져왔다. 전국인구의 연평균 증가율이 1970년대에 1.8%인 것에 비해서 도시인구의 연평균증가율은 5.1%이고 1980년대에도 3.3%에 이를 정도로 도시인구의 급속한 팽창이 지속되었다. 이러한 전국도시인구의 성장에서 1980년대까지는 서울, 부산, 대구 등 대도시의 인구성장율이 높고 1980년대 이후는 서울과 부산의 성장율이 둔화되고 경기도의 성장이 두드러진다. 특히 1990년대에 서울과 부산은 인구감소를 나타내고 대구시의 인구증가도 극미하다. 전국의 인구증가율이 0.6%, 그리고 전국의 도시인구증가율도 1.2%에 지나지 않으나 경기도는 3.8%라는 높은 증가율을 보이고 있다.

이러한 경기도의 인구증가는 전국의 사회증가 중 경기도가 차지하는 비중이 1970년대에는 8.7%에 불과하였으나 1990년대에는 103.5%로 증가하여 경기도가 아닌 다른지역은 사회증가가 감소하는 현상을 나타내고 있다.

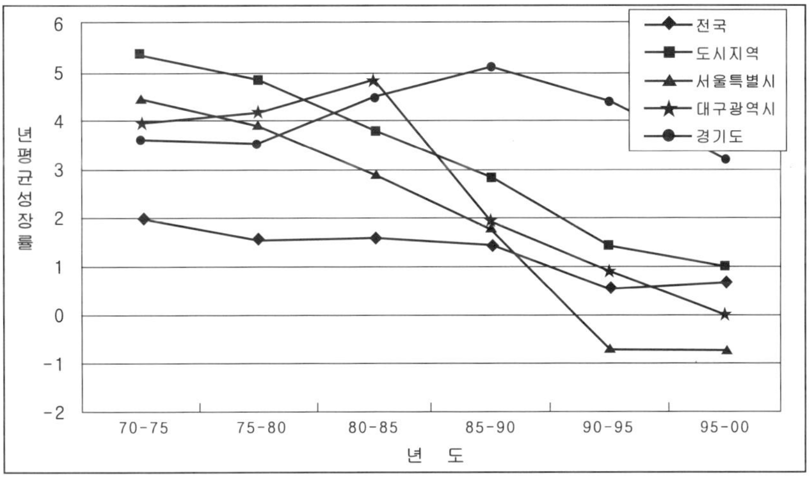

〈그림 1-6〉 대도시 연평균인구증가율의 변화(%)

〈표 1-3〉 주요도시의 인구증가율

(단위:%)

지역 \ 기간	70-80년대	80-90년대	90-2000년대
전국	1.8	1.5	0.6
도시인구	5.1	3.3	1.2
서울특별시	4.2	2.4	-0.7
부산광역시	5.3	1.9	-0.6
대구광역시	4.0	3.3	0.4
인천광역시	5.3	5.3	2.8
광주광역시	3.8	4.6	1.7
대전광역시	4.6	4.9	2.7
울산광역시	10.1	5.0	2.2
경기도	3.6	4.8	3.8

$$\text{인구증가율} = \left[\exp\left(\frac{1}{10} \log \frac{\text{비교년도인구}}{\text{기준년도인구}} \right) - 1 \right] \times 100.0$$

도시인구의 증가는 필연적으로 시가지의 면적확대를 가져왔다. 〈그림 1-7〉은 서울시의 1945년에서 1980년대까지 시가지의 외연 확대 추세를 보이고 〈그림 1-8〉은 대구시의 1960년에서 1990년대 초반까지 시가지의 변천추세를 보인 것이다.

출 처 : 서울특별시, 2000년대를 향한 서울시 도시기본계획 PP.190-191, 1990

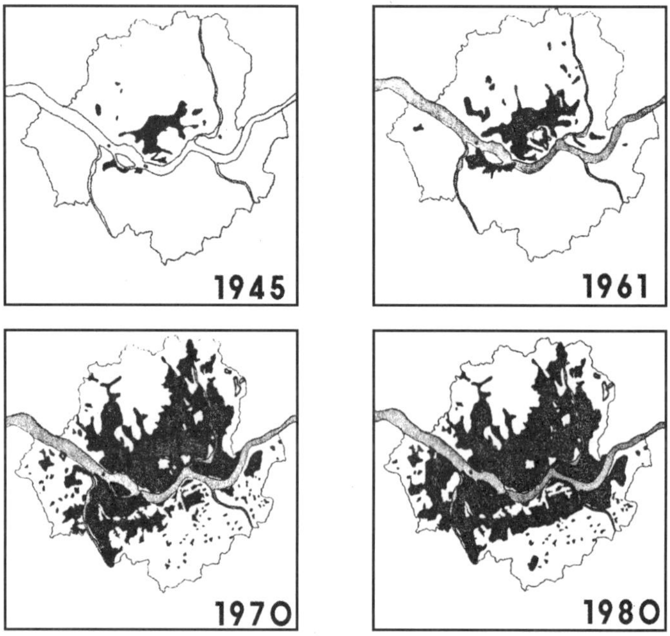

〈그림 1-7〉 서울시의 시가지변천과정

출 처 : 대구시사편찬위원회, 대구시사, 제2차 정치 · 행정편, P626,1995

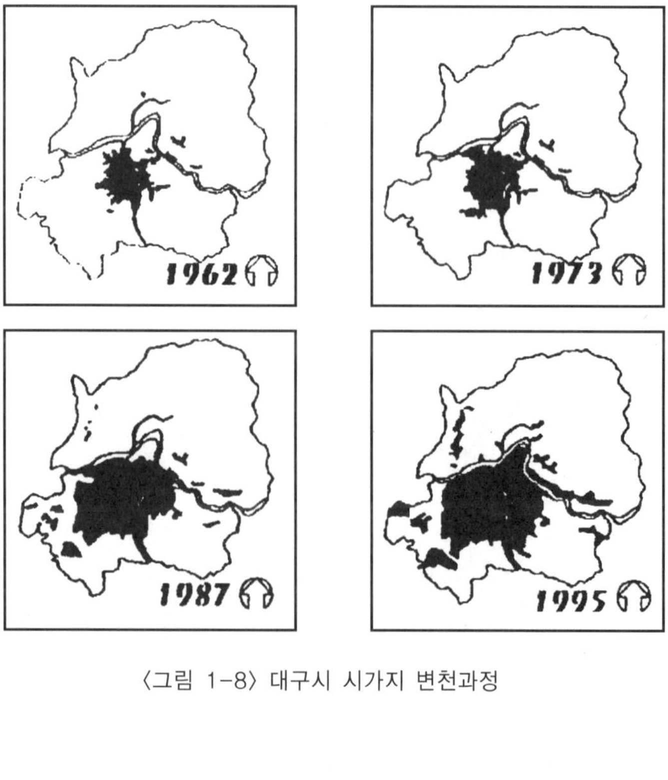

〈그림 1-8〉 대구시 시가지 변천과정

간접적인 토지이용조사 방법으로 1988년 토지과세대장과 건물과세대장에 근거하여 토지이용자료를 구축하여, 이 결과에 의해 시가지화의 공간적 확대과정이 도출되었다. 1980년 이후 건축물의 철거나 재건축이 없다고 가정하면 1980년과 1988년 간의 증가는 시가지면적이 1.5배, 주거용지가 1.5배, 상업용지가 1.9배로서 1.4배의 인구증가 수준을 앞지르고 있다. (대구시사편찬위원회: 631)

〈표 1-4〉 대구시 토지이용의 면적변화

(단위 : 천인, ㎢)

구분	1960	1970	1980	1988
인구수	677.0	1,064.0	1,604.0	2,239.0
시가지면적	8.1	13.6	32.7	47.8
주거용지면적	2.6	6.2	17.3	26.2
상업용지면적	0.3	1.0	2.9	5.6
공업용지면적	0.5	1.4	6.8	9.6
기타용도	4.7	5.0	5.7	6.4

1) 인구는 당해연도 행정구역별 총 인구수이고(센서스인구) 여타 면적의 자료는 1988년 현재 136개동 중 시가화가능 용도지역의 지정이 있는 130개동을 대상으로 집계.
2) 기타용도는 주거, 상업, 공업용도에 포함되지 않는 공용청사, 학교 등 시설면적

출처 : 대구시사편찬위원회, 상게서, P.631

1967년 이후의 시가지 개발은 대부분 계획적인 수법이 중심이었다. 대도시의 경우 1980년 중반까지는 토지구획정리사업이 중심이었고 그 이후는 공영택지개발이 주류였다. 대도시의 인구팽창에서 만성적인 주택공급 부족 때문에 주택난과 주택가격의 상승이 주요한 사회적 이슈였다. 많은 농경지 혹은 임야가 시가지로 개발되었고 이러한 개발로 토지가치가 상승하여 엄청난 개발이익이 발생했고 이것이 사유화되면서 토지의 투기가 사회적으로 일반화되었다. 도시화 과정에서 도시인구증가와 제반 사회문제와의 관계성을 이해할 필요가 있고 향후 도시화가 종착단계 이므로 이것이 사회적 변동에 주는 영향을 전망할 수 있어야 할 것이다.

3) 인구예측의 한계

도시인구 예측은 도시계획이 일반화되지 않았던 근대 토목학에서도 상수도 수요예측의 필요성 때문에 학문의 분야로 발전하였다. 가장 단순한 논리가 과거의 성장추세를 등차급수식 혹은 등비급수식을 이용하여 성장율 을 구하고 이 성장률에 의해 미래인구를 전망하는 방법이다. 이것이 현대에서 통계적 기법인 회귀분석이 일반화되면서 다양한 과거성장추세를 회귀분석하여 미래에 투영하는 기법이 널리 이용되고 있다.

중앙정부가 도시계획을 관리하기 위해 도시인구 예측방법에 대한 논리성을 강조하고 있으며 논리적인 예측방법의 하나로 여러 가지 함수의 추세연장법을 선정하여 신뢰도가 높은 함수식의 결과를 평균하도록 하고 있다. (건설교통부: 13)

과거추세연장법의 적용을 위한 가정은 과거의 성장추세가 미래에도 계속 진행된다는 것이다. 도시인구 성장은 자연증가와 사회증가로 구성되어 있고 사회증가는 도시화과정의 영향이 매우 높다. 즉 도시화의 가속화단계에서는 농촌에서 유출되는 인구가 많기 때문에 전반적인 도시인구 증가율이 높은 추세이나 도시화 종착단계에 이르면 사회증가는 도시간 인구이동이 중심이 되므로 도시인구 증가율이 낮을 수밖에 없다.

전 절의 도시화 진행에서 살펴본 바와 같이 우리나라는 1960년에서 1990년대 초까지 도시화의 가속화단계였다가 1990년대 말부터 종착단계로 진입하고 있다고 하였다. 그래서 도시화의 도시인구증가에 대한 영향은 2000년대 이전과 2000년대 이후는 상이하게 된다. 〈그림 1-9〉는 가속화단계에서의 도시화율의 과거추세를 연장하여 전망한 2020년 인구를 P'2020이라고 하고 도시화율의 로지스틱 곡선과 같이 인구성장을 전망한 2020년 인구는 P2020이다. 이처럼 과거추세의 연장법의 결과와 도시화과정을 고려한 인구예측간에 상당한 차이를 나타낸다.

대부분 현대의 기성세대들은 과거 급격히 확장되었던 시가지와 이에 의한 토지가격 상승을 과거추세의 경험으로 가지고 있다. 이러한 과거추세 연장적인 시가지 확대를 전망하여 도시외곽지역에서 토지 투기시장이 형성되기도 한다. 도시화 진행과정에 대한 이해는 향후 도시변화의 전망에 주요한 지식을 제공해 준다. (대구직할시: 22-31)

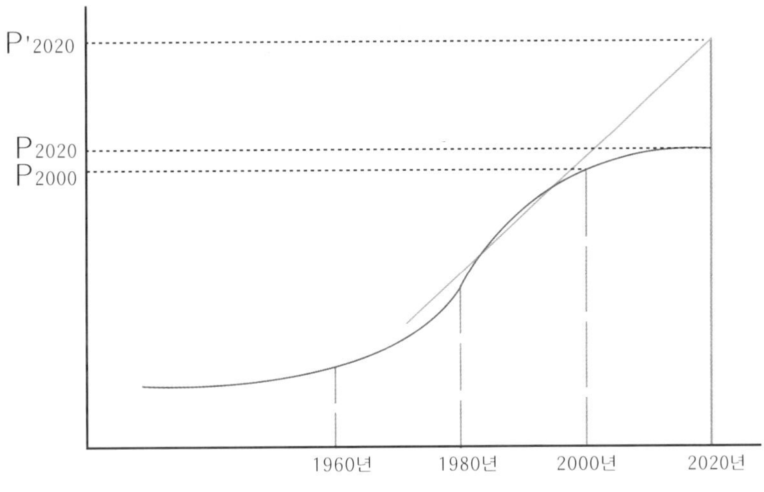

- P'2020 : 과거추세(1980~2000년) 연장에 의한 2020년의 전망치
- P2020 : 도시화곡선의 (로지스틱 곡선)의 2020년 전망치
- P2000 : 2000년 기준년도 도시화율

〈그림 1-9〉 과거추세연장법과 도시화율 변화간의 관계

연 습 문 제

1. 도시화의 진행을 3단계로 구분하여 단계별 국가경제의 상태를 설명하시오. 특히 선진국과 동남아시아 국가의 사례를 들어 국가의 산업수준을 비교하시오.
2. 가도시화(Pseduo-Urbanization)의 개념을 설명하고 산업화와 도시화와의 관계를 설명하시오.
3. 우리나라 도시화를 1960년대 이후 2000년까지의 변화를 도시화단계로 구분하여 설명하시오.
4. 1970년 이후 대구시의 인구증가현상과 도시화율의 변천을 그래프로 비교하시오. 그리고 대구시 인구의 과거추세연장법(회귀식)에 의한 2020년의 인구와 2020년의 도시화율의 전망치를 그래프로 비교하시오.
5. 도시화가 안정되면 도시와 농촌간의 인구이동은 균형상태이다. 2000년대 우리나라 도시화수준은 도시화 종착단계임에도 수도권 인구집중현상은 지속되고 있다. 인구의 수도권 집중이 계속되는 이유는 무엇이고 이러한 추세가 계속되면 국토공간에는 어떠한 문제점이 있는가를 설명하시오.
6. 팽창도시화와 성숙도시화 단계에서 인구이동의 성격이 다르다. 향후 성숙도시화에서 우리나라 인구이동의 주된 동인은 무엇인가?
7. 도시화단계와 지방 대도시 인구팽창과의 관계를 설명하시오. 인구팽창과 시가지의 확장은 밀접하게 관계되어 있다. 도시화단계가 종착단계일 때 시가지 확장의 속도에 어떻게 영향을 줄 것인가?

참 고 문 헌

1. 건설교통부, 도시기본계획수립지침(안), 2002. 12
2. 국토연구원, 도시개발장기구상, 1980
3. 국토연구원, 제4차 국토종합계획시안, 부문별 보고서 제1권, 1999
4. 권용우외, 도시의 이해, 박영사, 1998
5. 노융희 역, 버트란트 르노, 개발도상국의 도시화정책, 법문사, 1980
6. 대구시사편찬위원회, 대구시사, 제2권, 1995
7. 대구직할시, 도시교통정비기본계획, 1995년
8. 박종화, 윤대식, 이종열 공저, 지역개발론, 박영사, 2000
9. 하성규, 전명련, 윤의영 공저, 현대도시와 사회, 형설출판사, 2000
10. UN Population Divisision, World Urbanization Prospects; The 2001 Revision, 2001

제 2 장
도시권의 집중과 확산

1. 도시권의 개념

도시권의 정의

도시는 인구·물자·정보의 지속적인 흐름을 통해 도시주변의 배후지와 경제·사회·문화적 연계를 갖게 되며 이에 따라 기능지역을 형성한다. 여기서 도시권이란 도시가 지니고 있는 여러가지 기능들이 주변지역에 미치는 범위이고 도시가 다른 도시들과 경쟁적인 관계에서 주변지역을 경제·사회적 측면에서 지배하고 있는 지역을 말한다(한국지리학회: 200).

도시권의 설정은 기준에 따라 통근권, 구매권, 의료권, 신문구독권 등 다양한 형태로 구분될 수 있다. 그러나 도시권에 관한 일반적 정의는 대체로 3가지 구분에 동의하고 있다(홍경희; 300-301).

① 제1차권은 시가지가 외연적으로 확산하여 이미 경관이 시가화된 범위이다.

② 제2차권은 경제·문화 등의 제기능이 중심시와 일상적·직접적으로 밀접하게 연결되어 있는 범위이다. 특히 사람에 의한 일상생활의 움직임이 가장 맹백히 나타나는 범위이다. 생산적 이동으로서 통근·통학과, 소비적 이동범위는 쇼핑권, 오락권·도서관 등의 도시시설이

용이 제2차권에 해당한다. 미국의 SMSA(Standard Metropolitan Statistical Area)의 개념도 이에 해당한다.

③ 제3차권은 2차권 밖에 있어서 일상적은 아니나 경제적 · 문화적으로 결합도가 높은 지역이다. 중심지에서 생산되는 생산물이 분배되는 범위(판매권), 중심지에 유입하는 물자가 모여드는 범위(구입권), 전입인구의 출생지의 범위(인구유입권), 신문구독권, 금융의 지배권, 행정관할구역, 매스콤의 지배권(TV, 시청범위) 등이 제3차권에 해당한다.

〈표 2-1〉 대도시권의 계층적 인식과 정의

계층구분(1951)	명칭	생활권
제1차(연담도시)	Urbanized Area (확대되는 중심도시지역)	대도시지역
제2차(일상생활화)	Metrepolitan Area (확대되는 일상생활권)	생활권(협의의 도시권)
제3차(경제적,행정적 세력권)	Metropolitan Region (거대도시의 세력권)	세력권(광의의 도시권)

디킨스는 도시지역(City Region)의 개념을 제시하며 이것을 하나의 자연적 공간단위(Natural Region)라고 하였다. 도시는 도시의 경계를 넘어 도시를 둘러쌓고 있는 지역과 유기적 관계를 갖는다. 도시외곽의 도시연접 농촌지역은 도시기능의 서비스를 받으며 도시와 주변지역 간의 유기적 관계로 발전한다. 도시의 발달과 성장이 본격화되면서 도시권이 인간의 정주패턴으로서 주요한 관심사가 되고 있다(김인: 27-28).

대도시권 공간구조

대도시권이 형성되는 가장 근본적인 요인은 대도시의 경제성장과 인구집중이다. 대중교통수단의 발달, 주변지역에서 공장의 분산에 의한 취업기회의 증대, 중심 대도시의 과밀화에 의한 주택부족 및 중심도시의 지가상승, 쾌적한 환경에 대한 욕구, 정부의 강력한 인구분산정책 등이 대도시권이 확대되는 주된 요인으로 작용하고 있다.

대도시의 팽창은 세 가지 형태를 나타낸다. 첫째는 외연적 팽창이다. 이것은 중심도시가 확대되면서 저수지의 물이 여수로로 넘쳐흘러 내리듯 주변지역으로 중심도시의 기능과 활동이 자연스럽게 확산되어 나가는 형태이다. 둘째는 비지적(飛地的) 팽창이다. 이것은 중심도시의 시경계 주변에 그린벨트 등의 도시확산 억제시책 때문에 중심도시의 기능과 활동이 그 지역을 뛰어 넘어 확산되어 나가는 형태이다. 셋째는 방사형 팽창이다. 이것은 중심도시와 연결된 방사선의 교통로를 따라서 중심도시의 기능과 활동이 확산되어 나가는 형태이다. 우리나라 대도시 주변지역의 경우 그린벨트가 설정되어 있는 곳에서는 비지적 팽창이 나타나고, 그린벨트가 설정되어 있지 않은 곳에서는 외연적 팽창이 전개된다. 그리고 기존의 간선도로망을 따라 방사형 팽창이 이루어지고 있다(한국도시지리학회편: 221).

대도시의 도시권을 중심도시에서 통근권의 범위로 설정하고 이것을 대도시의 일일생활권으로 정의하고 있다. 〈그림 2-1〉은 대도시권의 공간구조를 나타낸 것이다(국토연구원, 1985: 42).

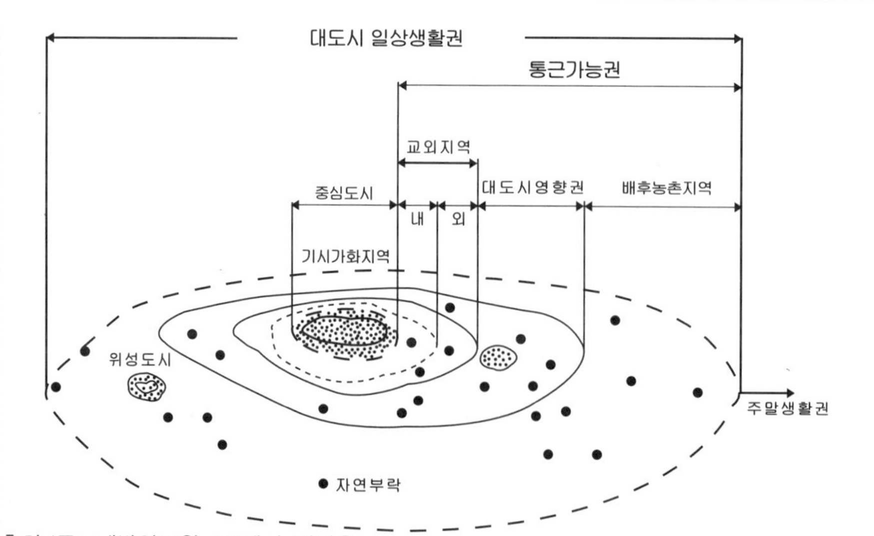

출처:(국토개발연구원:42)에서 재인용

〈그림 2-1〉 대도시권의 공간구조

대도시지역의 공간구조와 그 범역은 중심도시와 주변지역과의 연계성 및 주변지역의 도시적 특성 등에 근거하여 결정된다. 연계성으로서 통근자율이 기준이 되고, 도시적 특성은 제 2·3차 산업 종사자율이 이용되고 있다. 이 때 일정기준 이상의 연계성과 도시적 특성이 성립되면 주변지역은 교외지역으로 정의된다. 교외지역은 중심도시의 일부기능을 담당하는 특수한 성격을 갖는 기능지역인데 반해, 주변지역은 위치상 중심도시와 연접된 모든 지역을 일컫는 위치적인 개념이다.

교외지역은 기능적 측면에서 거주, 고용, 혼합 교외지역의 세 가지의 유형이 있다. 주거지만 교외지역으로 옮기고 계속해서 중심도시로 통근하여 교외지역 주민의 침상기능을 담당하는 거주 교외지역이 형성된다. 교외화가 좀 더 진행되면 중심도시와 관련된 산업지역이 교외지역에 만들어져 고용 교외지역이 형성된다. 거주 및 고용기능이 동시에 전개되는 혼합 교외지역도 등장한다.

도시영향권은 경관상으로는 도시기반시설이 미비하지만 토지소유 관계, 비농업인구 및 주민의 통행패턴이 중심도시와 밀접하게 관계되는 지역이다. 도시영향권 외곽에 배후 농촌지역으로 이어진다. 배후농촌지역은 중심도시 영향권 아래에 있으면서 중심도시의 최대 통근지역의 외곽 경계선이다.

2. 도시권의 설정

도시권의 설정기준

도시권의 획정방법은 크게 중심지조사법과 주변조사법이 있다. 전자는 중심지의 중심성 혹은 중심지가 제공하는 서비스 수준에 기준하여 중심지의 계층을 구분하고 계층에 의해 도시권을 설정하는 방법이다. 이는 중심지와 배후지 간의 교호작용(interaction)에 대한 자료가 없는 상태에서 이용되는 간이적 방법이다. 후자는 배후지가 어떻게 중심지와 결합되는 가에 대한 조사에 근거하여 도시권을 설정하는 구체적인 접근방법이다(김타열, 1985: 32-33).

도시권 설정의 주변 조사법에서 이용되는 대표적인 지표는 ①사람의 움직임, ②물건의 움직임, ③통신 · 통화의 흐름이 있다. 사람의 움직임은 도시에 들어오는 통근 · 통학의 범위가 가장 대표적인 지표이다. 통근 · 통학자의 수는 중심도시와의 거리가 증가함에 따라 체감하고 어느 정도 거리가 떨어지면 격감한다. 이 격감하는 곳이 통근 · 통학의 한계이다. 이 한계는 운임상의 경제적 한계와 피로에서 오는 생리적 한계가 있다. 거대도시권이 아니면 이와 같은 한계에 달하는 경우가 적다. 일본의 오사카, 나고야 등의 조사에서 나타난 바에 의하면 도심에서 60km권이 최대 한계이고 30km가 적정 한계로 알려져 있다.

물건의 움직임은 도시를 핵으로 하는 일상구매권, 도매권, 화물수송권으로 구분된다. 일상구매권은 일용생활필수품의 이용권인 제1차권과 중급일용품과 위락, 의료기관 이용을 지표로 하는 제2차권으로 구분하고 2차권은 지방도시가 핵이 된다. 더 고급품인 서적, 외출복 등의 구매권이 제3차권이며 도매권은 제4차권에 해당되며 이는 대도시의 광역권이다(홍경희; 206-208).

전화 · 통신의 흐름은 지역간 교호작용의 대표적인 지표로서 이들 간의 상호의존도를 설명한다. 전화 · 통신의 최고의존흐름(Dominant flow)을 분석하여 중심도시의 영향범위를 설정한다. 전화 · 통신 자료 대신에 교통량의 자료로도 가능하다. 그러나 무선통신수단이 발달하여 전화 · 통신 흐름에 의한 지역구분은 의미가 약해지고 있다.

〈그림 2-2〉는 1985년 국토연구원이 중심도시와 주변지역의 도시화수준에 의해 측정한 전국의 5대도시권의 범위이다. 여기서, 중심도시의 이용도는 ①통근 · 통학자, ②의료권, ③취업권, ④농산물판매권, ⑤상품구매권의 자료를 이용하였다. 그리고 주변지역의 도시화수준은 ①인구밀도, ②인구증가율, ③전업농가율, ④전/답지가비, ⑤시내버스의 시외연장 운행대수 등을 종합 · 검토한 것이다(국토연구원. 1985: 49-50, 188).

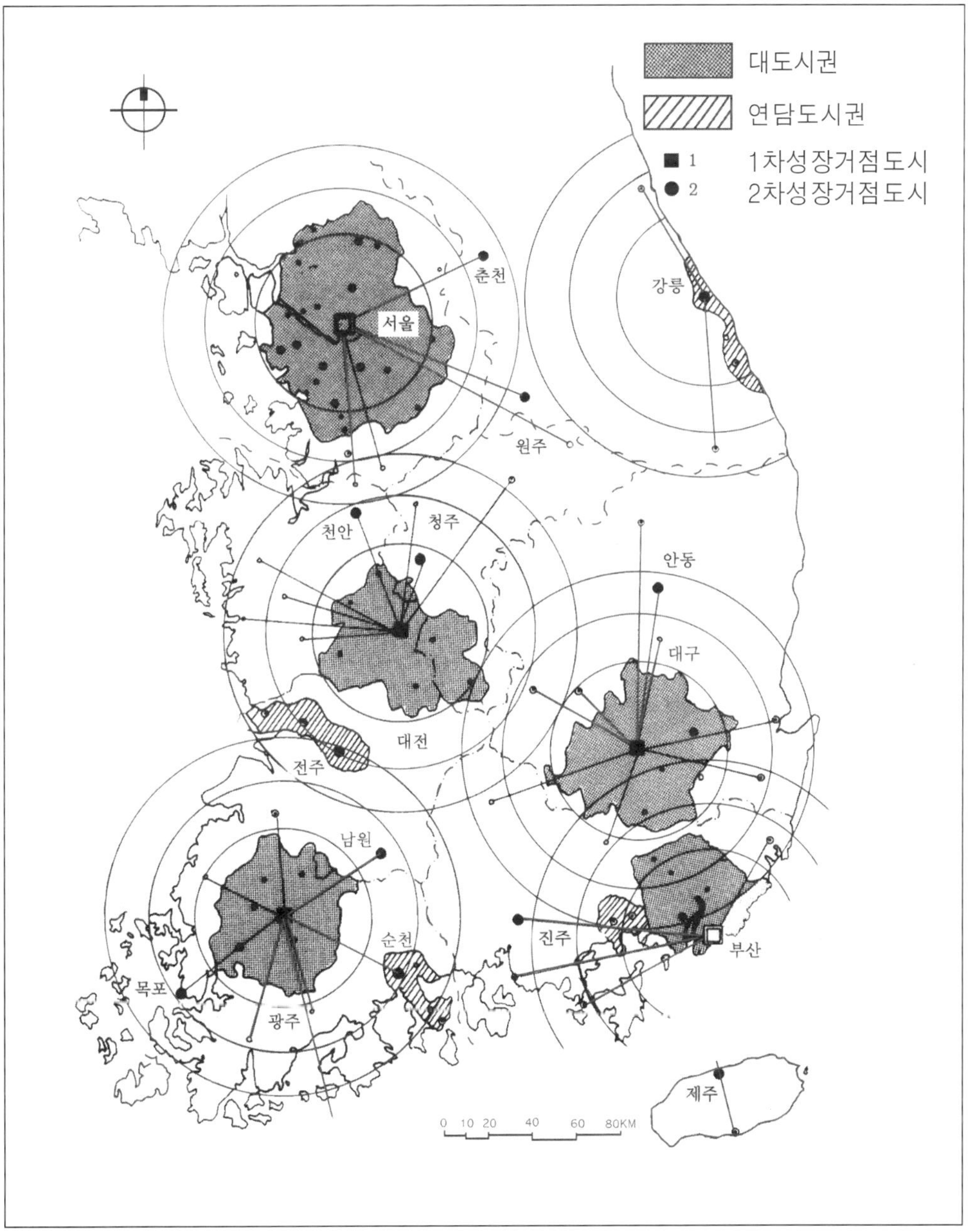

출처: (국토개발연구원:188)

〈그림 2-2〉 5대 도시권과 하위도시체제

도시권의 사례

중심도시와 주변지역의 결합인 도시권의 설정이 제도적으로 운영되고 있다. 우리나라의 경우 1991년 도시계획법개정에서 광역계획의 수립이 포함되어 있어 광역계획권을 지정하게 되어 있다. 광역계획권은 건설교통부장관이 인접한 2 이상의 시 · 도 행정구역이 중첩한 광역도시계획이 필요한 경우 광역계획권을 지정할 수 있도록 되어 있다. 현재 서울, 부산, 대구, 광주, 대전 등 대도시의 광역계획권이 설정되어 있다. 그러나 광역계획권 설정에 대한 분명한 기준은 없는 실정이다.

도시권의 관리를 위해 제도적으로 설정하는 경우가 많다. 미국은 도시권을 설정하여 도시권이 설정되지 않는 도시의 주변지역과 구분하고 있다. 1949년부터 도시권을 설정하여 왔고 그 명칭도 많이 변경되어 왔다. 1990년 현재 도시권의 명칭은 MSA(Metropolitan Statistical Area)와 CMSA(Consolidated Metropolitan Statistical Area), PMSA(Primary Metropolitan Statistical Area)를 사용하고 있다. MSA는 중심도시의 기준이 5만명, 주변지역까지 인구 10만명이 기준이고 도시통계지역이 100만명이상일 경우 CMSA이다. 이중 독자적인 지역 특성을 지닌 요소지역을 PMSA라고 명명하고 있다(권용우 외: 368-369).

거대도시권(Megalopolis)

도시권 중 도시지역을 연합한 거대도시지역(Megalopolis)의 개념이 있다. Gottmann이 1957년에 미국 북동부 대서양안의 New Hampshire 남부에서 Verginia주 동부에 달하는 연속된 거대도시화지대(a belt of almost continuous urbanization)를 처음으로 거대도시권(Megalopolis)이라고 불렀다. 여기에는 독특한 생활양식과 토지이용이 전개되어 있다. 또 미국 최대의 인구집중지역으로 가장 높은 인구밀도지역이 널리 퍼져있다. 이 지역의 발전은 거의 3세기에 걸쳐 진행된 것이다. 도시와 농촌의 구별이 확실하지 않고 행정구역의 구분이 어려운 지역이다. 그래서 이 지역에는 특별한 명칭이 필요하여 Megalopolis라고 부르기로 한다고 기술하고 있다(홍경희: 310).

「Gottmann」이 지적한 거대도시의 개념은 다음과 같다(홍경희, 1983:

310-312).

① 수개의 대도시가 연속하여 다핵적 구조를 가지는 거대한 도시지대를 이루고 있다.

② 다종다양한 도시적 활동이 집중하여 복합적 도시지대를 이루고 있다.

③ 거대도시에서 주택, 상공업 등이 확산하여 성운상구조를 이룬다.

④ 전국에 대한 영향력이 강대하다 등을 들 수 있다.

미국 동북부 거대도시권에 필적할 규모는 유례가 없는 실정이다. 유럽에서 영국의 London에서 Birmingham, Manchester, Liverpool에 연속되는 지대를 Megalopolis라고 한다. 일본에서는 동해도 Megalopolis를 말한다. 동경, 나고야, 대판의 각 도시권(수도권, 중경권, 근기권)이 연접하여 거대 도시지역이 형성되어 있다는 것이다(홍경희, 1983: 312-313).

3. 도시권의 변화 : 집중과 분산

대도시권 발전단계론

도시화가 진전하여 중심도시의 규모가 커지고 경제가 성장하면 인구와 산업활동이 그 주변지역으로 분산되며, 이에 따라 대도시 주변지역들이 성장하게 된다. 흔히 도시화에서 나타나는 중심도시와 교외지역 간의 공간구조를 설명하는 데 공간적 순환모델(spatial cycle)을 많이 언급하고 있다. 이 모델은 도시성장의 동태성을 인구의 공간적 분포패턴의 변화를 통해 그 규칙성을 밝히려 한 것이다.

클라센(Klassen) 교수 등은 근대에 있어서 도시권의 발전단계를 도시화집중, 교외화, 탈도시화의 3단계까지로 나누어 파악하고 있다. 구미 선진국의 대도시에서는 과거 대도시권 인구집중시대를 지나서 중심도시의 인구감소가 교외에서의 인구증가 보다 더 높게 되면서 대도시권 전체가 인구감소하는 탈도시화를 경험하면서 이러한 단계론이 제기되었다(Berg 등: 25-45). 그리고 그들은 탈도시화의 현상을 설명하기 위한 방법으로 재도시화 단계를 추가하여 도시권 발전단계를 하나의 순환을 이루는 단계론을 제기하였다.

그들의 4단계론은 〈표 2-2〉에서 처럼 도시화집중(Urbanization), 교외화(Suburbanization), 탈도시화(Deurbanization / Inter-urban distribution) 및 재도시화(Reurbanization)이다. 이들 단계의 진행에 따라 대도시권의 중심도시(Core)와 주변지역(Ring) 및 대도시권 전체지역에서 인구성장의 양상이 단계별로 상이한 것에 근거하여 대도시권 내부의 구조적인 변화를 설명하고 있다(김타열, 1988: 34).

〈표 2-2〉 도시권 발전의 단계

도시화단계	분류유형	인구변화 특성			
		중심	주변지역	도시권 전체	비고
Ⅰ. 도시화집중	1.절대적 집중	++	−	+a)	총 인구증가
	2.상대적 집중	++	+	+++	
Ⅱ. 교외화	3.상대적 분산	+	++	+++	
	4.절대적 분산	−	++	+	
Ⅲ. 탈도시화	5.절대적 분산	−−	+	−	총 인구감소
	6.상대적 분산	−−	−	−−−	
Ⅳ. 재도시화	7.상대적 집중	−	−−	−−−	
	8.절대적 집중	+	−−	−	

a) +는 인구증가, +++는 대폭적인 인구증가
−는 인구감소, −−−는 대폭적인 인구감소

도시화 발전단계는 대도시권에서 중심도시와 주변지역 간의 인구증가와 인구밀도 패턴에 의해서도 구분한다. 도시화집중단계는 크게 절대집중과 상대집중으로 구분한다. 중심도시로의 인구유입으로 대도시 중심지의 인구밀도가 높게 나타나게 되지만 중심지로부터 거리가 멀어질수록 성장률이 둔화되거나 정체되어 인구밀도가 급격하게 감소하는 공간구조패턴을 보이게 된다. 일반적으로 절대 집중화 과정이 진행되는 단계에서는 대도시권의 주변지역에서 인구감소가 현저하고 중심도시에서는 인구집중이 가속되는 시기이다. 중심도시의 집중은 집적경제의 이익을 누리면서 급성장하게 된다.

그러나 대도시권화가 어느 정도 진전되면 중심도시로의 인구집중은 지속되지만, 중심도시내에서도 인구의 분산화가 진행되면서 상대적 집중단계로 이행한다. 도심지에서 중심도시의 교외지역으로 인구가 이동하면서 중심도시의 외연적 확산이 진행되고 또한 도심의 공동화가 두드러지게 나타나게 된다.

대도시권화가 상당히 진전되면 중심도시와 그 주변지역 간의 광역교통체계가 구축되고 주변지역들의 접근성이 향상되어 중심도시로부터의 분산화가 그 주변지역까지 확대된다. 이 단계를 교외화단계라고 한다. 더군다나 중심도시는 과밀화하여 주택과 지가상승을 초래하며 혼잡하고 쾌적하지 못한 환경문제 등을 야기하여 인구와 산업체들이 주변지역으로 이동하게 된다. 이에 따라 대도시 주변지역에서 급격한 인구증가를 초래하는 반면 중심도시는 인구증가가 둔화되고 그 다음 단계에는 오히려 중심도시 인구가 감소하는 단계에 이른다. 교외화단계에서는 중심도시의 인구증가는 다소 둔화되고 교외인구의 증가율이 높은 시기를 거치게 되지만 도시권 전체의 인구는 계속 증가한다.

그러나 탈도시화단계는 대도시권의 쇠퇴기로서 중심부 인구의 감소뿐만 아니라 교외지역의 인구까지도 감소단계에 이른다. 이 단계는 중심도시에서 인구감소가 심해지고 주변지역에서의 인구 증가가 둔화되어 대도시권의 인구가 상대적으로 감소하기 시작하는 절대분산단계와 주변지역에서 조차도 인구 감소를 초래하여 대도시권의 인구 감소폭이 증대하는 상대분산단계로 구분된다.

재도시화는 도시권 총 인구 중에서 중심도시의 인구가 다시 증가하는 것을 가정한 것이다. 대신 교외지역의 인구감소는 지속되는 상태이다.

탈도시화단계를 가정하는 것은 인구와 산업이 대도시 보다는 소도시를 지향하는 분산화 성향을 전제한 것이다. 부유한 계층이 교외의 저밀도를 선호하여 인구분산이 진행된다. 그리고 철도의 장거리화, 수송화물의 컨테이너화와 페리화로 화물수송이 용이하여 공업의 입지가 자유로워지면서 공업의 분산화가 진행되고 있다. 이러한 분산에는 자동차이용의 증가추세, 중심시가지의 교통혼잡, 공업생산에서 원료의 비중감소, 노동단체문제의 회피, 정보화로 인한 접근성의 향상이 주요한 요인이다.

이와 같은 도시발전단계 모델이 실제 현상을 설명할 수 있다면 실용성이 크다. 도시권의 발전모델을 통해서 도시권의 성장과정이 어느 단계에 와 있으며 또 앞으로 어떠한 변화를 겪으리라는 것을 유추 할 필요가 있다.

유럽 도시권의 발전단계

유럽의 도시발전단계의 분석에서 유럽지역을 크게 3가지 그룹으로 구분하였다. A그룹은 북부유럽인 독일, 베네룩스, 덴마크, 영국이고 B그룹은 프랑스, 북부이탈리아이고 C그룹은 남부이탈리아, 그리스, 포르투갈, 스페인, 아일랜드 등 남부유럽으로 분류되어 있다.

〈표 2-3〉은 도시화의 발전단계를 집중과 분산을 8단계로 구분하여 대도시권들의 분포를 백분율로 표시한 것이다. 이에 의하면 시간이 경과하면서 높은 분포가 왼쪽에서 오른쪽으로 이동하는 현상을 나타낸다. 즉 집중화에서 분산화로의 진전을 보이고 있다. A그룹은 1950년대에 이미 교외화단계(유형4)에 진입하여 70년대 초에 상대적인 탈도시화과정(유형6)을 보이고 있다. 그 후 1980년대에는 다시 교외화과정(유형5)으로 회귀하고 있다. 중심도시의 인구증가와 손실 측면에서 보더라도 중심도시에서 인구증가 도시의 비율이 70년대 후반에는 22%이나 80년대에는 47%로 증가하였다.

B그룹은 A그룹과 10여년의 차이를 두고 규칙적인 형태로 분산이 진전되어 왔으나 1970년대 후반 상대적인 탈도시화단계(유형6)에서 1980년대에는 서서히 교외화단계(유형5) 쪽으로의 회귀하는 성향을 나타낸다. 이는 중심도시에서 인구증가 도시권의 비율이 70년대 후반에는 40%였으나 80년대에는 48%로 증가한 것으로 알 수 있다.

C그룹은 도시발전단계는 전술한 지역들보다는 상당히 늦게 진전되고 있다. 1960년대까지 절대적 집중단계가 중심이고 1970년대에는 교외화단계로 이행하고 1980년대에는 탈도시화단계를 보이고 있다.

〈표 2-3〉 유럽의 도시발전단계(1951-1991)

		도시권의 발전단계[a]								중심도시	
		집중				분산					
		1	2	3	4	5	6	7	8	증가	감소
A그룹	1951-61	1	10	8	37[b]	32	11	0	1	87	13
	1961-71	1	1	3	14	47	26	5	1	65	35
	1971-75	7	0	2	10	26	42	12	1	38	62
	1975-81	15	0	1	3	17	33	27	4	22	78
	1981-91	6	0	3	15	30	28	10	10	47	53
B그룹	1951-61	0	12	48	35	5	0	0	0	100	0
	1961-71	0	1	18	63	17	0	0	0	100	0
	1971-75	0	1	5	35	28	27	3	0	70	30
	1975-81	3	1	1	7	30	42	12	3	40	60
	1981-91	0	2	0	8	38	32	12	8	48	52
C그룹	1951-61	0	72	7	22	0	0	0	0	100	0
	1961-71	0	67	13	13	2	0	0	4	96	4
	1971-75	0	4	11	46	33	7	0	0	93	7
	1975-81	0	2	15	48	17	15	0	2	83	17
	1981-91	2	9	14	14	19	33	5	5	56	44

a) 도시화단계로서 〈표 2-2〉 참조
b) 고딕문자는 분포의 중심점으로 최빈치를 나타내며, 백분율로서 나타내었다.
· 도시화집중단계 : 2,3과정
· 교외화단계 : 4,5과정
· 탈도시화단계 : 6,7과정
· 재도시화단계 : 8,1과정
출처 : (Paul, PP.105)에서 인용

유럽의 도시화 경험에서 A그룹, B그룹 국가에서 1950년대 이후 1970년말까지 이러한 순환적인 도시권 발전단계로 진행되어 왔으나 1980년대에 들어와서 오히려 집중하는 성향으로 반전되고 있다. 1980년대의 이러한 집중화 현상의 원인은 가구성격의 변화, 기업환경의 변화 그리고 교통수단의 변화에서 유추하고 있다. 과거 1가구 1직장의 전통적 가구구조에서는 주택소비면적의 증가와 농촌적 전원환경을 선호하여 인구의 분산이 진행되었다. 그러나 여성 노동참여율이 증가하고 독신가구 등 가구크기가 작아지고 노동시장의 기회와 접근성이 강조되면서 주거입지는 직장이 많은 중심도시를 선호하게 되었다. 도시중심부가 제공하는 생활서비스가 주거입지에서 더욱 중요하게 되기 때문에 주거가 중심도시로 재집중을 유발하고 있다(Paul: 1051).

한편 도시간의 무한경쟁에서 연구개발, 소프트웨어, 설계 혹은 상담역 같은 고급서비스업이 도심중심부를 선호하게 되면서 대규모 연구기관 및 기업 본사가 대도시에 집중하게 된 것이다. 그리고 지하철을 중심으로 하는 고속대중교통수단이 발전하여 도시내 교통혼잡이 완화되었고 중심도시의 쾌적성이 향상되었던 것도 재집중의 이유가 된다(상게서: 1052).

유럽 도시권발전단계의 경험에서 우리나라 대도시 성장단계에서 적용할 수 있는 두 가지 관점이 있다. 하나는 집적의 불이익 때문에 교외화단계와 탈도시화단계에 의한 대도시 기능의 분산이고 이를 통해 지역간의 균형화가 기대되는 것이다. 그러나 유럽의 1980년대 경험 처럼 도시간 무한경쟁의 세계화시대에 접하면서 집적의 경제성이 강조되고 있다. 즉 도시화집중-교외화단계 다음에 탈도시화단계로의 진행에 의한 분산이 진행되지 못하고 계속적인 대도시 집중단계가 진행될 것으로 유추되는 것이다.

4. 우리나라 도시권의 인구확산

우리나라 대도시권의 인구집중과 확산과정을 비교하여 각 도시권별 인구의 공간적 분포의 변화과정을 파악할 수 있다. 도시권의 공간적 범위는 우리나라 5대 대도시인 서울, 부산, 대구, 대전, 광주를 대상으로 하여 대도시의 반경 40km권 이내의 시 · 읍 · 면을 주변지역으로 선정하여 이들의 인구변화를 1966년에서 1990년까지 인구센서스자료를 이용하여 분석하였다.

주변지역의 인구변동을 설명하는 인자는 도시개발축, 중심도시와의 거리, 개별 도시규모 등 3가지 변수로 가정하였다. 개발축은 중심도시와 연결되는 주요 교통로를 축으로 설정하여 그 축의 반경 5km 이내에 속하는 시 · 읍 · 면을 대상으로 설정하였다. 중심도시와의 반경권은 20km이내, 20~30km, 30~40km, 40km이상으로 나누어 중심도시로부터의 반경권별 인구의 변화추이를 분석하였다. 그리고 개별 도시규모는 인구크기에 근거하여 2만명 미만, 2~5만명, 5~10만명, 10~25만명, 25만명 이상으로 구분하였다. 중심도시의 영향력이 큰 경우는 주변지역의 인구변동이 중심도시의 반경권과 상관성이 높은 경우이고 반면에 도시규모와 상관성이 높은 경우는 중심도시의 영향이 낮은 경우이다. 주변지역의 인구변동을 3가지 변수의 설명력을 분석하여 도시권의 인구확산과정과 시기 및 방향을 고찰하였다.

대도시권의 성장단계

서울대도시권은 1970년대 초반에 40km 반경권내 주변지역의 인구증가율이 중심도시보다 더 높고 중심도시의 인구증가율이 격감하고 있었다. 부산대도시권은 1980년대 후반 이후 주변지역의 인구성장이 중심도시 보다 높게 나타나고 있었다. 서울대도시권은 1970년대 초, 부산대도시권은 1980년대 후반부터 교외화 단계로 이행이 분명하게 나타나고 있다.

대구대도시권은 1980년대 후반 이후 중심도시의 성장률이 둔화되고 주변지역은 1980년대 초반 이후 성장률이 증가하는 추세이다. 반면 광주대도시권과 대전대도시권은 1980년대 후반에도 주변지역의 인구증가율이 상승하지 않고 중심도시의 성장률이 약간 상승하거나 안정화하는 추세를 나타내고 있다. 그래서 대구는 1980년대 후반부터 절대 집중단계에서 상대 집중단계로 이행하고 있으나 광주와 대전은 절대 집중단계에 머물고 있다.

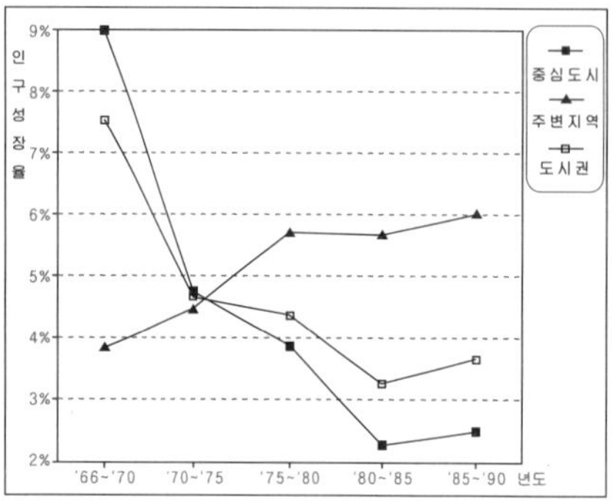

〈그림 2-3〉 서울대도시권의 인구성장율

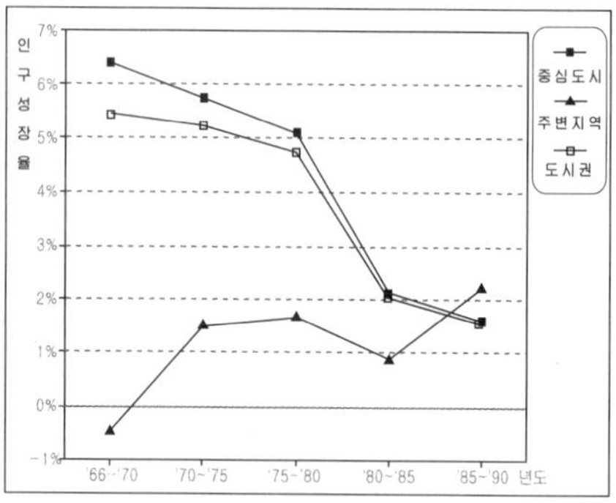

〈그림 2-4〉 부산대도시권의 인구성장율

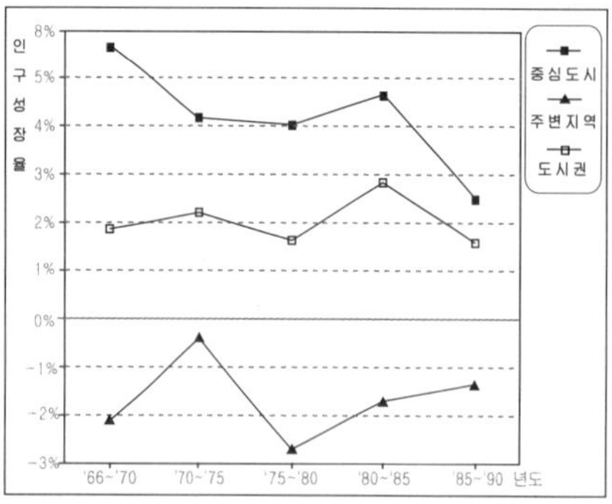

〈그림 2-5〉 대구대도시권의 인구성장율

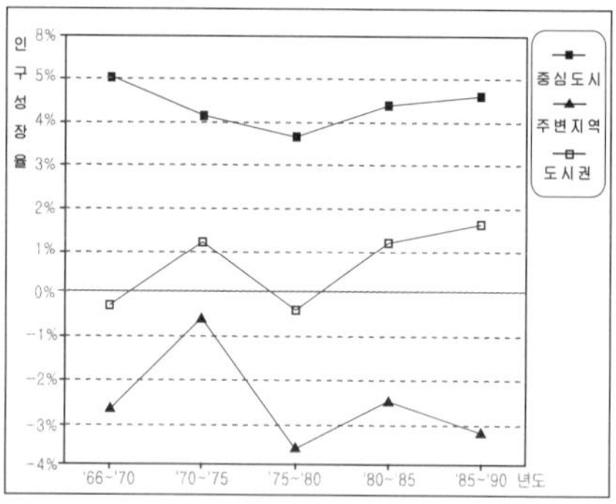

〈그림 2-6〉 광주대도시권의 인구성장율

서울 대도시권의 확산

1970년 후반까지는 경부축과 인천축이 중심축이고 축방향별 인구성장율의 차이가 현저했다. 그러나 1980년대 이후 축방향의 설명력이 낮은 것은 중심도시의 영향력이 더욱 증대하는 현상을 설명한다. 중심도시의 영향도 시간이 경과하면서 공간적으로 확대하고 있다.

1970년대 초반에 교외화단계로 이행하면서 주변지역의 인구성장율이 계속 증가하였고 30-40km권은 1970년대 초반에 성장률이 양의 성장으로 전환되었고 40km권 외곽도 1980년대 초에 양의 성장으로 전환되었다. 1970년대 후반까지 도시화의 집중단계가 1970년대 후반에는 상대적 교외화, 1980년대 전반부터 절대적 교외화단계로 이행하는 것으로 설명된다(김병관: 141).

지방 대도시권의 인구확산

부산대도시권의 인구성장이 1970년대 후반까지는 중심도시에서 반경권이 중요한 인자이나 그 이후로는 개발축이 중요한 인자가 되었다. 주변지역의 성장률이 중심도시의 성장률보다 높은 1980년대 후반에 중심도시로부터 30km권까지 양의 성장을 나타내었고, 도시발전축으로서는 경주축이 중요한 지배적인 축방향이다.

대구대도시권에서 주변지역의 인구성장은 중심도시와의 거리의 인자가 크게 영향을 주고 있다. 전형적인 교외화의 확산과정이 진행되고 있다. 그러나 1980년대 후반에 반경 20km 이내에서만 높은 양의 성장률을 나타내고 20km권 외곽에선 아직 인구가 감소하는 성향이다. 중심도시의 확산효과는 중심도시와 경계를 이루는 주변지역에 한정되어 있다.

광주대도시권에서 인구확산과정의 설명이 1980년대 후반에만 높고 그 이외 년도에서는 설명이 잘 되지 않는다. 1980년대의 인구분산과정은 개발축과 중심도시에서 거리인자들이 중요하게 작용하고 있다. 개발축으로서는 목포축과 보성축의 성장이 높다. 전반적으로 주변지역의 평균성장율이 낮은 편이다.

대전대도시권은 인구규모가 중요한 인자이기 때문에 도시권의 확산과정으로 보기 어렵다.

도시화단계로서 서울대도시권은 절대적인 교외화단계, 부산대도시권은 상대적인 교외화단계, 대구대도시권은 상대적인 도시화집중화 단계이고, 광주 및 대전대도시권은 절대적인 도시화집중단계가 진행되고 있는 실정이다.

도시계획에 있어서 인구예측은 매우 중요하다. 이러한 인구예측은 단순히 과거추세연장법을 적용할 것이 아니라 인구확산 또는 도시권의 발전단계도 고려되어야 한다. 즉, 도시권 전체의 인구 전망과 도시권 내부의 인구배분 전망을 병행해야 할 것이다.

연습문제

1. 도시권은 무엇이며 도시권이 형성되는 이유는 무엇인가? 특히 사람의 이동측면에서 설명하시오.
2. 거대도시권(Megalopolis)의 개념을 설명하고 행정복합도시 건설이 우리나라 거대도시권형성에 어떻게 영향을 줄 것인가를 설명하시오.
3. 서울, 부산, 대구, 광주, 대전의 5대도시권에서 교외화의 상대적 분산단계에 진입 싯점을 추정하고 이러한 5대 대도시권의 인구분산싯점이 상이한 이유를 설명하시오.
4. 북부유럽도시는 1960년대 이후 1980년까지 대도시권의 인구분산화가 진행되었으나 1980년대에 중심도시 집중형으로 변경되었다. 이러한 이유를 어떻게 설명할 수 있는가? 이러한 현상이 우리나라 수도권의 인구집중현상과 어떤 관계가 갖는가?

참 고 문 헌

1. 강대현, 도시지리학, 교학사, 1981.
2. 권용우 외, 도시의 이해, 박영사, 1998.
3. 국토개발연구원, 대도시권의 설정과 기능정립방향, 1985.
4. 김병관, 우리나라 5대 대도시권의 인구확산과정에 관한 연구, 1990.
5. 김타열 편저, 도시화과정과 도시성장율, 1995.
6. 허재완, 도시경제학, 법문사, 1993.
7. 한국도시지리학회편, 한국의 도시, 법문사, 1999.
8. 홍경희, 도시지리학, 법문사, 1983.
9. 미야오 · 다카히로 지음, 도시경제학, 대경출판사, 1989.
10. L. van der Berg, R. Drewett, L H Klaassen, A. Rossi, and C.H.T. Vijverberg, Urban Europe-A Study of Growth and Decline-, Pergamon press, 1982.
11. Cheshire, Paul, A New Phase of Urban Development in Western Europe? The Evidence for the 1980's, Urban Studies, Vol. 32, No.7, 1995, PP. 1045-1064.

제 3 장

정주체계와 중심지이론

1. 정주체계

지구상에는 다양한 크기의 취락과 도시들이 분포하고 있다. 대체로 농촌 지역의 취락들 중심에 소도시가 있고 이러한 소도시들의 중심지로서 더 큰 도시가 나타나고 급기야 더 큰 대도시가 지역의 중심이 된다. 이처럼 도시의 분포에 어떤 법칙성이 있을 것이다.

지상에 인구와 경제활동이 분포되어 있는 모양을 정주패턴이라고 부르고 그 분포가 어떤 규칙성을 가진 체계(system)를 이루고 있을 때 정주체계라고 한다. 정주체계란 취락과 도시로 구성되어 있다. 이들이 분포된 상태에서 어떤 규칙성과 체계성이 발견된다면, 사람들이 왜 그러한 취락이나 도시라는 형태로 모여서 살게 되는가? 왜 크고 작은 도시들이 생성되는가? 그리고 취락과 도시들이 어떻게 일정한 모양의 규칙적 분포를 하게 되는가는 흥미로운 질문이 아닐 수 없다(황명찬: 31).

정주체계를 설명하는 대표적인 이론이 중심지이론이다. 중심지이론은 취락과 도시를 중심지라고 하여 시장권 크기에 의해서 중심지의 기능과 계층성을 설명한다. 이 이론은 지역내 다양한 취락과 도시들의 분포에 대한 법칙성을 제공한다. 그래서 이 이론은 개별 도시의 성격과 기능을 이해하는데 주요한 도구이고 한편 도시와 지역의 관계를 이해하는데 있어 기본적인 지식을 제공한다.

2. 중심지이론

1) 중심지이론의 구성

지역의 부존자원이 균질하게 분포되어도 인구밀도의 분포가 상이하게 나타난다. 인구밀도가 상이하게 나타나는 이유를 규모경제성(scale economies)과 수송비 등의 경제적 요인으로 설명한다. 이러한 경제적 요인들에 근거하여 도시의 공간적 분포를 설명하는 이론이 중심지이론(Central place theory)이다.

1930년에 중심지이론을 제시한 크리스탈러(Walter Christaller)는 ①자연자원이 균일하게(uniform) 분포된 평탄한 공간상에, ②동일 규모의 자족적인 농가와 인구가 균일하게 분포되어 있고, ③모든 방면으로의 수송비용이 같고 수송비용은 거리에 비례한다는 세 가지 기본적 가정을 설정하였다. 이 가정하에 첫째, 이들 농가들이 서로 교역할 것인가 또는 거래조건은 어떠한가, 둘째, 만일 거래한다면 시장의 공간적 범역은 어디까지 인가, 셋째, 그 시장의 중심에 중심지란 도시가 형성되는 과정이 어떠한가를 밝히는 것이 그의 주요 관심사였다(황명찬: 32).

한 중심지에서 서비스가 배달될 수 있는 시장권은 서비스의 배달가격이 다른 중심지에서 제공되는 배달가격보다 저렴한 지역까지를 포함한다. 〈그림 3-1〉에서 보이는 것처럼 농장 E지점에서 중심지 O에 배달가격(D)은 생산원가(B)와 배달지점까지의 거리에 의한 수송비(r · d)의 합이다. 시장권이 커지면 규모의 경제성이 높아 생산원가가 절약되나 수송거리가 증가하여 수송비의 상승을 가져온다. 그래서 다른 중심지의 배달가격과 균형이 되는 시장권을 형성한다. 이때 시장권이 충분히 커서 중심지 서비스의 제공으로 상당한 이익이 발생한다면 새로운 경쟁업체가 등장한다. 완전경쟁조건이기 때문에 어느 업체도 초과이윤이 발생되지 않고 최소한의 자립규모인 최소요구치 수준의 시장크기로 분할된다.

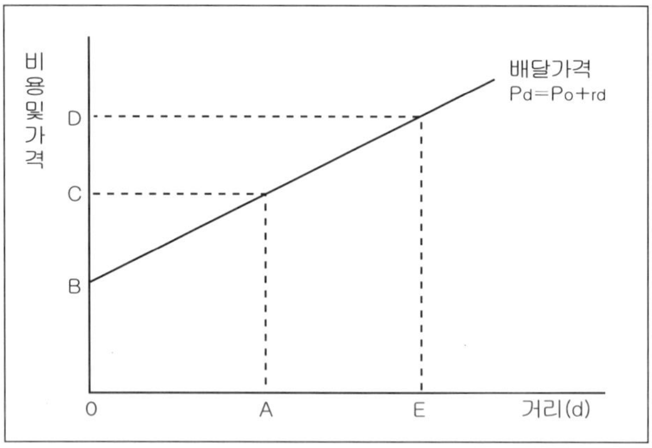

〈그림 3-1〉 상품의 배달가격 형성도

중심지의 시장권은 기업이 최소이윤을 확보할 수 있는 중심지기능의 최소 자립규모와 판매원가를 결정하는 규모경제성 그리고 수송비 등 3가지 요소에 의해 결정된다. 예로서 약방의 중심지기능은 어떻게 분포할 것인가? 최소한의 약방 수입이 확보될 수 있는 시장권의 크기로 약방이 분포한다는 것이다.

한편, 수송비 변화에 의한 시장권의 변화도 있다. 냉동차가 일반화되지 않았을 경우에는 아이스크림 공장이 전국적으로 분산되어 있었으나 현대에는 냉동차가 일반화되어 수송비 부담이 적고 오히려 대량생산을 통해 경제적 이윤을 확보하는 규모경제성 때문에 전국이 단일시장권이 되어 대규모 공장으로 변화하고 있다.

2) 중심지의 시장권과 계층성

중심지의 시장권과 기능

동일 종류의 상품이 동일한 수요와 동일한 생산 및 수송비를 가정한다면 그 상품을 생산하는 각 기업이 배분하는 시장의 공간적 범위는 다 동일하다고 가정된다. 이러한 상품의 시장은 육각형(hexagon)일 때 모든 공간을 메우고 서비스를 받지 않는 지역이 없어진다. 〈그림 3-2〉의 A는 서비스를 받지 못하는 지역이 존재하고 B는 중첩되고 지역이 서비스를 전부 지원받는 것이다. B를 중심지별의 경계로 나누는 것이 육각형 분포의 C그림이다.

사람이 사는 데는 여러 가지 종류의 재화나 용역이 필요한데 이 많은 재화나 용역 중 서로 다른 종류의 것은 각각 독특한 시장의 크기나 모양을 가질 것이지만 같은 종류의 것은 같은 크기나 모양의 시장권을 가진다. 이러한 여러 종류에 대한 시장권의 중심이 한 곳에 겹치게 되면 그 곳에 중심지(central place)가 출현하게 된다. 바꾸어 말하면 중심지란 하나 이상의 서비스시장의 중심이 위치한 곳(centers)을 가리킨다. 얼마나 많은 종류의 서비스시장, 또 얼마나 큰 시장의 중심이 되느냐에 따라 중심지의 크기와 중요도가 결정된다.

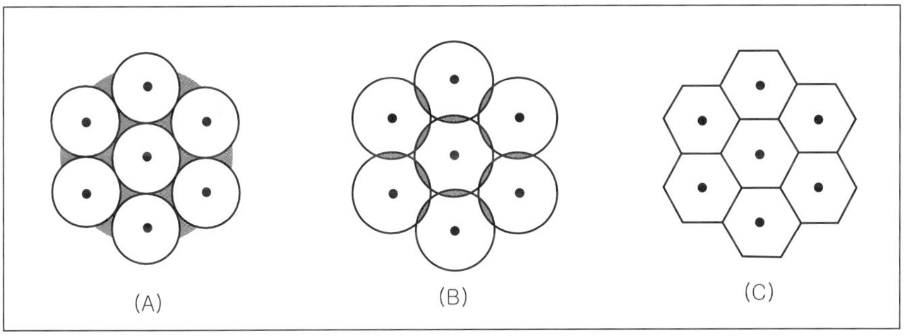

〈그림 3-2〉 시장권 분포의 비교

중심지 형성의 기초가 되는 시장권의 크기는 ①재화나 용역의 생산에서 규모경제성, ②재화나 용역에 대한 수요의 밀도(density of demand), ③수송비용의 크기에 의하여 결정되고, 중심지의 크기와 중요도는 그것이 포용하는 수와 그 시장의 크기에 의하여 결정된다. 규모의 경제가 크면 클수록, 수요밀도가 작으면 작을수록 그리고 수송비가 낮으면 낮을수록 시장권의 공간적 영역은 넓어진다. (황명찬: 35).

중심지 계층

중심지계층이란 중심지 상호간의 상·하위 관계이다. 중심지가 수행하는 3차산업 기능의 보유 정도가 중심지 간에 차이가 있다. 〈표 3-1〉에서처럼 고위중심지(higher-order central place)란 중심성이 큰 기능을 보유한 중심지이고 저위중심지(lower-order central place)란 작은 기능을 보유한 중심지를 말한다. 중심지 계층에서 고차계층의 중심지일수록 규모가 큰 대신에 그 수는 적고 반대로 저차계층의 중심지는 규모가 작은 대신에 그 수가 많다. 중심지 계층에서 중심지 수의 분포는 소위 피라미드형태를 이룬다(권용우 등: 173). 중심지의 계층은 인구규모에 비례하는 것이 일반적이나 인구규모가 크다고 해서 반드시 중심성이 크다고 볼 수는 없다.

〈표 3-1〉 중심지 계층과 기능

수행기능	최소요구치 ← 낮음 　　　　 높음 →
하위기능 ↓ 고위기능	· 가계소비 · 가계소비+소매 · 가계소비+소매+도매 · 가계소비+소매+도매+운송 · 가계소비+소매+도매+운송+교환 · 가계소비+소매+도매+운송+교환+통제 · 가계소비+소매+도매+운송+교환+통제+지도

예를 들어 취락, 소도읍, 그리고 도시의 세 가지 계층의 중심지만 있다고 한다면 그 계층구조와 중심기능의 관계는 다음 〈그림 3-3〉와 같다. 최하위 계층의 취락 두 개와 그들의 배후지를 갖는 것이 상위 2차중심지인 소도읍이다. 이 두 소도읍을 배후지로 갖는 상위중심지는 도시가 된다. 계층이 위로 올라감에 따라 중심기능의 수도 많아지고 그 시장도 커진다.

도시를 다시 세분하여 소도시, 중도시, 대도시로 나누어 본다면 계층의 수도 증가하고 그 구조도 복잡할 것이다. 앞의 중심지이론의 기본적인 가정을 그대로 지킨다면 같은 계층의 도시는 규모와 모양이 같은 시장을 서비스하게 되고 각 도시는 등간격으로 위치하게 되며 도시간의 거리는 계층이 높아질수록 더 멀어진다.

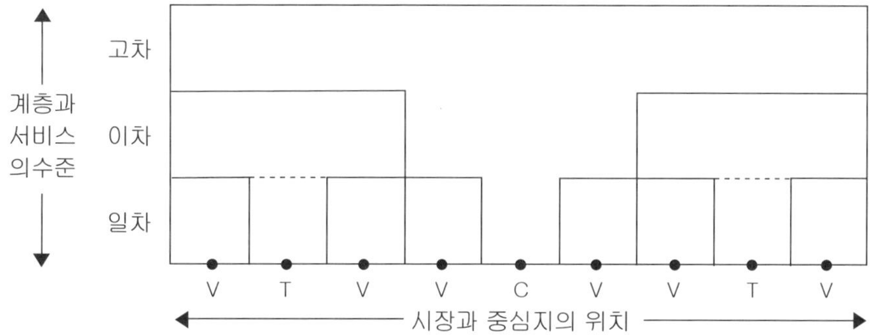

C : 도시(고차중심지)

T : 소도읍(제2차 중심지)

V : 취락(제1차 중심지)

출처 : (황명찬: 36)

〈그림 3-3〉 도시계층 체계

중심지계층의 포섭원리란 상위중심지의 배후지 안에 계층성이 낮은 중심지들이 어떻게 분포하는 가를 설명하려는 것이다.

크리스탈러는 중심지계층 간의 분포를 하나의 상위중심지가 3개의 차하위중심지를 포섭하는 공간배열을 제시하였고 이것이 재화의 매매에서 가장 효율적인 형태라는 시장원리로 설명하였다.

크리스탈러의 중심지계층의 분포형태는 〈그림 3-4〉와 같다. 여기서 G중심지는 최상위중심지이다. G중심지의 차하위인 B중심지가 어떻게 입지하는가 고찰하면 중심지의 구성논리를 이해할 수 있다. G중심지는 B중심지의 기능을 모두 가지고 있기 때문에 G중심지와의 경쟁을 피하기 위해, B중심지는 인접하는 3개의 G중심지의 한 가운데 입지한다. 결국 B중심지의 입지점은 G중심지의 정육각형 시장권 구역의 모서리가 된다(권용우 등: 179-180).

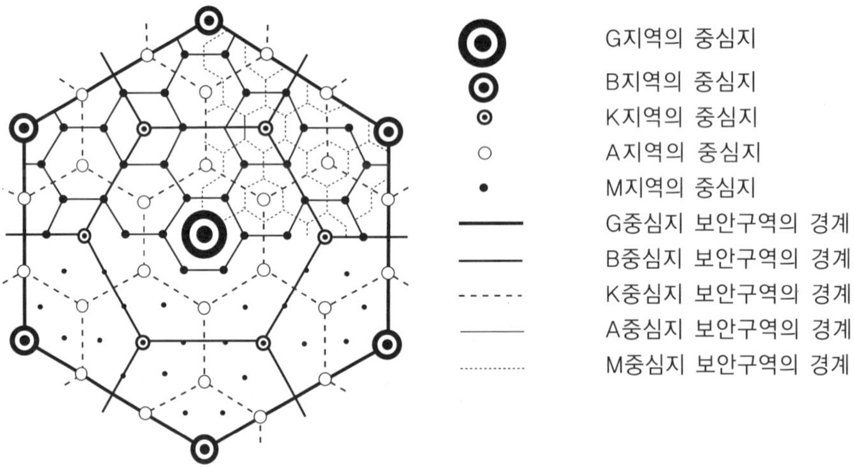

출처 : (권용우 외: 180)에서 인용

〈그림 3-4〉 시장원리에 의한 중심지체계의 형성

이때 하나의 상위중심지가 몇 개의 하위 중심지를 갖는 가에 의해 중심지 체계의 계층구조를 설명한다. G가 수행하는 B의 기능과 6개의 B가 3개의 G 중심지의 시장권이기 때문에 다음과 같이 계산한다.

$$k = 1 + \frac{1}{3} \times 6 = 3 \qquad \text{k: 하위 중심지수}$$

마찬가지로 B계층의 중심지는 3개의 차위중심지인 K계층 중심지를 갖는다. 이것을 시장원리이고 3K 체계라고 한다.

크리스탈러가 적용한 남부 독일에서는 중심지의 규모, 공간적 배치 및 기능의 수 등 계층적 상호관계가 이론과 일치하였지만 이러한 규칙성은 역사적, 경제적, 지리적 환경에 의해 왜곡된다. 중심지이론에서 가장 비판의 대상이 되는 요소이기도 하다.

〈표 3-2〉은 상업시설의 수에 근거하여 도시별 중심성을 측정한 결과 우리나라 도시를 6개층으로 구분하고 있다. 서울이 1계층 도시로 우리나라 전역이 시장권이 되고 부산 · 대구가 2계층이며 마지막 6계층은 읍급 도시였다. 임석회씨는 시외버스의 유동량분석에 근거하여 중심지와 배후지간의 관계를 설정하여 〈그림 3-5〉와 같이 전국을 21개의 지역생활권으로 도출한 바 있다(김형국, 1999: 302-304).

〈표 3-2〉 한국 도시의 중심지 계층(시설계층): 1992

계층	1	2	3	4	5	6
1992	서울	부산 대구	대전 광주 인천	마산 전주 울산 수원 부천 청주	포항 제천 목포 성남 진주 충주 이리 강릉 춘천 구미 제주 안동 군산 평택 원주 순천 의정부 안양 여수 안산 경주 영주 천안 정주 창원 남원 충무	동두천 밀양 영주 서귀포 송탄 구리 금산 동해 김해 온양 속초 나주 이천 안성 김천 예산 서신 거창 진해 공주 태백 상주 오산 고양 삼천포 여주 광명 점촌 (외 180개 읍)

출처 : 임석회(1995); 1992년

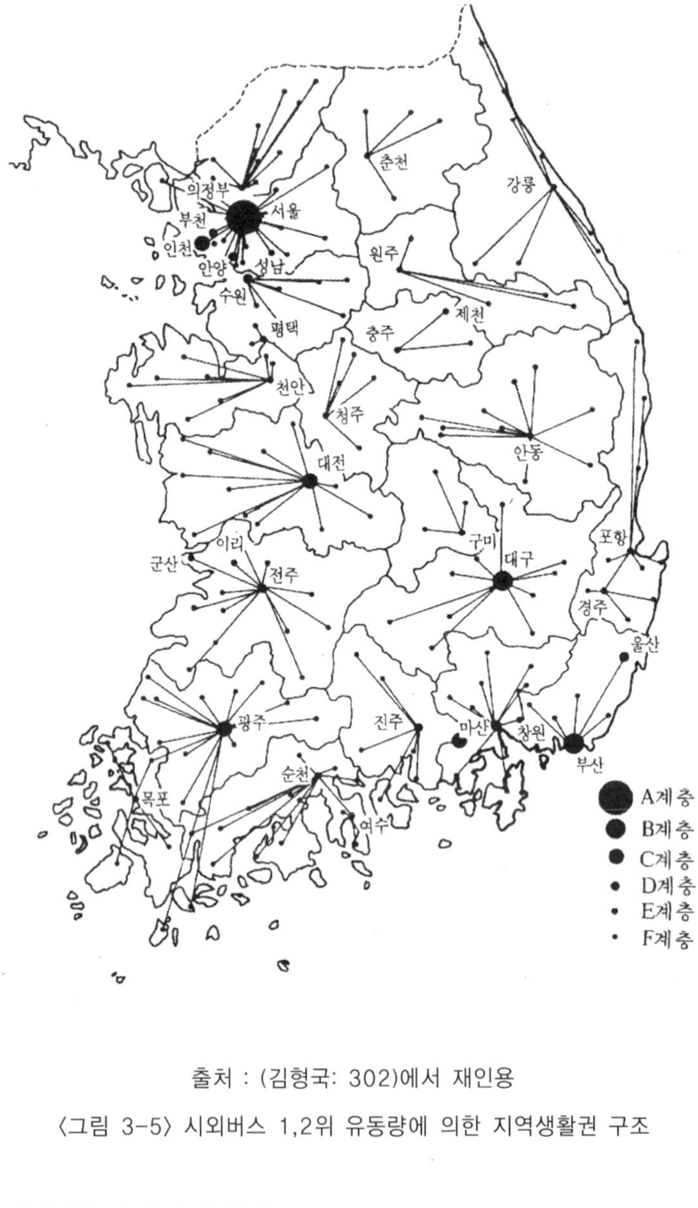

출처 : (김형국: 302)에서 재인용

〈그림 3-5〉 시외버스 1,2위 유동량에 의한 지역생활권 구조

3) 중심지이론의 한계와 활용

크리스탈러의 중심지이론에 대한 많은 비판이 있다. ①비현실적인 가정에 근거하여 중심지체계를 단층적 계층구조(stepped hierarchy)로 보는 것이다. 도시의 규모가 연속적이 아니고 계층에 따라 단층적으로 구분하여 동일의

인구규모인 중심지는 동일의 계층과 중심지기능을 갖는다고 가정하는 것이다. ②도시의 기능을 배후지역에 대한 중심지 서비스의 공급기능에 국한하고 있다. 공업도시 혹은 특수한 자원에 근거한 관광도시, 물류도시 등의 존재를 인정하지 않는 문제가 있다. 특히 정보화시대가 도래하면서 거리의 저항을 많이 극복하는 정주체계의 설명이 어렵다. ③중심지와 시장권의 공간적 배열을 6각형 구조로 해석하는데 한계가 있다. 장거리 교통노선과 산과 하천 등의 지형에 따라 접근성이 상이하기 때문에 시장권과 중심지 계층의 분포를 6각형 구조로 설명하기는 어렵다.

크리스탈러의 중심지이론이 많은 비판을 받고 있지만 그렇다고 중심지이론의 무용을 제기하는 것은 아니다. 중심지이론은 지역공간구조를 설명하는 이론으로서 그 가치가 경험적 연구에서 입증되어 왔다. 설령 여타의 입지적 요소가 지배적일지라도 중심지의 서비스 공급체계가 전체적인 도시분포를 설명하는데 커다란 기여를 한다. 지역계획에서 직접적인 적용에 한계가 있지만 도시와 배후지 간의 상호의존성, 중심지기능과 중심지 계층간의 관계성 그리고 중심지기능의 최소요구치 등은 지역내 도시분포를 이해하는데 매우 중요한 지식을 제공해 준다.

활용의 사례로서 대표적인 것이 우리나라 제2차 국토계획에서 생활권개념의 도입이다. 지역생활권은 대도시생활권, 지방도시생활권 및 농촌도시생활권으로 구분하여 중심도시와 주변 농촌 배후지역을 결합시킨 지역의 단위이다. 그리고 이것은 권역 내 주민의 제반 생활편익시설의 이용권역이다. 지역생활권의 획정기준에서 생활권의 최소규모는 종합병원과 전문대학을 지원할 수 있는 인구를 25-30만명으로 설정하였다. 지역생활권의 획정목표가 전국토의 어디에서나 종합병원과 전문대학 수준의 중심지기능을 일상생활권에서 확보하는 것이다. 여기서 대도시생활권과 지방도시생활권들의 중심도시들은 기존의 시급 도시로서 최소한의 요건을 만족시키나 6개의 농촌도시생활권의 중심도시들은 당시 읍급도시이고 생활권은 2-3개의 군지역을 통합한 것이었다(국토연구원: 12-58).

3. 정주체계의 변화

중심지이론에 의한 정주체계는 정태적 균형상태를 설명하는 이론이다. 도시의 공간적 분포인 정주체계는 기술혁신이나 경제발전의 영향으로 시간의 흐름에 따라 변한다. 중심지의 수, 규모, 거리 등은 중심서비스의 시장권의 크기에 달려있고 시장권의 크기는 ①수요밀도, ②생산의 규모경제성, ③수송비용에 의하여 결정된다. 따라서 이 세 가지 요인에 영향을 미치는 기술혁신이나 경제성장이 있다면 정주패턴, 도시계층 간의 기능분담 등, 즉 도시체계에 변화가 일어난다(황명찬: 37).

첫째, 수요밀도의 변화이다. 인구가 증가하거나 소득이 증가하면 단위면적당 수요가 증가하고 기존 업소에 초과이윤이 발생하여 새로운 업소의 탄생을 가져온다. 따라서 정상이윤을 갖는 업소 또는 기업의 수가 증가함과 동시에 시장의 최적 규모도 작아진다. 작은 규모의 시장권을 갖기 때문에 업소 수가 증가하여 중심지 수의 증가를 가져오고 중심지 간의 거리는 좁아진다. 여기에 맞추어 상위중심지의 수도 따라서 증가하게 된다(황명찬: 37). 소득의 증가에 의하여 도시기능의 다양성이 증대되고 대신 인구유출이 심한 농촌지역에서는 중심지기능이 쇠퇴하는 현상이 설명된다. 소득규모가 낮은 경우에는 30만명 이상의 시장권에 백화점이 있을 수 있으나 소득수준이 증가하면 10만명의 시장권에도 백화점이 입지할 수 있는 것도 소득변화에 의한 중심지 기능의 변화를 설명하는 것이다.

둘째는 규모의 경제를 증대시키는 기술혁신의 영향은 중심서비스 공급업소의 수나 중심지의 수를 감소시키는 경향이 있다. 가령 어떤 중심업소가 보다 큰 규모의 경제를 가능케 하는 기술혁신을 하였다면 공급 재화나 서비스의 비용이 그 만큼 절감되므로 수요의 증대와 시장권의 확대를 가져올 것이다. 〈그림 3-6〉에서처럼 규모경제성에 의해 공장의 생산원가가 P_S에서 P'_S로 낮아지고 수송비용이 과거와 동일할 때 공장의 시장권이 bb'에서 BB'로 확대된다. 예를 들면 과거에는 아이스크림공장이 작은 도시에도 있었으나 규모경제성에 의해 전국을 몇 개의 대규모 업체가 지배하고 있다.

기술혁신에 의한 중심지의 축소현상은 우리나라의 산업화 과정에서 잘 나타나고 있다. 기술이 발달하고 산업이 대량생산체제로 이행되면서 정주체계도 상위계층인 대도시로 집중하고 중소도시의 쇠퇴과정이 이러한 논리에 의해 설명된다.

셋째는, 수송비 절감을 가져오는 기술혁신이 도시체계에 어떤 영향을 주는 가이다. 교통의 기술혁신은 산출효과(the output effect)와 대체효과(the substitution effect)의 두 가지 효과를 갖게 된다. 이것의 도시체계에 미치는 영향은 상반된 효과로 설명하고 있다. 교통기술 혁신에 의한 수송비의 하락은 한편으로는 배달가격을 하락시켜 기존 시장 내에서 초과이윤이 발생하여 새로운 업소의 탄생이 있게 된다. 이것에 의해 시장권의 축소와 중심지 수의 증가효과를 가져온다. 이것이 산출효과의 영향이다.

다른 한편으로는 교통 투입을 더 늘리고 보다 먼 거리까지 수송하게 되면서 결국 시장권이 확대하여 중심지 수가 감소하게 하는 대체효과가 발생한다고 한다. 실제로 미국의 경우 거리당 높은 수송비는 분산된 입지패턴을 가져왔고 반대로 수송비의 하락은 생산의 공간적 집중을 가져왔다(황명찬: 37).

우리나라에서도 전국의 교통시설이 개선 되면서 전국적인 접근성이 향상되었다. 접근성의 향상으로 전국 의복 도매시장이 서울 동대문시장으로 통합된 사례에서 이러한 중심지 통합 성향을 알 수 있다. 즉 〈그림 3-7〉에서처럼 교통비용의 감소가 시장권이 bb'에서 BB'로 확대되는 현상으로 나타나 중심지기능이 통합된다. 특히 수송비용의 절감과 규모의 경제성이 결합되어 상위계층 도시로 집중하는 것이 일반적인 현상이다(김경환, 서승환: 12). 미국에서 1900~1970년까지 생산 및 교통 기술혁신과 경제발전이 미국의 도시체계에 미친 영향에서 고찰된 것은 중심서비스의 기능이 점차 소수의 대도시로 집중된다는 사실이다(황명찬, 2001: 38).

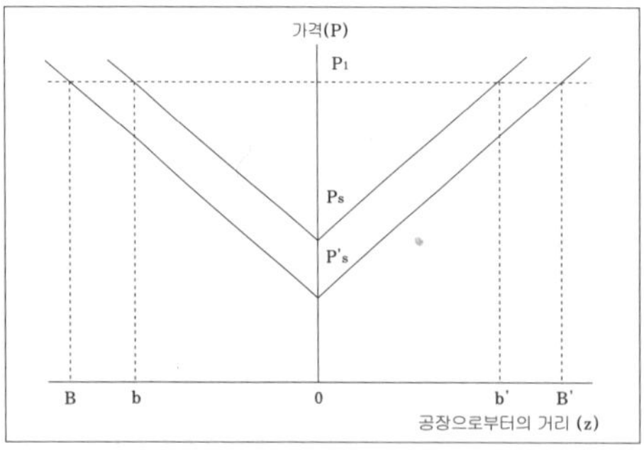

〈그림 3-6〉 규모의 경제성과 도시규모

출처 : (김경환, 서승환; P.11)에서 재인용

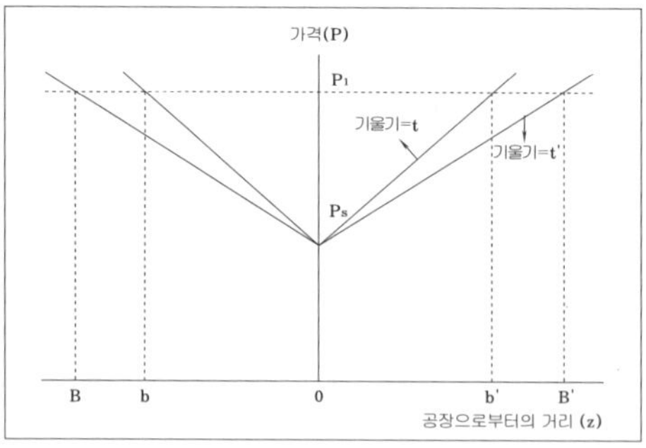

〈그림 3-7〉 수송비의 변화와 도시규모

연 습 문 제

1. 다음의 용어를 간단히 설명하시오.
   1-1 중심지기능
   1-2 시장권
   1-3 최소자립규모
   1-4 중심지계층
   1-5 3K 중심지체계
2. 대구와 경상북도의 중심지 계층체계를 제시하고 이러한 중심지 계층체계의 생성 이유를 설명하시오.
3. 소득의 증가가 대형 할인매장의 최소 도시규모에 어떻게 영향을 주는가를 설명하시오.
4. 교통수단의 개선이 중심지체계에 영향을 준다. 신대구-부산고속도로의 개통이 청도의 중심지기능에 어떻게 영향을 줄 것인가를 설명하시오.

참고문헌

1. 국토연구원, 제2차 국토종합개발계획-제2편 인구정착기반의 조성, 1982
2. 권용우 외, 도시의 이해, 박영사, 1988
3. 김경환, 서승환, 도시경제, 홍문사, 1999
4. 김형국, 한국공간구조론, 서울대학교 출판부, 1997
5. 박종화, 윤대식, 이종열, 지역개발론, 박영사, 2000
6. 홍경희, 도시지리학, 법문사, 1983
7. 황명찬, 지역개발론, 법문사, 2001

제2편 도시의 구성요소

제4장 사람과 주택

제5장 도시와 산업

제6장 도시와 상업서비스

제 4 장
사람과 주택

1. 주택문제

1) 주택의 사회적 관심

가족(Family)에게는 주택이 매우 큰 관심사이다. 은신처로서 주택은 인간의 기본수요이며, 사회적 · 경제적으로 매우 중요성을 띠고 있다. 자신의 소득 중에서 상당히 높은 비율을 주택 마련에 지불한다. 많은 국가에서는 정부가 시민들의 주택사정에 대해 깊은 관심을 가지고 있다. 주택의 질은 일할 사람의 능력에 영향을 미치며, 공공보건에도 영향을 미친다. 시민의 주택시정이 열악하다면 그것은 바로 사회적 · 정치적인 관점에서 보아야 한다는 것이다. 따라서 주택은 공공의 관심사(Public Concern)이다.

기본수요로서 관심

기본수요(Basic need)가 인간의 존엄성을 유지할 수 있는 최소한의 요구를 의미하는데 주택의 최소기준은 이러한 기본수요에 해당한다. 주택이 기본수요가 되는 일차적 이유는 주택은 물리적 시설물로서 기후나 외부환경에 대한 안전한 은신처를 제공하는 것이기 때문이다.

둘째, 주택은 사회재 혹은 집합재(social or collective goods)이다. 주택은 사회조직의 한 기초단위로서 역할을 하는 가정을 보호하고 동시에 보건위생, 교육 등과 같이 누구에게나 주어져야 할 사회재 혹은 집합재로서의 성격을 지닌다.

셋째, 다양한 서비스의 총체로서(package or bundle of services)의 주택이다. 주변 공공시설을 이용하고 주택의 위치에 따라 직장 및 기타시설물의 접근도가 상이하여, 주택은 주변의 환경으로부터 영향을 받는 사회환경의 일부이다.

주택은 기본수요라는 가치에 근거하여 사회적으로 충족되어야 할 최소한의 주거기준을 국가적으로 정하고 있다. 이것이 최저주거기준이다. 최저주거기준은 나라마다 경제적 수준과 사회·문화적 주거속성이 다르기 때문에 상이하다. 이 수준에 못 미치는 열악한 주거환경에 거주하고 있는 가구가 필요로 하는 주택의 양과 질이 주택소요로 파악되고 있다.

우리나라는 현재 건설교통부 공고에 의하여 ①가구원수별 최소주거면적 ②용도별 방의 갯수 ③전용부엌, 화장실 등 필수설비 ④안전성, 쾌적성 등을 고려한 주택의 구조, 성능 및 환경기준 등을 제시하고 있다(건설교통부 공고 제2004-173호). 여기서 〈표 4-1〉은 가구원수별 최저주거기준 면적을 우리나라와 일본을 비교한 것이다.

〈표 4-1〉 최저주거기준의 면적기준비교

(단위 : ㎡)

가구원수	한국 1)	일본 2)
1인	12	16-25
2인	20	29
3인	29	29-39
4인	37	39-59
5인	41	47-63
6인	49	58-73

자료 : 1) 건설교통부 공고 제2004-173호,
주거최저기준, 2004. 6. 15
2) (박환용: 93)에서 인용

부동산 자본재로서 관심

주택은 경제적 재화 혹은 상품이다. 주택은 수명이 최소 20년에서 50-80년이 되는 내구성이 강한 재화이며 투자재의 성격을 지닌다. 일반가구의 평균소득에 비하여 주택가격은 매우 고가의 상품이다.

주택은 일반적인 재화와 여러 가지 면에서 차이가 있다(하성규, 1999: 4-5).

첫째 주택의 비이동성이다. 주택의 가치는 주택이 위치한 주변환경, 지역사회 등과 밀접하게 관련되어 있다. 지역의 교육환경과 편리한 교통시설, 공원 등의 공급여건이 주택의 가치에 영향을 미친다.

둘째, 주택은 외부적 요인에 크게 영향을 받는다. 예를 들면 주택공급의 증대와 감소, 인구 이동, 소비자의 선호 등이다.

셋째, 주택의 생산과정이 장기적이다. 주택의 서비스를 제공하기까지 택지의 마련, 건축행위, 주변생활시설의 공급 등이 선행되어야 한다.

넷째, 주택은 다른 재화에 비해 거래과정이 복잡하고 거래비용이 많이 요구된다. 주택거래에서 전문적인 부동산 중개인의 개입이 필요하고 세금징수 및 권리이전의 행정절차 등에 많은 비용이 유발된다. 주택거래의 표준화가 어렵고 주택시장이 불완전하다.

이러한 주택시장의 특성 때문에 도시화과정에서 주택가격이 일반소비재 물가의 상승률 보다 상회하였고 투자가치가 높은 투자재로서 인기가 높았다. 주택가격의 상승은 경기변동 등 주택 외적 환경에 의한 영향도 크지만 주택수요와 공급의 불균형에 의한 원인이 지배적이다(허재완: 163).

선진국의 산업화과정에서도 도시인구 증가에 의한 주택가격과 토지가격의 상승은 일반적이었다. 제1장에서 언급된 것처럼 우리나라의 경우는 선진국의 경험 보다 도시화의 진행속도가 빨랐기 때문에 주택수요에 비해 만성적인 주택부족 현상이 있었고 이것은 주택 및 토지의 가격상승과 투기를 조장하였다. 주택 및 토지가격의 상승은 빈부의 격차를 심화시켜 사회문제를 야기하였다. 부동산 가격의 상승을 모든 국민들이 직접 경험하면서 부동산에 대한 소유의식이 높고 투기적인 사회분위기가 만연한 실정이다.

2) 주택문제의 인식

주택의 양적 문제

한국의 주택문제는 가구수에 비해 주택량이 부족하다는 것이다. 〈표 4-2〉와 같이 가구수에 비해 주택재고가 월등히 낮다. 주택공급율이 1970년대에 79%였으나 1990년에는 69.3%였다. 다행히 1990년 이후 주택공급이 증대하여 2000년 현재 주택공급율은 90.7%를 기록하고 있다.

주택재고의 부족은 주로 도시지역이 뚜렷하고 이는 그 동안의 급속한 도시화의 진행 결과이다. 도시지역의 주택재고 증가는 가구수의 증가를 따라잡지 못했다. 농촌지역에는 주택의 양적 문제가 거의 해소된 상태라 할 수 있다. 그러나 농촌지역의 주택문제는 질적 문제이다.

정부는 심각한 도시지역의 주택부족 문제를 해결하기 위해 1988~1992년 사이 200만호의 주택을 공급한다는 계획의 수립과 실천으로 1990년 이후 주택부족 문제는 상당히 완화된 상태이다. 1980년 도시의 주택공급율이 55.4%였으나 2000년 현재 84.7%로서 주택공급율이 많이 향상되었다.

〈표 4-2〉 우리나라 주택공급의 추세

(단위 : 천가구, 천호)

구분	년도	1970	1980	1990	2000
전국	가구수	5576	7586	10333	12087
	주택수	4414	5319	7160	10959
	공급율(%)	79.2	70.1	69.3	90.7
도시	가구수	2377	4450	7739	9587
	주택수	1441	2468	4646	8123
	공급율(%)	60.6	55.4	60.0	84.7
농촌	가구수	3209	3136	2594	2500
	주택수	2973	2851	2514	2836
	공급율(%)	92.6	90.9	96.9	113.4

출처 : 인구 및 주택센서스, 각년도
1) 도시는 시급 이상
2) 가구수는 일반가구수에서 1인가구수를 감한 수
3) 공급율(%)=주택재고/가구수 ×100

주택의 질

경제성장과 더불어 주택수준은 향상되고 있다. 주택의 평균규모는 크게 증대하는 추세이며, 입식 부엌, 수세식 화장실 등의 보급도 점차 증가하고 있다. 주거수준을 나타내는 한 지표인 방당 거주인수를 보면 1980년에는 2.1인이었으나 2000년에는 0.9인으로 줄어들었다. 1인당 주거면적도 1980년의 10.1㎡가 2000년에는 20.2㎡로 과거 20년 기간동안 2배로 증대하였다.

전반적으로 주거수준이 향상되고 있음에도 불구하고 아직 기본적인 주거서비스를 확보하지 못한 열악한 주택에 거주하고 있는 사람들이 적지 않다. 특히 대도시의 불량주거지(squatter settlements)에는 주택당 거주 가구수가 많다. 불량촌에는 가구단위의 화장실이 없고 재래식 공동화장실을 이용하는 경우도 많아 주거수준이 열악함을 말해주고 있다(하성규, 전명진, 윤의영: 220).

〈표 4-3〉 주거수준의 변화

구분 \ 년도	1980	1990	2000
가구당 주거면적(㎡)	45.8	51.0	63.1
1인당 주거면적(㎡)	10.1	13.8	20.2
가구당 방수	2.2	2.5	3.4
1방당 인구수	2.1	1.5	0.9

자료 : 건설교통 통계연보, 2003
http://www.moct.go.kr/datacenter/statisticdata

주택가격의 상승

주택문제의 심각한 양상은 주택가격이 급등하여 소득 대비 주택가격이 너무 높으므로 "내집 마련의 꿈" 실현이 쉽지 않은 것이다. 주택가격 상승이 소비자물가지수, 근로자 임금상승율을 상회하여 주택보유자에게는 무주택자에 비해 불로소득에 의한 재산증식이 있었다.

1995년 말을 기준하여(지수=100) 단독주택은 1990년 이후 계속 가격이 하락하는 추세이나 아파트는 1997년 IMF사태에도 불구하고 2000년의 103.1에서 2002년에는 135.0가 되었다. 2000~2002년 기간의 아파트가격이 30% 상승한 것이다. 전세가격도 2000년의 127.0이 2002년에는 171.1로 되어 2000년에서 2002년 기간동안 35%가 상승한 결과를 낳고 있다. 아파트의 매매와 전세가격의 급등은 무주택자의 주거안정에 심각한 문제를 낳고 있다. 한편 아파트 가격의 상승은 도시에 따라 상이하다. 2002년 광역도시별 아파트 가격지수가 서울은 171.2, 인천은 168.9으로서 수도권이 매우 높고 대전이 144.1, 부산 및 대구가 각각 126.1, 122.1수준이다.

서울을 비롯한 수도권의 전입인구가 계속 늘어나 주택수요가 증가하나 주택공급이 부족한 실정이기 때문에 지속적인 주택가격상승을 초래하고 있다. 이러한 수도권의 만성적인 주택가격 상승 추세는 투기수요까지 유발하여 주택가격 상승의 악순환을 초래하고 있다. 수도권의 아파트가격 상승이 심각한 국가적 문제이다.

〈표4-4〉 주택가격의 상승

(1995년말 = 100)

구분 \ 년도		1990	1995	2000	2002
매매가격지수	단독주택	109.6	100.0	85.6	95.3
	아파트	108.6	100.0	103.1	145.0
전세가격지수	단독주택	87.1	100.0	96.3	115.3
	아파트	76.9	100.0	127.1	171.1

출처 : 국민은행, 도시주택가격동향조사, 각년도

주 : 매년도 12월 15일 기준

〈표4-5〉 광역도시별 2002년도 아파트가격지수

(1995년말 = 100.0)

도시	2002년 가격지수
서울	171.2
부산	120.1
대구	122.1
인천	168.9
광주	88.5
대전	144.1
울산	114.2
수도권	171.8
출처 : 상게서	

주거의 불안정성

주택 점유형태의 변화는 주택문제의 속성을 부분적으로 설명해준다. 1970년에 우리나라 전체가구의 70%가 자기집에 거주하였으나 2000년에는 54.2%로 하락하였다. 임차가구의 비중은 점차 증대하고 있다. 도시지역의 자가 비중은 겨우 49%수준에 머물러 있어 소유의 소망은 실현되기 힘든 것임을 보여주고 있다. 소유가 어려운 것은 급속한 도시화에 따라 가구수의 증가에 비해 주택공급이 부족하다는 것과, 주택금융의 미발달. 부동산 투기 등이 복합적으로 작용한 것이다. 다행이 1988년 이후 2백만호 주택공급의 실현으로 주택가격은 다소 안정되는 추세에 있긴 하지만 저소득층의 주거 불안정은 여전히 지속되고 있다.

〈표4-6〉 지역별 자가소유 추이(1970-200)

(단위:%)

지역	1970	1980	1990	2000
전국	69.0	58.6	49.9	54.2
도시지역	48.4	42.9	40.5	49.1
(서울)	(48.4)	(44.5)	(38.0)	(40.9)
농촌지역	84.3	80.7	77.3	72.8

자료 : 통계청, 「인구 및 주택총조사보고서」, 각년도

주거지 분화와 차별

소득계층별 주거지 분리와 분화 현상이 주택공급과 수요면에서 나타나고 있다. 민간주택 공급의 경우 이윤을 극대화할 수 있는 중·고소득 계층을 주 대상으로 하고 있고 그리고 공공부문 주택은 저소득층이 주 대상이므로 주거지의 소득계층별 분리 현상이 형성되고 있다. 주거지 분리와 함께 특정 계층(예 : 유색인종)의 사회적 차별문제가 미국 등 서구국가들에서 가장 심각한 도시문제의 하나였는데 우리나라에서도 나타나고 있다.

우리나라는 서울을 중심으로 주민의 소득수준에 의해 주거지 분화가 진행되고 있다. 서울의 고소득 주거지는 강남 등 특정지역으로 매우 제한되어 있으나 고급주택지를 선호하는 수요층이 많을수록 고급주택지 가격의 상승을 초래하고 있다. 고급주택지의 가격 상승 추세에 투기가 작용하면 더 높은 가격 상승을 촉발하여 도시내 주택가격의 양극화를 심화시키게 된다.

도시규모가 거대도시이고 자본주의가 발전하면 고급주택지 중심의 주거지 분화 현상은 자연스러운 과정이다. 특히 우리나라의 택지개발제도가 저소득층을 위한 저렴한 택지공급이 주 목적이기 때문에 고급주택지 혹은 고소득층 중심의 신도시 개발에는 제약이 많다. 고소득층의 증가에 순응하는 고급주택지 공급이 충분하지 못하기 때문에 기존의 고급주택지를 중심으로 하는 주택가격의 상승은 지속될 전망이다.

저소득층의 주택문제

빈민들의 주거안정문제는 선 · 후진국을 막론하고 매우 중요한 사회정책의 대상이다. 노년층, 지체부자유, 부모를 잃은 가정 등 어려움이 많은 특수집단에 대한 주택문제가 대두되고 있다. 선진국의 경우 도시빈민들을 위한 사회복지적인 공공부조나 생활보조금이 지급되고 있으나 보다 적극적인 지원책으로는 사회주택(공공영구임대주택)의 공급을 들 수 있다. 국가마다 차이는 있으나 유럽 선진국은 많은 수의 공공임대주택을 공급해왔다.

2000년 현재 우리나라 최저주거기준 미달가구는 3,344천 가구이고 전국가구수의 23.4%에 해당한다. 최저주거기준 미달가구는 현대식 부엌 및 수세식 화장실을 갖추지 못한 시설기준 미달가구가 71.3%로 가장 많고 면적기준 미달가구가 39.1%, 침실기준 미달가구가 14.8%이다.

가구별 특성에 따라 구분하면 1인가구의 40%, 소년소녀가장가구의 50.8%, 편부가구의 31.4%, 편모가구의 26.3%, 노인가구의 36.3%가 최저주거기준 이하 상태이다.

〈표4-7〉 가구유형별 최저주거기준 미달가구의 비율

구분 \ 가구유형	일반가구	혈연가구	1인가구	소년소녀 가장가구	편부가구	편모가구	노인가구
최저주거기준 미달가구율(%)	23.4	20.0	40.0	50.8	31.3	26.3	36.3
면적기준 미달가구율(%)	9.1	9.7	4.9	21.1	14.6	11.2	3.9

출처 : 건설교통부, 주택종합계획(2003-2012), P.12

2. 주택시장

1) 주택수요의 개념

가구와 주택

어떤 단위로 주택을 공급해야 하는가? 가구는 주택을 원하고, 주택은 하나의 거처(Dwellings)로서 공급된다. 이러한 용어가 지닌 의미를 정확하게 이해해야 할 필요가 있다. 우리나라에서 통상 사용하는 주택보급율 개념은 다음 수식으로 정의하고 있다.

$$주택보급율 = \frac{주택수}{일반가구수} \times 100\ (\%)$$

주택보급율은 100%의 기준과 대비하여 현재의 주택보급 수준을 나타내고 대신 주택부족율의 대비로서 이용되고 있다. 우리나라 주택정책의 지표로 널리 이용되는 주택보급율의 의미가 검토될 필요가 있다.

가구(Household)라는 개념은 함께 모여 사는 사람들의 집합을 의미한다. 2000년도 센서스에서의 정의에 따르면 "가구는 1인 또는 2인 이상이 한 단위의 주택을 점유하여 생계를 같이 하며, 같은 주소지에 거주하는 사람들의 집합체(혈연 혹은 법적인 관계에 국한되지 않고)이다." 따라서 가구(Household)는 가족(Family)과는 동일하지 않을 수도 있다. 모든 사람이 1가구 내에 사는 것은 아니다. 즉, 호텔, 교도소, 기숙사 등과 같은 "비개인적 시설(Non-private Establishment)"에 사는 경우는 집단가구로 분류한다.

주택이라는 것은 일반적으로 구조적으로 분리된 시설이라는 측면에서 정의된다. 2000년 주택센서스에서 주택을 단독주택, 아파트, 연립주택, 다세대 주택, 비거주용 건물내 주택 등으로 구분하고 단독주택을 일반단독주택과 다가구주택으로 세분하고 있다. 주택은 한 가구가 거주하는 공간으로서 다음과 같이 정의하고 있다(하성규, 1999: 6-7).

① 영구건물

② 한 개 이상의 방과 부엌

③ 독립된 출입구

④ 관습상 소유 또는 매매상의 1단위

주택에 대한 통계적 정의가 위와 같이 한정되어 있기 때문에 주택수 산정에 오류가 있다. 첫째, 주택에 독립된 출입구가 있어야 한다고 정의하나 독립된 출입구의 정의가 애매하다. 독립된 출구가 없어도 1가구가 거주하는데 불편이 없는 주택이 있다. 두 번째는 주택을 관습상 소유 또는 매매상의 1

단위로서 규정하고 있다. 단독주택 내 여러가구가 거주해도 불편이 없는 경우도 1주택으로 산정되기 때문에 실제 거주할 수 있는 주택수 보다 적은 수의 주택으로 집계될 수밖에 없다.

이 두 가지 요인에 의한 오류를 줄이기 위해 다세대 주택과 다가구 주택 개념을 도입하고 있다. 다세대주택은 거주공간단위가 소유의 단위로 인정되어 주택수로 산정되나 다가구 주택은 거처 단위별로 소유가 인정되지 않고 있다. 다가구주택과 함께 일반단독주택에서도 다가구 거주 여건을 감안하지 않으므로 주택수 산정이 과소하게 된다. 〈표 4-8〉는 대구시 2000년의 단독주택을 일반단독주택과 다가구주택으로 세분하여 거주 가구수별 주택수를 산정한 것이다. 일반단독주택의 경우는 1가구 거주의 주택이 68.1%이고 2가구이상 거주 주택이 31.9%에 달한다. 다가구주택의 수는 단독주택 전체의 45%를 차지한다. 다가구 주택에서 2가구 거주가 45.5%, 3가구 거주가 33.2%, 4가구 이상 거주가 27.3%이다. 여기서 다가구주택 전체를 한 가구가 거주하는 하나의 주택으로 산정하는 것은 주택수 산정에 있어 근본적으로 잘못된 예이다.

〈표 4-8〉 대구시 단독주택의 거주가구수별 주택수

(단위:호)

	계	1가구	2가구	3가구	4가구이상
계	177438 (100.0)	68355 (38.5)	48486 (27.3)	34314 (19.3)	26283 (14.8)
일반단독주택	96972 (100.0)	66082 (68.1)	19042 (19.6)	7576 (7.8)	4272 (4.4)
다가구주택	80466 (100.0)	2273 (2.8)	27444 (45.5)	26738 (33.2)	22011 (27.3)

( ): 구성비

자료 : 주택센서스 조사, 통계청, 2000

〈표4-9〉에 의하면 2000년 대구시의 주택보급율이 70.1%라는 것은 주택부족율이 30%라는 의미를 내포하고 있고 주택보급율이 100%가 되어야 한다는 의미를 담고 있다. 여기서 주택유형별로 보급률을 계산하면 단독주택이 45.1%이고 공동주택은 거의 100%에 가깝다. 공동주택은 1주택에 1.03가구가 거주하여 1가구 수준이나 단독주택은 2.26가구가 거주하기 때문이다. 단독주택당 2.26가구의 거주에 아무런 문제가 없다면 주택보급율 70.1%가 주택부족이 없는 안정된 상태라고 정의될 수 있다.

그러나 주택보급율은 주택공급수준과 관계없이 단독주택의 비율과 단독주택당 거주가구수에 의하여 산출된다. 예로서 주택의 구성비가 단독주택이 30%, 공동주택이 65%, 기타주택이 5%이고 주택의 공가율이 3%이며 단독주택당 거주가구수가 2.0가구인 상태를 안정된 주택공급목표라고 한다면 주택공급의 목표가 되는 주택보급율은 다음과 같이 산출된다.

〈표 4-9〉 2000년 대구의 주택유형별 주택 수

	계	단독주택	공동주택	기타주택
가구수	757179	393193	334500	29486
주택수	530789	177438	334064	19287
공가	14223	3781	9797	645
주택당 가구수	1.47	2.26	1.03	1.58
주택보급율	70.1	45.1	99.9	65.4

· 주택보급율 = 주택수/가구수*100.0
· 공동주택은 다세대주택, 연립주택, 아파트를 포함

$$\text{주택보급율} = \frac{1}{(A\times a)+(B\times b)+(C\times c)} \times \frac{1}{(1-e)} \times 100(\%)$$

A, B, C : 단독주택, 공동주택, 기타주택 구성비
a, b, c : 단독주택, 공동주택, 기타주택의 주택당 거주가구수
e : 주택의 공가율

주택보급율 계산 예로서 구성비가 각각 A=30, B=65, C=5, 주택당 거주가구수가 a=2.0, b=1.0, c=1.5이고 공가율 e=3%이면 목표가 되는 주택보급율은 76.7%이다.

즉, 이러한 수준에서는 주택보급율 100%가 주택공급의 목표가 아니고 76.7%가 공급목표가 된다. 지금까지 대부분의 우리나라 대도시 주택공급물량의 예측에 문제가 있다.

주택의 수요와 소요

주택에 대한 사적인 측면과 공적인 측면을 구별하는 적절한 방법은 주택에 대한 경제학적 의미로서의 수요(Demand)와 소요(Need)를 구별하는 것이다.

주택에 대한 수요는 사적인 관점으로 표현한다. 즉, 그것은 단위주택의 가격이 정해졌을 때 개개인의 가구가 구입할 수 있는(주어진 기간동안) 주택의 양을 나타낸다. 수요량과 단위가격과의 관계는 곧 "수급계획서(Demand Schedule)"와 같다. 예를 들면, 대구 수성구에서 상태가 양호하고, 중앙집중식 난방시설이 갖춰져 있는 아파트 32평형의 가격이 1억원이면 사람들이 일년에 구입할 수 있는 주택의 수는 X_1, 1억3천만원이면 X_2, 1억5천이면 X_3등으로 표현하여 X_1, X_2, X_3가 수요가 된다(Needham: 56).

한 시점에서 주택 소요(Need)는 주택을 마련하지 못한 가구수를 측정해 보면 알 수 있다. 즉, 사람들을 실제로 수용하고 있는 상태와 수용해야 할 것이라고 생각되는 최저조건을 비교하여 계산한다. 최저조건(Minimum Condition)이라는 것은 공공기관이 설정한 주택기준(Housing Standard)이며, 주택소요의 측정은 가구의 지불능력과는 무관하게 주택상태를 개선시키기 위해 사용한다는 가정하에서 공적인 차원에서 인식해야만 한다는 것이다. 현재의 부족한 상태가 시간이 지남에 따라 충족되고, 나아가 미래에는 모든 가구가 최저기준을 달성하게 된다고 가정하면, 상대적으로 주택소요의 개념은 (미래의 가구가 독자적으로 충분한 주택을 확보할 수 있는지 없든지 간에) 미래의 어느 시점에서 필요로 하게 될 주택수가 된다(하성규, 1999: 99-100).

주택수요는 인간적이지 못하고 도덕적이지도 못한 현실적(비규범적)인 개념이다. 반면에 주택소요는 가격이나 지불능력과는 무관한 사회적 가치(Social Value)와 관련되어 있으며, 규범적인 개념이다. 이것은 항상 주의깊게 구분해서 다루어야 한다.

우리나라는 임대주택에 대한 보조금 지급이 없고, 임대료 할인도 없으며, 임대료의 결정이 "시장에서" 이루어지기 때문에 주택가격이 주택 소요 보다 수요에 의해 결정된다. 그래서 임대주택은 사회주택으로서 의미는 약하다.

주택기준을 매우 낮게 정하면 주택소요는 존재하지 않는다고 정의할 수 있다. 다시말해 "모든 사람들의 머리위에 지붕만 있으면 된다"는 것을 최저 기준으로 본다면, 우리나라에는 주택소요가 거의 없는 셈이다. 반대로 주택 기준을 너무 높게 정한다면 극단적으로 청와대도 슬럼이 될 수 있고, 아무도 구입할 수 없을 만큼 높은 기준으로 지어진 새로운 개인주택은 그것에 대한 주택수요가 없게 될 때에야 소요가 충족될 것이다.

주택소요는 일반적으로 주택을 원하는 모든 가구에게 독립적인 거처로서 주택을 제공한다는 의미에 측정된다. 계획가들이 때때로 사용하고 있는 주택소요 측정의 대안적인 방법은 총인구를 측정된 평균 가구크기로 나눈 가구수에 근거하고 있다. 공급될 주택수를 이 가구수에 계획지표인 주택보급율을 곱하여 계산하고 있다.

도시 주택수 = 도시가구수 × 주택보급율

그러나 전술한 바와 같이 우리나라 주택수 산정의 오류 때문에 주택보급율의 개념이 잘못 이용되고 있다. 주택소유권과 가격에 관한 사항은 주택을 어떻게 가구에 배정하는가의 문제이다. 주택의 점유는 자가와 임대로 구분하고 임대는 시영 혹은 공공기관(주택공사 등)소유의 임대 그리고 개인소유의 임대로 구분한다. 가구는 주택구입을 원하지만 저당은 원하지 않을 수 있고 공공임대주택의 임대를 원하지만 대기자 명부에 등재하는 것에는 거부감을 가질 수 있다. 즉, 주택유형이 무엇인지, 그리고 가구형태는 무엇인지를 알아야 할 필요가 있다.

일반가구의 주택 배정에는 주택의 선호도가 고려되어야 한다. 그래서 주택의 배정에는 주택유형이 구분되어야 하고 점유할 가구의 특성이 정의되어야 한다.

2) 주택수요

주택의 수요와 공급 간의 관계는 상당히 복잡하다. 대가족의 경우 수요와 공급은 상호독립적인 것이 아니다. 인구에서 산정한 가구수는 주택 이용의 용이성에 따라 다를 수 있다. 예를 들어 주택을 구하기가 어렵고, 소득이 낮다고 한다면 학생들은 독립적인 부엌, 화장실 등 부대시설이 없는 숙소(자취방, 하숙방)를 사용하여 집단가구로 존재할 것이고 만약 주택을 구하기가 쉽다면 학생들은 각자 흩어져서 몇 개의 독신가구를 형성할 것이다. 또한 인구에 있어서 수(數)적으로 매우 중요한 비중을 차지하고 있는 노령인구의 경우에도 그들은 분가 또는 자녀들과 함께 가구를 구성하거나 고령자주택 또는 비영리적 시설(노인복지시설 등)에서 살기를 원할 것이다(Needham: 56).

만약 주택을 구입하고자 한다면, 어떤 유형의 주택가격을 지불할 의사로 자신의 수요를 표현할 것이다. 그러나 주택은 가격이 워낙 고가이므로 주택대금을 현금으로 즉시 지불할 수는 없어서 주택대금의 대부(貸付)를 희망할 경우도 있다. 다행히도 주택은 가격이 비싼 만큼 내구성이 길어 오랫동안 돈을 대출받을 수 있는 좋은 담보물이 된다. 다시 말해 주택을 구입하기 위해 융자의 이용이 가능하다는 의미이다. 또한 주택자금을 융자받을 수 있는 여러 종류의 금융기관이 있다. 융자에 의존한다는 것은 금융기관이 주택의 유효수요에 막대한 영향을 끼칠 수도 있다는 것을 뜻한다. 예를 들면, 금융기관이 융자해 줄 수 있는 자금이 없다면 주택수요는 하락할 것이고, 자금이 많다면 주택수요는 상승할 것이다(난기간에는 주택의 가격 또한 마찬가지일 것이다).

그래서 주택수요에 미치는 대표적인 변수는 가구수, 공가수, 주택의 대체 및 개선과 인구이동과 인구구조의 변화이고 그리고 소득수준, 주택건설비, 대출이자율이 고려된다. 수식으로 표현하면 다음과 같다.

$$\triangle H = f(\triangle HH, \triangle V, R, M, Y, P, r, \cdots)$$

$\triangle H$: 주택증가량

$\triangle HH$: 가구증가량

$\triangle V$: 공가율

R : 기존주택의 대체 및 개선

M : 인구이동 및 인구구조

Y : 가구소득

P : 주택건설비

r : 대출이자율

이 수식은 기능적인 관계를 표시한 것이고 변수들 간의 상관관계를 면밀히 검토한 후 추정하는 것은 매우 기술적인 분야이다.

3) 주택공급

주택공급의 요인

주택공급은 새로 건설되는 주택뿐 아니라 매매를 목적으로 시장에 나온 중고주택을 포함한 총량을 지칭한다. 주택시장의 공급자는 신규주택 공급자와 기존주택 공급자로 구분되고 서로 상이한 성격을 가진다. 신규주택은 민간기업뿐 아니라 정부나 공공단체에 의해서도 많은 물량이 공급될 수 있기 때문에, 주택시장은 시장원리뿐만 아니라 공공부문이 개입되는 이원성을 내포하고 있다. 이처럼 복잡한 주택공급의 분석은 완전경쟁을 가정한 단순한 미시경제적 접근방법으로는 만족할 수 없다. 주택공급에 영향을 미치는 다양한 요인이 고려되어야 한다.

주택공급에 영향을 미치는 요인은 크게 시장요인과 제도적요인으로 구분할 수 있다(하성규, 1999: 107). 시장요인은 생산요소인 자재, 노동, 택지 등의 가격과 주택가격 및 주택과 경쟁관계에 있는 비거주용 건물의 가격이다.

제도적 요인으로는 정부가 주택시장에 어느 정도 개입하느냐를 판단할 수 있는 ① 주택금융제도, ② 주택관련세제, ③ 주택건설을 위한 면허 · 인가 등의 행정적인 절차, ④ 주택거래에 관련된 규제와 통제 등이다. 그리고 기타 주택과 관련된 정책으로서 토지이용계획과 전반적 경제 · 사회적인 정책변수 등이 있다.

주택공급의 특성

주택 공급곡선은 신규주택을 늘리는 데는 많은 비용과 상당한 시간이 걸리기 때문에 단기에는 주택공급량이 일정하다고 보며, 또 장기에는 이러한 시간적 제한을 받지 않고 가용토지를 포함한 생산요소(인력, 자재) 등의 여건이 변할 수 있어, 주택공급은 주택가격에 의해서 결정된다고 본다.

주택의 공급곡선은 주택의 종류에 따라 다르다. 주택시장의 작동은 지역시장(regional sub-market)에 따라 다르고, 신규주택시장과 중고주택시장에 따라 다르다(상게서: 107).

신규주택이 아닌 중고주택의 경우에 공급의 증감은 시간의 문제라기 보다는 주택시장의 구조와 주택가격에 의해 결정된다고 할 수 있다. 물론 중고주택도 시간이 경과함에 따라 노후, 철거, 용도전환 등으로 재고 변동이 일어나고 기간의 장단에 영향을 받기는 하지만, 공급분석에서는 매매를 위해 주택시장에 나오는 물량만을 대상으로 하기 때문에 가격요인이 공급수준 결정에 더 큰 영향을 미친다고 할 수 있다. 즉 주택가격이 오르면 팔고자 하는 중고주택이 많아지고, 주택가격이 내리면 그 물량이 적어진다는 가정하에서, 주택공급함수는 기울기를 가진 우상향의 형태를 갖게 된다(상게서: 108).

투자 및 투기목적의 주택보유가 많을 경우에는 주택시장은 더욱 불안정해질 것이다. 실수요자들만이 주택을 점유하고 있는 경우에는 재고주택의 공급은 주거지 이동에 의해 공가가 발생할 때 가능하다. 그러나 주거목적이 아닌 주택투기가 많은 경우에는 주택처분의 기민성이 있기 때문에 공급량은 단기에도 가격변화에 민감한 반응을 보일 수 있다. 특히 주택소유자의 기대수익을 크게 변화시키는 법적 · 제도적 장치(투기억제정책, 주택보유세 상승 등)가 마련되거나 폐지될 때 주택공급량의 변화는 더욱 커지게 된다(상게서: 108).

주택시장의 작용

가구는 주택을 원하고, 이때 주택이 공급되는 것이다. 그러나 사람들이 주택에 대한 자신의 요구를 어떻게 표현하는가? 그리고 그들은 원하는 주택을 어떻게 얻는가? 공급자는 어떤 주택을 공급해야 할지를 어떻게 알 수 있는가? 공급자는 주택 수요자들과 어떻게 접촉을 하는가? 이와 같은 질문에 대해 주택수요 및 공급은 주택시장에서 상호작용에 의해 일어난다고 간단하게 대답할 수도 있다. 그러나 우리가 주목해야 할 것은 그것이 무엇을 의미하는가? 상호작용은 어떻게 일어나는가? 주택시장이란 과연 무엇인가?에 관한 의문이다.

첫 번째 사항은 주택시장을 단순한 하나의 대상으로 보고 논의하기 보다는 여러 개의 주택시장이 상호작용을 하고 있다는 관점으로 논의하는 것이 우리에게 도움이 될 것이다. 따라서 두 가지 이유로 주택시장을 나눌 필요가 있다. 하나는 주택의 공급은 매우 다양하다는 것이다(주택의 비동질성). 자동차나 그 밖의 상품과는 달리 주택은 동일한 것이 없다. 심지어 같은 주택이라 해도 그 위치는 다르다. 다른 하나는 주택의 수요도 다양하다는 것이다. 각 가정마다 각각 다른 규모, 주택유형, 위치 등의 주택을 원한다. 그리고 어떤 가구는 주택을 구입할 수 없어서 대신 임대를 원할 지도 모른다.

예를 들면, 나의 가족이 서울에서 대구로 이사를 간다고 하면, 방이 4개이며, 직장에서의 거리는 가깝고, 정원은 아름다우며, 오후에는 정원에서 햇빛을 볼 수 있는 남향의 고풍스러운 설계로 지어진 주택을 구입하고자 할 것이다. 따라서 주택시장은 소유권, 설계 및 주택유형, 규모, 위치, 향에 따라 구체적으로 세분된다. 어떤 사람은 덜 까다로워서 자신의 주택시장은 소유권, 규모, 위치만을 규정하기를 바라는 사람도 있다. 따라서 특수한 주택시장을 형성하기 위해서는 특수한 수요와 특수한 공급이 결합하게 된다. 결국 한 국가에는 이른 바 하위주택시장을 포함하여 많은 주택시장이 존재하게 된다(Needham: 58-59).

그러나 주택시장들은 상호작용을 하면서 매우 중요한 결과를 초래한다. 그 상호작용의 한 가지 이유는 수요가 주택 유형별로 어느 정도 대체할 수 있다는 것이다. 예를 들면 서울에 거주하면서 직장을 갖기를 원할 수도 있지만 주택가격이 너무 비싸면 대구에서 직장을 구하고 그곳의 주택을 구할 수도 있다. 원하는 유형이나 규모의 주택을 구할 수가 없다면 유감스럽게도 다른 주택을 찾아볼 수도 있다. 또한 주택을 구입할 형편이 못된다면 서민주택을 얻어야 할 것이다. 주택시장 간의 상호작용의 두 번째 이유는 공급이 주택유형 사이에 어느 정도 대체가 될 수 있다는 것이다. 예를 들어 임대주택을 보유하다가 그 주택을 자가 점유자에게 판매할 수도 있다.

3. 주택정책

1) 주택정책의 필요성

주택정책의 목적이 무엇인가를 이해하려면 먼저 국가가 주택시장에 개입하는 이유를 알아야 한다. 주택도 다른 상품과 같이 시장원리에 의해 수요와 공급 그리고 소비가 발생된다. 많은 국가들이 시장원리를 수용하고 이에 기초한 생산양식을 존중하지만 왜 국가, 정부, 공공기관이 주택부문에 개입하는가?

주택부족문제의 해결

가장 일반적인 주택문제는 전체 가구수에 비하여 인간이 거주할 수 있는 일정수준 이상의 주택수가 부족하다는 것이다. 지난 50여년 간의 급속한 도시화와 산업화의 추세를 보면 도시지역의 경우 만족할 만한 주택공급이 이루어지지 못하고 있다.

서구에서도 1950년대 도시주택 부족문제의 심각성이 사회문제가 되면서 정부의 개입과 주택공급 확대의 노력이 증대되기 시작하였다. 1950년대 중반부터 시작된 주택공급 확대정책은 1970년대에 와서 그 결실을 맺게 되었는데, 독일, 프랑스, 영국, 일본 등이 전체 가구수에 비하여 주택재고가 높은 수준에 도달하게 되었다. 즉 주택보급율이 100%를 넘게 되었다. 일본의 경우 1968년에 전체 가구수보다 주택재고의 수가 능가하게 되었다. 전쟁으로 인한 주택파괴가 무려 4백만호가 넘은 일본이 주택문제를 해결는데 20

여년의 세월이 소요된 셈이다.

대부분의 유럽선진국들에서는 1970년대에 와서 주택의 절대적 부족 문제를 해결함과 동시에 또 다른 주택문제가 발생하기 시작하였다. 소위 공가(空家)의 발생문제이다. 공가 발생이 뚜렷한 국가들은 스웨덴, 덴마크, 네덜란드, 영국 그리고 독일 등이며 도시지역의 상당수 아파트가 빈집으로 변하기 시작하였다. 이들 국가의 도시민들은 소득수준이 향상하여 보다 쾌적하고 주거환경이 좋은 지역으로 이주하고, 주택에 대한 선호가 변화하여 도시지역의 고층아파트지구에서 공가발생이 심각하게 나타났다(하성규, 1999: 54).

주택시장의 실패

주택부문의 정부개입 두 번째 이유로서 주택은 타상품과 다른 이질성을 지니고 있으면서 동시에 주택시장이 순조롭게 작동하지 않고 있다는 점이다.

주택이 상품으로서 특성은 다음과 같다.

① 주택은 건축연도, 규모, 질, 입지, 점유상태 그리고 주택을 둘러싼 환경이 매우 다양하게 나타난다. 또한 주택은 단일시장이 존재하지 않고 주택의 위치, 질, 점유형태에 따라 많은 지역에서 하위시장이 존재한다.

② 주택의 내구성 측면이 타상품과 다른 특성을 지닌다. 선진국의 경우에는 주택의 평균 내구연수가 50~70년으로 알려져 있다.

③ 주택의 가격은 타상품에 비하여 매우 고가이다. 일반가구가 일생동안 가장 많은 자금을 투자해야만 주택마련이 가능하다. 단기간의 저축과 평균임금수준으로는 정상주택의 마련이 쉽지 않다. 그래서 주택시장은 주택금융시장(housing finance market)과 깊은 관계를 지니며 주택건설경기와도 밀접한 관계를 지닌다. 특히 주택저당대출제도(housing mortgage system)여하에 따라 주택구입의 가능성이 크게 영향을 받는다.

④ 주택거래비용이 다른 상품에 비하여 상대적으로 높다. 대부분의 자본주의사회에서는 주택을 매매할 때 광고비용, 중개업자 수수료, 세금 등 거래에 따른 비용이 큰 비중을 차지하고 있다.

이러한 주택이 지닌 이질성 때문에 시장원리에 의존한 주택공급은 어려움이 많다. 주택시장에서 정부개입을 정당화하는 이유 중의 하나가 이러한 주택상품의 특성을 들 수 있다(상게서: 54-55).

주택공급의 비탄력성

주택은 타상품과 달리 장기간의 생산기간을 필요로 하고 다양한 관련 산업과 연계되어 있어 매우 복잡한 생산과정을 지니고 있다. 특히 주택건설을 위해서는 택지의 마련과 공공서비스가 충족되어야 한다. 이러한 이유 때문에 주택공급은 장기간이 소요되고 수요에 비탄력적 특성을 지니고 있다.

대도시의 경우 주택수요가 증대하드라도 타지역의 주택을 수입할 수 없으며, 주택을 대체할 만한 상품이 존재하지 않는다. 그리고 주택수요에 대응하기 위한 주택건설에 필요한 택지의 마련이 매우 제한적인 경우가 많다. 도시지역은 택지공급의 부족이 일반적 경향이다. 이러한 제요인들을 고려하면 주택은 비탄력적으로 공급될 수밖에 없는 상품이다. 영국의 경우 주택재고를 10% 증가 시키는데 최소한 10년이 소요된다는 통계가 이를 증명하고 있다(상게서: 55).

불량주택의 개선에 공공부문 개입

주택은 인간의 건강, 교육, 고용의 기회에 이르기까지 광범위하게 직접·간접적인 영향을 미치는 공공재 성격을 언급한 바 있다. 그리고 주택의 질적인 불균형은 교육적, 문화적 그리고 경제적 기회와 연관되어 있고 주택의 질적 불량은 비단 개별가구의 뮤제가 아니라 그 지역사회 나아가 도시 전체의 발전과도 관련되어 있다.

주택 불량화 때문에 발생하는 사회비용의 증대를 방지하기 위해서는 시장원리만으로는 해결하기 어렵고 정부의 개입을 통한 제도적인 조치들이 취해질 수밖에 없다. 이는 불량지역의 토지 및 주택소유자에게 재산적 가치를 증대시킬 수 있게 하고, 이 지역의 활성화가 가능하도록 하는 주택재개발(housing improvement program)과 공공서비스의 질적 수준 향상책이 그 지역의 주거환경을 개선시키는 것으로 기대되고 있다(상게서: 56).

저소득층 복지정책

주택시장에서 저소득 가구나 빈민층은 주택 구매력이 부족하여 정상주택에 거주할 수 없다. 주택가격이 높고 소득의 불균형적 배분이라는 여건에서는 빈민가구의 주택문제 해결은 국가의 도움 없이는 불가능하다. 따라서 인간다운 삶을 보장하는 공공임대주택 공급이 복지적 효과의 영향이 가장 크다(상게서: 57).

2) 주택정책의 유형

국내외에서 이용하는 주택정책은 다양한 형태이다. 점유형태별로는 자가와 차가 가구로 나누어 수립하고 있으며 주택사용 목적에 따라 분양주택과 임대주택의 공급을 위한 정책수단을 강구하고 있다. 그 외에도 공급과 수요를 촉진하고자 제도와 금융 및 세제 등의 수단을 활용하여 주택문제를 개선하고 있다.

주택정책의 유형을 공급중심의 주택정책과 수요중심의 주택정책, 그리고 최저주거기준 설정 등으로 나누어 서술한다. 이러한 분류의 배경은 우리나라 주택시장 여건이 양적 측면에서 질적 측면으로 이동하는 전환기에 서 있기에 공급 중심과 수요 중심 중에서 어떠한 논리적 근거를 활용하여 선택하는 가를 살펴보고자 한다(박환용: 76-86).

공급 중심의 주택정책

공급 중심의 주택정책은 주택공급의 촉진을 통해 기존의 주택시장의 문제점을 개선하고 주택수요를 만족시키는 정책의 접근방법이다. 가장 대표적인 방법은 시장원리에 기반을 둔 주택공급과 공공임대주택(Public Housing)이며 정부보조의 대상은 건설되는 주택에 집중된다. 전자는 질적 우량주택을 공급하여 주택순환과정을 통해 낮은 주거소비를 하고 있는 소득계층이 보다 싼 비용으로 상대적으로 높은 주거수준의 주택을 소비할 수 있도록 주거이동을 자율적으로 유도하는 방식이다. 후자는 자력으로 주택시장에서 주택소비를 영위할 수 없는 소득계층을 위해 공급되는 유형의 주택건설이다.

수요 중심의 주택정책

수요 중심의 주택정책은 수요자에게 주택정책의 보조금 등의 제공으로 주택의 유효수요를 증대하는 시책이다. 이 방법은 주택부족과 같은 양적 문제가 거의 해소된 주택시장에 적합한 주택정책의 접근방법이다. 이러한 주택정책이 선진외국 특히 미국에서 시행된 배경은 공급 중심의 주택정책이 높은 건설비용과 낮은 대중적 인지도, 그리고 효율성에 대한 의문이 제기되어 왔고 이에 대한 차선책을 도출하는 과정에서 나타났다. 참고로 메이요의 연구결과(Mayo et al,1980)에 의하면, 공급중심의 주택정책 프로그램이 수요중심의 프로그램보다 2배 비싼 것으로 분석되었다. 신규건설 또는 공공임대주택 형태의 프로그램이 시장가치 1불의 주택을 공급하는데 2불이 드는 반면에 임대료 보조 또는 주택수당 프로그램은 1.15불의 비용이 드는 것으로 조사되었다.

최저주거기준의 설정

주거기준의 설정은 사회의 생활수준에 적합한 주거수준의 최소치 및 적정치를 제공하여 쾌적한 주생활공간을 조성하는데 그 의의가 있다. 주거기준의 변경여부에 따라 절대적 주거기준과 상대적 주거기준으로 나눌 수 있다. 절대적 주거기준의 설정은 소기의 목적을 달성하는 데 효율적이지만 시간의 흐름에 따라 주거수준의 변화를 반영하지 못하는 단점이 있다. 반면에 상대적 주거기준의 설정은 거주민의 주생활 요구를 제대로 반영하는 장점이 있는 대신에 상당한 내구성을 지닌 주택에 변동적인 주거기준을 어떻게 설정할 수 있는가의 어려움이 있다.

주거기준 설정시 고려해야 할 요인은 필요한 방의 크기 및 개수 등의 양적 측면, 주거시설 확보여부의 질적 측면, 사회 · 경제 · 문화적 여건의 부담능력적 측면 등 세 부문으로 구분된다. 그리고 이들 부문별로 적절한 지표가 설정되었다 하더라도 주택에 거주하는 가구원의 구성과 조화를 이룰 수 있어야 주거기준 설정의 목적을 달성할 수 있다.

한편, 해당 사회의 사회경제적 수준은 주거기준을 설정하는데 부담능력

차원의 문제를 제기하며 문화적 수준은 주거기준의 상향 또는 하향 조정을 요구한다. 주거기준의 설정은 다양한 유형의 주거기준에 언급된 조건들을 동시에 만족시켜야 하기에 그들 중 하나라도 부족한 경우에는 주거기준에 미달하는 주택으로 분류되며 이를 개선하는 정책대안을 수립하여야 한다.

주택정책 수단 및 수혜대상의 선택

실제로 주택정책을 수립하는 경우, 공급 중심의 주택정책과 수요 중심의 주택정책 중 주택 정책수단의 선택은 소득계층별 관점에서 검토되어야 한다. 두 가지를 고려하여야 하는데 주택부문에 대한 자금투입의 정당성과 수혜대상의 선택이다.

먼저, 주택이 의식주를 형성하는 필수품임에는 틀림 없으나 주택부문의 보조는 타 부문의 희생을 통해 주택소비를 촉진시키는 결과를 초래하는 것이다. 과연 주택이 타 부문의 상품, 예를 들면 보건의료에 비하여 상대적으로 우선순위를 배정받을 수 있는가에 대한 의문제기가 있을 수 있다.

많은 나라에서도 소득 재분배 보다는 주택보조를 용인하고 있는데 그에 대한 이유를 서술하면 다음과 같다. 첫째, 세금 납입자와 기금 헌납자들은 소득 보조 보다는 주택부문에 자신들의 세금 또는 기금을 전달하고자 하는 경향이 많다. 둘째, 주택부문 중에서 특히 공급 위주의 주택정책에 더욱 관심을 표명하는 경우가 대부분이다. 셋째, 저소득계층의 가구는 자신의 소비선택과정에서 여러 요인에 대한 고려로 인하여 주택을 과소평가할 가능성이 짙다. 끝으로, 공급위주의 주택정책으로 인하여 관련분야의 건설자 또한 혜택을 입는 계층이 될 수 있기 때문이다(박환용: 83-84).

두 번째의 문제인 수혜대상의 선택은 상당히 정치적인 측면을 고려하여야 하나 소득계층별 주택정책 보다는 점유형태별 주택정책이 취하여 지는 경우가 많다. 주택소비경향이 자가가구는 높은 소득계층이고 차가가구는 주택부담능력이 낮다고 가정하여 주택건설, 임대료보조, 세제, 금융 등의 형태의 주택정책은 자가 혹은 차가인 주택점유형태에 근거하여 수립하는 경향이 있다.

3) 주택공급에서 공공과 민간의 역할

주택도 시장경제에서 경제주체가 자유롭게 생산활동을 할 수 있도록 보장되어야 하며, 주택가격의 자유로운 움직임도 당연한 결과이다. 그러나 시장경제에서 거의 모든 국가들은 주택시장에 개입하고 있으며 때로는 강력한 제재와 조정이 따르기도 한다. 이러한 이유는 지나친 독점력의 형성이 효과적인 경쟁을 방해하고 부와 소득의 분배가 불공평하며, 공공재의 공급은 민간기업에게 기대할 수 없다는 시장원리의 결함때문이다. 공공과 민간의 역할분담을 아래의 몇 가지 개념적 틀속에서 찾아볼 수 있다.(하성규, 1999: 59-61).

〈표 4-10〉 주택공급에 있어 공공부문과 민간부문역할대비

구 분	공 공 부 문	민 간 부 문
공급의 목표	소득 재분배 · 사회복지 · 주택자원의 배분적 형평성	경제적 효율성 · 이윤추구 · 소비자 선호
공급과정	주택소요(housing needs)에 우선	주택수요(housing demand) · 경쟁원리 존중
주요공급대상	저소득층 · 무주택자 · 도시영세민	모든 소득계층 (중 · 고소득층에 치중)
주택점유형태	임대우선 · 부분적 분양	분양과 임대
공급자와 소비자 (수혜자)관계	협동관계(공급자와 수혜자) 경쟁관계(기관간 · 수혜대상자간)	경쟁관계 (기업간 · 공급자와 소비자간)
국가로부터의 지원	직접적 지원과 보조 (금융 · 조세 등)	직 · 간접적 지원 (금융 · 조세 등)

첫째, 주택공급 목적에 대한 공공과 민간의 역할구분이다. 공공부문의 주택은 사회적 형평성과 사회복지에 초점을 두고 있다. 이는 대부분의 자본주의 국가들이 부와 소득이 공평하게 분배되지 않아 발생하는 계층간, 지역간, 부문간의 갈등과 마찰을 최소화시키기 위한 목적이다. 즉 가난한 자의 주거안정이라는 사회복지적 의미가 크게 강조된다. 한편 민간부문의 주택공급은 시장경제의 효율성을 극대화하고, 기업의 이윤추구와 아울러 소비자의 선호와 구매력에 응답하는데 목적이 있다.

둘째, 주택공급과정에서 공공부문은 주택수요, 특히 유효수요(effective demand)에 따르는 것보다 주택소요(housing needs)에 정책적 우선순위를 부

여한다. 현실적으로 시급히 주거안정을 요하는 가구와 계층을 파악하여 정부는 공공주택을 공급하게 된다.

그러나 민간부문은 주택수요가 주택공급과정에서 가장 중요한 요소이다. 민간주택시장은 조화나 협력보다 경쟁이나 이해의 상충이 다반사다. 이러한 개개의 경쟁관계가 마침내 모든 거래 당사자에게 이익을 줄 수 있다는 것이 시장경제 하의 민간주택공급의 특징으로 지적될 수 있다.

셋째, 공공과 민간의 공급대상은 다르다. 공공부문의 주요대상은 앞에서 지적한대로 시급히 주거안정을 요하는 도시영세민, 저소득층 그리고 무주택자들이다. 그러니 민간부문의 공급대상이란 구매력을 갖춘 모든 계층이 될 것이다. 이윤 추구면에서 보면 민간기업의 주요대상은 중 · 고소득층이 될 것이다.

넷째, 공급하는 주택의 점유형태가 다르다. 공공부문은 전통적으로 임대주택의 건설이 주요한 역할이다. 이는 시장에서의 구매력이 없는 계층이 주대상이고, 분양을 목적으로 한 주택공급은 임대주택보다는 복지효과가 크지 못하기 때문이다. 민간부문은 분양과 임대주택 공히 그 대상이 되고 있으나, 기업 경영적 측면에서 분양주택을 선호하고 있는 실정이다. 그러나 공공은 임대, 민간은 분양주택이라는 이분법적 논리는 때로 정책적 정당성이 크지 못할 경우도 있다. 예로 싱가포르나 홍콩의 경우 공공부문에서 분양주택을 공급하여 저 · 중소득계층의 주택수요를 충족시키고 그들의 주거안정을 도모하는데 큰 기여를 하고 있다.

다섯째, 공급자와 수혜자의 관계를 보면 공공은 협동관계가 특징이며 민간은 경쟁관계가 특징이다. 공공부문은 주택공급자인 정부와 수혜자인 저소득층 주민이 협동관계를 취하는 것이 보통이다. 물론 공공주택기관 간 그리고 수혜자 간 경쟁관계가 전혀 없는 것은 아니지만, 공공기관이 이윤추구보다는 사회복지적 목표가 크기 때문에 협동관계의 특징이 지배적이다. 그러나 민간부문에서는 기업 간, 소비자 간, 공급자와 소비자 간에 협동관계보다는 경쟁관계의 특성을 많이 내포하고 있다.

끝으로 국가로부터의 지원방식도 공공부문은 직접적인 투자 및 주택금융과 세제 등의 지원이 이루어지고 민간부문은 간접적인 방식을 취하는 것이 보통이다.

연 습 문 제

1. 주택소요와 주택수요를 구분하고 이들 전망의 방법을 설명하시오.
2. 주택이 투기 혹은 투자재로서 갖는 이유를 설명하시오.
3. 주택가격의 급격한 상승과 지역간 차등화가 도시사회에 미치는 영향을 설명하시오.
4. 저소득층에서 발생하는 주택문제의 유형을 설명하고 적절한 주택정책을 논하시오.
5. 우리나라가 현재 사용하는 주택보급율은 어떻게 계산되고 지표로서 갖는 문제점을 기술하시오. 그리고 적절한 주택보급율의 지표설정방법을 기술하시오.
6. 우리나라 주택공급에서 공공부문의 역할을 추적하고 이것의 정당성을 평가하시오.

참 고 문 헌

1. 건설교통부, 주택종합계획(2003-2012), 2003.
2. 박종화, 윤대식, 이종열, 지역개발론, 박영사, 2000.
3. 박환영, 소득계층별 주택정책의 접근방향, 하성규외 공저, 주택·도시·공공성, 박영사, 2000, PP. 69-104.
4. 하성규, 주택정책론, 박영사, 1999.
5. 하성규 외 공저, 주택·도시·공공성, 박영사, 2000.
6. 하성규, 전명진, 윤의영 공저, 현대도시와 사회, 형설출판사, 2000.
7. 허재완, 도시경제학, 법문사, 1993.
8. Barrie Needham, How Cities Work, Pergamon Press, Oxford, 1977.
9. 트루먼 A. 핫숀 지음, 안재학 옮김, 도시학개론, 도서출판 새날, 1995.

제 5 장

도시와 산업

1. 인구와 산업

도시는 노동의 공급과 수요가 교환되는 상호작용의 중심지이다. 도시의 중요한 기능 중 하나가 노동시장의 교환이다. 노동 제공원이 그 도시의 인구이고 산업의 번창은 중요한 노동 수요 증가의 원천이다. 산업 생산수준이 도시의 노동력 공급에 미치지 못하면 인구의 도시 유출을 초래하고 반대로 산업이 번창하면 노동 수요의 발생으로 인구의 유입을 가져온다. 그래서 도시는 노동력의 공급과 수요가 균형을 찾아가면서 도시의 성장 혹은 쇠퇴로 작용한다.

도시산업의 성장이론은 크게 경쟁성장이론과 창출성장이론으로 구분한다. 경제의 흐름을 시장기능에서 보면 지역내 생산요소의 효율성이 중심인 창출성장이론이 도시성장의 중심적 이론이다. 반면 지역간 산업입지정책 측면에서는 지역간 경쟁성장이론이 도시성장의 지배적인 이론으로 취급된다. 지역간 경쟁성장의 대표적인 이론이 경제기반이론, 신고전이론, 불균형성장론 등이 있고 창출성장이론은 부문이행론, 첨단산업단지 조성과 테크노파크사업 등이 있다. 본 장의 주요 관심분야는 인구와 산업의 관계를 노동의 수요와 공급 관점에서 접근하고 도시성장의 거시적 이론으로서 지역간 경쟁성장론과 지역내 창출성장론을 고찰하며 도시성장의 미시적 관점에서 대도시내 산업입지이론을 다룬다.

1) 노동의 공급

대부분의 사람들이 더불어 사는 거주단위와 개인지출의 경제단위는 가구(household)이다. 가구는 소비 상품과 용역을 획득하기 위해 소득을 필요로 한다. 가구는 노동력을 제공한다. 각 가구(가장이 은퇴하지 않았다면)는 최소한 1인의 주 취업자(the primary worker)의 노동력을 제공하며, 때로는 2차 취업자(the secondary worker)를 노동력으로 제공하기도 한다.

노동력의 공급에 관한 대부분의 자료는 가구의 수가 아니라 사람수이다. 따라서 기존 인구에서 공급될 수 있는 노동력은 인구구조에서 파악되어야 한다. 인구에 대한 노동력 공급 관계는 활동비(activity rate)라고 한다. 기존 인구에 대한 경제활동참여인구의 비율을 활동비라고 하면 이것은 인구 100인당 공급노동자 수를 말한다. 활동비에 영향을 주는 요인은 무엇인가? 활동비가 높은 도시는 더 많은 노동력을 공급하는 것은 왜일까?

연령

파트타임으로 일하는 경우를 제외하면, 학교를 졸업하기 전까지는 취업이 허락되지 않는다. 어떠한 경우에도 13세 미만은 취업이 불허되고 13세 이상 15세 미만은 취업이 인가 되어야 만이 고용이 될 수 있다. 그리고 최소한 그 연령이 지난 뒤에도 많은 인구가 수 년간 전적으로 교육만 받는다. 인생의 말엽에는 직장에서 은퇴하여 노인연금을 타게 되고 그 연령이 넘은 대부분의 사람들은 노동으로부터 은퇴한다. 그리고 그 연령층이 가까워질수록 건강상의 이유로 일을 그만두게 되는 비율이 높다.

성별

일반적으로 남자보다는 여자가 아이들과 함께 집에서 자녀들을 돌보며 집에 머물러 있다. 그래서 아이를 기르는 연령층의 여자는 비슷한 나이의 남자보다 노동력의 공급이 적다.

결혼여부

남자의 결혼여부는 노동력의 공급에 거의 영향을 주지 않지만, 여자는 다르다. 예를 들어 결혼한 여자는 자녀들을 돌보느라 노동시장으로부터 격리되기 쉽다. 그러나 이혼한 경우라면 어린애가 있어도 가정의 벌이를 위해서 일자리를 가지게 된다.

취업의 기회

가장은 가구의 소득을 조달하기 위해서는 일자리가 필요하지만, 그 외의 구성원들은 재정적 필요 때문에 일자리를 찾는 그러한 강요는 없다. 예를 들어 기혼부인은 취직을 손쉽게 할 수 있다면 취직을 하고, 그렇지 않다면 취직을 하지 않는다. 만약 직장이 불편한 곳에 위치한다면 기혼 부인들은 거의 취직하지 않을 것이다.

소득기회

관련된 요인은 그 직업으로부터 벌수 있는 봉급의 액수이다. 하지만 그 영향에 대한 경험적인 증거는 별로 없다. 만약 임금이 많다면 가구의 다른 구성원(the secondary worker)들이 노동시장에 투입될 것인가? 또는 가장의 소득이 충분하다면 그 외의 구성원의 노동력 공급의 경우가 줄어들 것인가?

전통과 관습

이점에 대해서는 몇 가지 예가 있다. 영국에서는 제1차 세계대전 중에 여자는 버스를 운전하면 안된다는 전통이 깨졌다. 현재 50대 이상 기성세대에서는 결혼한 후에, 신부는 그녀의 일에 흥미를 가졌고 유익한 것이었음에도 불구하고, 자연히 직장을 그만두게 된 경우가 많다. 그 당시의 중류가정의 관습인 것이다. 지금은 기혼여성 가운데에도 직업을 가지는 비율이 증가하고 있고, 또 전체 노동인구 중에서도 비중이 증가하고 있다.

실업

일자리를 얻으려는 모든 사람들이 직장을 가지게 되는 것은 아니다. 소위 실업이 발생한다. 실업의 수준이 고용기회에 대한 인식에 나쁜 영향을 미쳐 가구내 2차 고용자의 경제활동 참여를 감소시키기도 한다.

실업인구를 노동력 공급의 일부로 포함해야 할까? 이에 답하기 위하여 실업의 유형을 마찰실업(frictional unemployment), 무능력실업(incapacitated person unemployment), 구조적실업(structural unemployment), 불충분집단수요(insufficient aggregate demand)의 4가지로 구분한다.

마찰실업은 사람들이 직장을 바꾸는 경우에 발생한다. 즉 일시적으로 일자리를 떠나는 것이다. 이러한 실업은 불가피한 것이고 또 산업이나 개인의 변화를 위해서 필요하다.

무능력실업은 육체적 정신적 결함으로 인해 직업을 가질 수 없는 것이다. 그들은 복지 연금을 받거나 받기를 희망하면서 여전히 실직자로 등록되어 있다. 이러한 실업은 피할 수 없는 것이다.

피할 수 있는 실업상태는 일하고 싶어하고, 일할 수 있는 능력이 있음에도 불구하고 그들이 일하고자 하는 유형의 일자리가 충분하지 못할 때 발생한다. 일자리의 수는 경제의 구조적 변화(석탄에서 석유로의 변화에 의한 광부들의 실업) 때문에 모자라는 경우가 구조적실업이고 일반적으로 산업의 생산에 대한 수요가 낮고(총수요 부족), 침체현상(a general slump) 때문에 생기는 불충분집단수요가 있다.

실업인구를 노동력공급의 일부분으로 포함해야 할까? 답으로 실업이 피할 수 있다면 포함되어야 하고, 피할 수 없다면 아니다. 그렇다면 어느 정도의 실업은 피할 수 없는 것일까? 피할 수 없는 실업율은 대개 전 취업자수의 1%이하 이며, 이 값은 경기가 좋거나 극심하게 노동자가 부족한 경우라도 마찬가지이다. 따라서 어림잡아 공급된 전체의 노동력 중에서 1%는 불가피한 실업이므로 유효한 노동력 공급의 일부로 산정하지 않는다.

〈표 5-1〉은 대구시의 1995년과 1999년의 인구와 고용현황이다. 동 기간 인구증가가 64천명이고 경제활동대상인구는 89천명이 증가하여 인구증가수

보다 더 높다. 그러나 경제활동대상인구 중 경제활동인구의 비율인 참여활동비는 1995년의 44.9%에서 1999년에는 44.0%로 낮아졌다. 참여활동비가 낮아진 근본이유는 1997년 11월에 봉착한 IMF관리체계의 국가경제상황에 의한 극심한 경기침체의 결과이다. 실업율이 1995년에는 2.9%인 것에 비해서 1999년에는 7.1%에 이르고 있다.

IMF사태 이후 대구 경제는 산업구조의 변화에서 잘 나타나고 있다. 1995년에서 1999년까지 총취업인구가 44천명 감소하였고 2차산업만 60천명이 감소하였다. 그러나 도시내 소득창출의 주요 3차산업인 건설업은 45천명의 고용자가 감소하였고 대신 소비가 중심인 도 · 소매 · 음식 · 숙박업에서 34천명의 고용이 증가하였다. 제조업과 건설업의 고용자 감소가 소매 · 음식업의 업종으로 이동한 현상이고 도시내 기반산업의 침체 때문에 소비가 위축되었음에도 소비부문의 고용자가 증가하는 현상을 초래하였다. 여기서 소매업과 음식업 업종이 불충분집단수요가 생성되었을 것으로 추정할 수 있다. 이것은 노동력 공급이 노동자의 수만으로 논의되기 보다 노동력의 숙련도와 임금수준 등이 고려되어야 한다. 특정한 일을 수행할 수 있고 능력은 소질, 경험, 훈련에 달려있고 직업적인 숙련도의 차이가 있다.

도시내 기반산업인 2차산업과 건설업이 1995년에서 1999년까지 105천명의 고용자가 감소하였다. 이러한 고용의 변화가 도시인구에는 어떤 영향을 미치는가? 만일 다음 절의 도시경제기반이론에서 기반부문의 승수가 2.5이고, 부양계수(인구/고용자수)를 2.45로 가정하면 총고용의 감소가 262천명에 이르고 이로 인한 실업상태의 인구가 643천명에 달한다. 대구시 인구의 25.3% 수준이다.

도시내 실업인구가 증가하고 가구소득이 없는 인구의 증가는 도시경제의 침체뿐 아니라 도시인구의 감소를 촉발하는 주요한 요인이 된다. 그래서 인구와 경제는 밀접하게 상호작용하는 관계이다.

〈표 5-1〉 대구시 인구와 경제활동의 변화

(단위 : 천명)

구분 \ 년도		1995년	1999년	변동량
총인구		2475 (100.0)	2539 (100.0)	64
경제활동대상인구 (15세이상)		1850 (74.7)	1939 (76.4)	89
경제활동인구		1112 (44.9)	1116 (44.0)	4
실업인구 (실업율)		32 (2.9)	79 (7.1)	47
취업인구		1080 (100.0)	1036 (100.0)	-44
	1차산업	14	28	14
	2차산업	322 (29.8)	262 (25.3)	-60
	3차산업	744 (68.9)	746 (72.0)	2
	건설업	123 (11.4)	78 (7.5)	-45
	도 · 소매 · 음식 · 숙박업	314 (29.1)	356 (34.4)	34
	공공서비스	211 (19.5)	221 (21.3)	10
	금융 · 보험 · 운수	97 (9.0)	90 (8.7)	-7

(　　)는 구성비

$$참여활동비 = \frac{경제활동인구}{인구} \times 100(\%)$$

2) 산업의 노동수요

경제학에서 산업(industry)은 상품과 서비스의 생산 형태이다. 흔히 산업이라 말하는 것은 이러한 경제적 의미이다. 따라서 산업은 식품, 목재, 슬레이트(slate)의 생산 등의 채취산업과 보험, 수선, TV프로그램 등의 서비스 산업과 자동차, 연필, 의류 등의 제조업(통상적으로 공장(factory))도 포함된다. 또 산업은 공식적인 생산(즉 생산자가 그 노동의 대가를 지불받는)을 의미하는 것이지, 비공식적인 생산(이를테면 마당에서 기르는 채소는 산업의 부분이 아니다)을 의미하는 것은 아니다. 흔히 사용하기를 산업(industry)은 공장(factory)을 의미한다. 그 생산품의 성격과 가치가 규정되어 있는 어떤 일정량 생산의 산업에 있어서, 노동력을 요구할 때 주 관심사는 무엇인가?

직업

어떤 회사들이 고용하려 하는 특정의 일자리가 있다면, 그 일자리들이 직업으로 명명되는 것이다. 예를 들어 회사가 20명의 타이피스트, 10명의 운전사, 1명의 창고지기, 4명의 차량관리인, 그리고 1명의 여사원을 채용하고자 한다.

노동력에 있어서 직업적 구조와 산업적 구조의 차이를 명확히 하는 것은 매우 중요하다. 산업은 생산품의 성격에 따라 철강산업, 석탄산업 등으로 분류된다. 노동은 사람들의 일자리, 즉 직업에 의해 타이피스트, 서점 점원과 같이 분류된다. 어떤 산업이든 하나 이상의 직업을 고용하게 되는 것이 보통이다. 또 어떤 직종이든 하나 이상의 산업에 고용될 수 있다. 우리나라는 2000년 기준하여 한국표준직업분류를 전문 · 기술 · 행정관리자, 서비스 · 판매종사자, 기능 · 기계조작 · 조립단순노무종사자 등 3가지로 크게 구분하여 10종의 대분류로 더 세분하고 있다.

성

몇몇의 일자리는 남자(석탄광부) 혹은 여자(유모)만이 할 수 있기 때문에 특정 직업에 대한 산업의 수요는 자동적으로 노동자의 특정한 성에 대한 수요일 수 있다. 그런 것은 제외하고라도, 산업은 재정적인 이유에 의해서건 관습에 의해서 건 특정한 성별의 구성을 요구한다.

산업은 노동력을 요구하고 그러한 수요는 직업과 성에 의해서 규정된다. 무엇이 수요의 규모에 영향을 주는가?

산업생산품

노동자의 수와 최종생산과의 관계는 노동자 1인당 생산성을 기준으로 설명될 수 있다. 따라서 생산성이 증가하면 노동력 수요도 증가할 것이다.

하지만 노동자 수요는 생산품 증가에 따라 같은 비율로 증가하지 않을 수도 있다. 대규모 생산량의 생산에 100명의 노동자를 고용했을 때 보다 10명의 노동자를 고용했을 때에 1인당 생산이 더 효율적이다. 또한 추가적인 노동수요에 대한 직업적 구성은 평균적인 직업구성과도 차이가 있을 수 있다.

노동의 대체성

산업에 있어서, 노동은 생산의 많은 요소들 중에 하나이다. 따라서 사람이 하는 일이 다른 생산요소(일반적으로 기계)로 대체될 수 있다면, 산업은 생산방법(노동에 대한 자본의 대체)의 변화를 고려해야 한다. 그렇게 된다면 노동자당 생산은 증가할 것이다. 또 기존의 생산에서도 산업의 노동수요는 감소한다. 게다가 대체는 일반적으로 직업적 숙련의 대상(삽을 이용하기 위한 힘 대신에 굴착기를 사용하는 기술)도 변화한다. 따라서 기존의 생산품에서 기대되었던 노동의 직업적인 구성도 달라진다.

3) 노동시장

가정이 노동을 공급하고 노동력은 가정의 주거지에 위치한다. 산업은 노동력을 필요로 하고 노동력의 수요는 산업체가 있는 곳(공장, 상점, 농장, 병원)에 위치한다. 노동력의 공급과 수요 양자의 분리된 입지는 통근교통으로 연계된다.

노동 공급과 수요의 상호작용 결과로서 주거지와 직장의 위치가 정해진다. 상호작용에 대하여 분석한 경우 직업의 두가지 성격인 직장의 성격(또는 노동자의 직업)과 직장의 입지가 고려되어야 한다. 즉 하나의 노동시장이 아니라 직장의 위치와 직업에 따라 다수의 노동시장이 있다. 예로서 여자사무원, 건설노무자, 고급기술자의 노동시장이 상이하다.

노동시장의 지역적 범위는 어느 정도일까? 좁은 범위에서는 노동을 위한 통근권 이내이다. 통근권의 한계범위로 노동시장의 한계가 성립된다. 통상 일상생활권의 한계를 넘어서면 직장을 가지기 위해 이사를 하는 경우이다. 직장을 위해 이사를 할 것인가, 하지 않을 것인가 하는 것은 개인의 희망 정도와 직장의 성격(혹은 직업의 종류)에 따라 상이하다. 소득이 낮은 수준은 가능한 짧은 통근권에서 직장을 구할 것이고 고소득이고 전문직일수록 노동시장이 더 넓다.

노동인구의 대부분은 습관적으로 지역내에서 고용을 찾고 고용주는 그들이 구성된 커뮤니티에서 그들의 노동자를 보충하려는 성향이 있어 지역노동시장이 형성된다. 대부분의 노동자가 그들의 거주지를 옮기지 않고도 직장을 바꿀 수 있는 영역내에 있는 고용의 집중지이다.

노동시장 간에 어떤 상호작용이 일어나는가? IMF가 시작한 1997년 후반부터 2000년까지 대구는 아파트사업이 전무할 정도로 건설경기가 부진하였다. 그러나 수도권은 서울의 교외화현상으로 대량의 아파트건설사업이 지속되었다. 이에 대해 〈표 5-1〉에서 대구에서 건설부문의 고용자수가 45천명 감소하였다. 이럴 경우 생계를 위한 건설노무자들은 수도권으로 이주하게 된다. 그러나 건설업체의 단순근로자들은 장래 취업의 불확실과 임금수준 때문에 쉽게 이주를 결정하지 못한다. 노동시장의 지역간의 관계도 직장의 성격에 따라 상이하게 작용한다.

마지막으로 노동시장에 있어서 정부 간섭의 중요성에 대해서 알아보자. 노동시장에서 정부의 영향은 어떤 목적을 위하여 취한 행동(인플레이션을 낮추기 위한 소득세법의 제정, 산업의 재해를 줄이기 위한 감사)에서 기인한다. 그러나 노동시장의 움직임은 정부 개입이 직간접적으로 두 가지 측면에서 평가된다. 하나는 노동시장의 움직임을 보다 평탄하게 했다는 것이다. 공식적인 목적 중 하나인 고용 교환은 양자의 이익을 위해서 노동의 거래를 초래하였다. 다른 하나는 노동시장에 있어서 계획적인 정부의 개입은 장기적 수요·공급의 불균형을 시정하는 것이다. 이것은 부분적인 직업적 시장에 있어서 자연적인 시장의 힘에 의해서 변화된 직업 또는 이동한 사람들의 불균형이 빨리 위험하게 되지 않았다면 정부는 양성(훈련)의 도입과 재교육을 실시하였을 것이다. 만약 한 지역에서 모든 직업의 노동시장의 수요와 공급 사이에 변함없는 불균형이라면 정부는 그 지역에서 직업에 대한 총수요 또는 총공급에 대한 변화를 시도해야 할 것이다.

2005년 현재 수도권의 과밀억제와 국토균형발전의 목표를 위해 중앙정부 대부분의 기관을 이전하는 행정중심복합도시 건설과 공공기관을 지방으로 이전하는 혁신도시의 건설이 정부가 노동시장의 입지에 개입하는 대표적인 사례이다. 행정중심복합도시와 혁신도시정책의 요체는 노동자와 노동자 가족 전부가 이주하는 것이다. 정부의 이러한 급진적인 정책이 실효성을 갖는지 갖지 못하는 지는 노동시장의 이전으로 새로운 지방노동시장 형성이 성공하는 가의 여부이다.

2. 도시경제의 성장이론

1) 창출성장론과 경쟁성장론

도시의 경제적 발전에 관한 이론들 중에서 압도적으로 설명력이 높은 지배적 이론이 존재하지 않지만 도시발전에 관련된 모든 개념화 작업에서 아주 빈번히 등장하는 것이 도시발전과 도시화의 연계이다. 도시성장은 도시의 토지시장, 소매시장, 서비스시장 등 도시의 제반 경제적 요소 중에서 핵심적 동인 요소이기 때문에 시민들의 관심도가 높고 도시경영의 가장 중요한 목표이다.

도시성장의 이론적 관심은 국가내 지역간의 균형성장인가 아니면 불균형성장인가에 있었다. 대표적으로 신고전학자는 경제가 성장하면서 생산요소의 이동에 의해 지역간 균형성장이 진행된다고 주장한다. 허쉬만(Hirschman)과 윌리암스(Williamson)들은 낙관론적 불균형성장론자로서 경제발전단계에서 지역간의 불균형화가 어느정도 발전단계를 지나면 지역간의 격차가 해소된다고 주장한다. 반면 뮈르달(Myrdal) 등은 순환적 누적적 인과

원칙에 의한 불균형이론을 주장하고 있다. 시장에서 힘의 작용은 지역간의 불균형을 축소하기 보다는 더 증대시키는 경향이 있어 이러한 불균형이 누적적으로 증대된다고 주장한다(황명찬; 116-134).

도시성장의 관점이 국가내 지역간의 경쟁적 관계인가 아니면 지역내 생산요소의 효율성에 근거한 자생력인가가 국민들의 주요 관심사이다. 지역간 경쟁성장론은 소비부문 혹은 생산부문이 국가전체가 일정한데 다른 한 지역이 어떤 산업을 선점함으로서 여타지역에서 그 산업의 성장이 제한받는 경우이다. 우리나라는 국토면적이 협소한 단일 시장권이 형성되는 경우가 대부분이어서 이러한 경쟁성장론의 성향이 높다. 특히 국가의 경제개발계획 등의 산업화가 정부주도로 진행되었기 때문에 산업단지, 항만, 도로, 용수 등의 건설에 의해 지역 간의 산업개발이 배분되는 결과를 가져왔다. 한편 국토의 효율적 관리의 방편으로서 지역별로 특화산업을 선정하여 집중육성하는 전략이 일반화되어 있는 편이다. 반면 지역내의 생산요소인 기술수준 및 산업의 집적도 등 지역내 자체 역량에 의해 성장이 결정된다는 논리가 창출성장론이다.

〈표 5-2〉는 지역간 경쟁성장론과 지역내 창출성장론을 비교한 것이다. 경쟁성장론은 지역간의 입지우위성과 시장잠재지역 등 지역간 요소비용의 경쟁력에 의해 도시경제 성장이 결정되는 논리이다. 석유화학, 전자완제품, 반도체산업 등 대규모시설이 소요되는 산업의 성장이론에 유리하다.

창출성장론은 지역내 잠재력이 집적경제, 지역내 부존 생산요소, 그리고 지역내 수송체계 등의 효율성에 의해 경제가 성장한다는 것이다. 지역내 직업훈련을 통한 인력의 개발과 기업 및 생산의 혁신에 의한 도시경제의 성장 유도 등이 창출성장론에 근거한 것이다. 창출성장론에 근거한 대표적인 지역개발방법론이 신기술 첨단산업의 유치와 육성이 주요 목표인 테크노폴리스(Technopolis)정책이 있다.

2005년 11월 구미와 대구에서는 중앙정부가 수도권에 8개 첨단업종의 신·증설을 허용하는 정책에 대해 극력 반대하는 시위가 있었다. 수도권 공장 신·증설 허용은 일반적인 의미는 지금까지 산업의 수도권 집중을 억제하는 수단을 해제하는 것이고 특정적인 의미로는 구미에서 집적도가 높은 LG의 대형모니터공장이 경기도 파주로 이동할 우려를 낳기 때문이다. 구미의 장래에서 모니터사업의 발전이 주요한 몫을 차지하나 수도권의 파주에 대한 경쟁력이 떨어지므로 자연히 향후 모니터산업이 쇠퇴할 것으로 전망되는 것이다.

〈표 5-2〉 창출성장론과 경쟁성장론의 비교

	경쟁성장론	창출성장론
1. 국가전체의 성장	일정	지역성장의 합
2. 생산요소의 분포	지역간 효율성	지역내 효율성
3. 성장인자	입지우위성 시장잠재력 지역간 요소비용의 비교	집적경제, 기술수준 생산요소의 지역내 분포지역내 수송체계, 지역내 사회조직
4. 산업부문	수요중심; 대규모프랜트(자동차, 석유화학, 전자완제품, 반도체, 영상산업, 금속산업)	공급중심; 소량생산체계(섬유, 정밀화학, 소프트웨어, 자동차부품, 신기술산업)
5. 계획관심	지역간 계획 (국토계획)	지역내 계획 (도계획)
6. 이론	· 경제기반이론 · 신고전학파이론 · 불균형성장론	· 산업구성이론 · 첨단산업이론
7. 현실적 고려	· 산업단지건설의 수요 중심접근 · 국토공간전략의 수립	· 자생적 기업환경 · 한계기술이용

2) 경제기반이론

경제기반이론(종종 수출기반이론이라고도 함)은 한 도시를 지탱하기 위한 기초는 그 지역 외부로 상품이나 서비스의 판매에서 나온다는 것이다. 산업의 부문을 지역외의 시장에 상품이나 용역을 파는 기업 및 가계와 지역내 시장에서 소비하는 기업 및 가계로 구분하여 전자를 수출부문(export sector) 또는 기반부문(basic sector)이라고 부르고 후자를 지방부문(local sector) 또는 비기반부문(non-basic sector)이라고 부른다. 이 이론에서는 수출시장이 지역경제의 원동력이므로 수출시장이 확대되어 수출이 많아지면 기반산업이 활성화되고 이어서 그 지역의 비기반산업에 까지 영향이 확대되어 연쇄적으로 성장이 유도된다는 것이다. 예로서 거제군 옥포의 조선공장과 이와 연관 공장들이 있는데 이들 공장의 생산품은 대부분 지역 외부로 수출하는 것이다. 이들 공장의 지역소득이 도시내의 소비를 가져와 지역내 산업인 비기반부문의 고용이 있다. 이 도시의 인구는 기반부문과 비기반부문의 고용자가 부양하는 인구수에 의해 달려있다.

모형

경제기반이론은 다음과 같이 고용예측과 인구예측에 활용되고 있다.

$$E_t = E_b + E_n \quad \text{------------------------①}$$

$$P = \alpha \times E_t \quad \text{------------------------②}$$

$$E_n = \beta \times P \quad \text{------------------------③}$$

(E_t : 총고용, E_b : 기반부문고용, E_n : 비기반부문 고용,
P : 인구수, α : 부양계수, β : 서비스계수)

②, ③식을 ①식에 대입하여 정리하면

$$E_t = \frac{1}{1-\alpha\beta} \times E_b \quad \text{--------------------④}$$

$$P = \alpha \times E_t = \frac{\alpha}{1-\alpha\beta} \times E_b \quad \text{--------------⑤}$$

④식에 의하면 총고용은 기반부문 고용에 의해 결정되고 이것의 승수는 ($\frac{1}{1-\alpha\beta}$)이다. 그리고 인구수는 고용자수에 부양계수의 곱으로서 ⑤식과 같이 나타낸다.

기반/비기반 비율

기부부문이 전체의 고용자에서 얼마나 영향을 주는가는 기반/비기반의 비율(B/N비)에 의해 결정되기 때문에 도시별 B/N비에 커다란 관심이 있다. 미

국의 1940년대에서 1950년대 분석에 의하면 B/N비가 도시규모와 관계성이 높은 것으로 나타났다. 도시규모가 작을수록 고용의 대부분이 전형적인 기반적 성격이고 도시규모가 클수록 비기반부문의 비율이 증가한다. B/N비가 뉴욕은 100/125, 신시내티는 100/170, 디트로이트는 100/117이었다(트루멋 A 핫손: 165).

문제점과 의의

경제기반이론의 접근방식에 대한 비판은 실용상에서 측정상의 문제와 이론적 쟁점의 양 측면이 있다. 수출지역의 대상으로서 도시의 경계선을 어떻게 결정할 것인가 하는 문제는 항상 연구자들을 괴롭혀 왔다. 도시 지역의 규모를 넓히면 넓힐수록 역외 판매부분은 좁아지고, 반대로 역외 판매지역을 늘리면 도시지역이 좁아지는 것이다. 도시의 영역을 시역으로 할 것인가, 도시권으로 할 것인가, 광역적으로 할 것인가 등에 따라 경계설정은 크게 차이가 난다.

어떤 한 활동을 기반활동과 비기반활동 중 어느 범주에 넣을 것인가를 결정하는 것도 임의적이다. 또한 의사, 변호사, 관리들과 같은 소위 지방서비스 중 많은 경우는 지방공동체 외부의 고객에게도 서비스를 제공하고 있다. 아울러 이러한 문제는 규모가 큰 도시일수록 현저해진다.

기술이 진보된 산업에서는 더 세련된 상품을 만들기 위해 그 지역으로 들어오거나 그 지역 밖으로 나가는 중간재가 출현하면서 역시 혼란이 생긴다. 기반부문이나 비기반부문을 구분하기 위해 각 활동이나 모든 활동들을 세분하는 작업은 매우 주관적이고 힘든 일이다. 소규모 지역에서는 많은 경우 기반과 비기간의 범주를 구분하는 것조차도 어리석은 일이다.

그럼에도 지역성장이론 중 가장 단순하고 분명한 것이 수출기반이론이다. 이 이론은 도시, 지역, 국가에 이르기까지 다양한 공간적 범역에 적용될 수 있고, 활동에 있어서 단기 변화나 장기 성장분석에 적용될 수 있다는 의미에서 적용성이 높은 분석방법이다. 지역의 소득은 그 지역의 수출에 의해서 결정된다는 이 이론의 중심가설은 국가경제의 하위부문의 분석에 있어서 개방성, 한 나라의 다양한 공간구역 사이의 상호의존성, 그리고 한 지역에서 발생하는 것은 그 지역경계를 넘어서서 발생하는 것에 아주 크게 의존한다는 원칙 등을 단순한 모형을 이용해서 밝힌 장점이 있다(박종화 등: 99).

3) 첨단산업과 지역성장

지역 및 도시의 경제성장에서 산업구조의 영향이 지대하다. 성장산업이 중심인 도시는 산업성장이 빠르고 사양산업이 주종이 되는 지역은 도시경제의 쇠퇴를 가져온다. 특히 기술혁신이 지역발전에 매우 중요한 요소이다.

첨단산업의 정의

첨단산업(high-technology industries)은 기술적으로 진보된 제품의 생산에 관련된 산업이라고 일반적으로 지칭한다. 사람에 따라 여러 가지 다른 의미로 사용되는 경우가 많지만 지역경제의 성장, 특히 고용과 소득의 증대에 관심을 둘 때는 생산과정에 첨단제품을 사용하는 산업보다는 첨단제품을 생산하는 산업을 첨단산업으로 보는 경향이 있다. 기술혁신은 크게 제품혁신(product innovation)과 공정혁신(process innovation)으로 구분되는데 새로운 제품, 특히 기술적으로 진보된 새로운 제품의 개발이 신기업의 창출과 그를 통한 고용증대를 가져온다는 점에서 중요시되며, 그러한 신제품을 생산하는 산업을 첨단산업으로서 중요시하게 된다.

그러나 실제로 어떤 산업들을 구체적인 첨단산업으로 볼 것인가의 문제가 그렇게 쉬운 것은 아니다. 그리하여 피터 홀(Peter Hall) 등은 전 제조업체의 평균 이상으로 엔지니어, 엔지니어링 기술자, 컴퓨터 과학자, 생명공학 분야의 과학자, 수학자들을 높은 비율로 가지고 있는 산업들은 일단 첨단산업으로 분류한다. 그 외에도 빠른 성장률, 연구 및 개발비의 높은 비율 등을 적용하여 첨단산업의 여부를 판단하기도 한다. 이러한 기준에 따라 분류된 첨단산업들로서는 반도체산업, 컴퓨터산업, 신소재산업, 정밀기계 및 정밀화학산업, 통신 · 정보산업, 항공우주산업, 의공학 및 생명공학산업, 에너지산업 등의 특징을 들 수 있다(황명찬: 142-143).

첨단기술

첨단기술(high technology)활동에 대한 정확한 정의는 불가능하지만 대체적인 고용형태를 기초로 하여 그 활동을 구별할 수 있다. 미국 노동성은 이를 세 개의 범주로 구별하고 있다.

1. 판매액에 대한 연구개발비는 산업 평균의 두 배인 경우, 이 정의는 생명공학이나 컴퓨터 개발과 같은 연구와 개발에 강조점을 두는 이른 주도적인 기업들을 가리킨다.
2. 기술자와 과학자들의 평균 비율보다 더 많은 고용을 가지며, 연구개발비가 평균 비용과 같거나 그 이상인 기업들. 이 정의는 위의 정의와 같이 엄격하지는 않지만 연구와 개발에 반대되는 상품을 제조하는 기업들을 구별해낸다.
3. 산업전반의 평균에 비해 1.5배 이상 과학기술 분야의 노동력을 보유하는 기업들. 이 정의는 셋 중에서 가장 포괄적인 것이며, 일반적으로 대규모 시장을 위하여 첨단 과학기술 품목들을 생산하는 기업들을 포함한다.

첨단산업의 지역경제 성장 효과

미국이 1970년대 이후 첨단산업에 의한 전통적 경제의 재구조화가 두드러지게 진행되었다. 1970년까지 도시경제의 주류가 되었던 것이 테일러주의와 포드니즘으로 대표되는 공업의 대량생산시대였으나 샌프란시스코 남부 새네제이의 산타클리리계곡에 있는 실리콘벨리의 첨단산업발전은 세계에서 가장 대표적인 사례이다. 1957년 8명의 젊은 과학자들이 반도체기업에서 시작한 것이 길이 48km, 폭 16km의 하이테크 공간으로서 첨단산업지역이 조성된 것이다. 첨단산업지역에 의한 지역경제의 영향은 실리콘벨리내 산타클라크군의 1950년 인구가 29만명이었으나 30년뒤인 1980년에는 인구가 130만명으로 증가한 것에서 알 수 있다. 제조업의 고용자도 1950년의 21천명에서 1980년에는 243천명으로 증가하였다(허재완: 73).

한편 보스턴과 뉴잉글랜드도 전통적인 제조업인 섬유, 제화 및 관련공업의 쇠퇴로 침체된 경제가 새로운 첨단기술기반을 창출하면서 도시경제가 전환되었다. 과거에 에너지자원이 부족하고 높은 임금이 신규제조업 투자를 막았지만 첨단기술시대에는 오히려 그러한 단점이 장점이 되었다. 이 지역은 갑자기 첨단산업을 위한 고숙련 노동력을 얻는 데 있어서 비용이 적게 드는 환경을 갖추게 된 것이다. 유치원에서 대학수준에 이르는 우수한 교육체계, 공무원의 우호적이고 질서있는 분위기, 좋은 노사관계 등이 1980년대에 첨단 기술의 성장에서 이 지역에 비교우위를 가져왔다. 모험자본과 결합되어 기업가들이 열성적으로 일터에 첨단기술을 적용하고자 했을 때, 모든 중대한 요소들이 함께 모여 컴퓨터, 소프트웨어, 인공지능, 생명공학, 전자, 의료장비, 플라스틱, 방어장치 등 일련의 분야에서 일자리를 만들어냈다(트루멋 A 핫숀: 179).

첨단산업이 지역성장의 원동력이 되는 이유는 번성하는 지역과 침체한 지역의 차이는 기술혁신의 차이라고 한다. 낡은 공정을 사용하거나 낡은 제품을 생산하는 기업들을 가진 지역은 경제적으로 침체하지 않을 수 없다. 첨단산업이 지역성장에 주는 영향은 일단 기술혁신을 통한 첨단산업이 어떤 지역에 창출되면 ①그 첨단산업에서 고용과 소득이 창출되는 것은 물론이고, ②그것을 모태(seedbeds)로 하여 새로운 첨단산업들이 분가적으로 창업(spin-off)되며, ③이들 첨단산업들에 여러 가지 부품을 공급하는 산업들이 탄생하게 되고, ④이러한 첨단산업과 그 관련산업의 발달은 그 지역에 건설업, 부동산업, 여러 가지 개인서비스업들의 발달을 추진하게 됨으로써 지역경제 전체의 성장을 가져온다.

첨단산업의 입지조건

첨단산업의 입지와 관련하여 특이한 것은 대학의 강력한 연구기반으로 부터 지원받고 있는 것이다. 앞의 실리콘벨리와 보스톤지역이 스탠포드대학과 MIT대학의 우수 연구인력의 지원으로 발전되었고 노스캐롤라이나대학, 듀크대학, 텍사스대학, 유타대학, 프리스톤대학 등의 대학들이 주요한 역할을 하고 있었다(트루먼 A 핫숀: 179). 첨단산업의 입지요인으로서 가장 기본적인 것이 연구개발기능을 갖춘 대학, 대기업 연구소의 존재이고 두 번째는 양호한 국내·외의 교통접근성이다. 국외로는 국제공항에 근접해야 하고 국내로의 접근성은 대도시와 근접해야 한다. 세 번째는 도시의 정주성 여건이다. 좋은 주거여건으로서 문화, 교육, 의료 및 위락시설 등의 여건이 갖추어야 한다.

첨단산업의 입지와 관련하여 특히 주목할 점은 옛 공업지역에서는 첨단산업의 창업이나 입지가 이루어지지 않는다는 것이다. 예외가 없는 것은 아니지만 대체로 이들 지역들은 낡은 도시기반시설, 낡은 생활환경, 혁신적 기업가나 기업정신의 부족 등으로 첨단산업의 창업이나 입지가 잘 되지 않는다. 일단 불리한 사양산업들에 의해 산업구조가 지배되면 이들은 필요한 산업구조의 개선에 심한 장애가 된다. 특히 옛 공업지역의 잠재적 기업가들은 기존 기업의 관리직에 안주하게 되고, 이들 낡은 기업들의 당면과제는 신제품의 개발보다는 기존제품을 보다 저렴하게 생산하는 공정혁신이기 때문에 신기업의 창업이 부진하다. 이들은 오히려 그들의 낡은 기업이 시장포화상태에 이르면 타지역의 기존 기업이나 고성장 기업을 취득하는 데 주력한다(황명찬: 146).

첨단산업도시 정책

일본은 첨단산업의 발전정책을 통해서 지역간 균형화를 추구하기 위해 1980년대초에 전국의 26개 지역을 테크노폴리스로 지정한 지역개발정책을 사용하고 있다. 우리나라도 이에 자극받아 2001년 부산, 전주, 강릉, 대구 등 4대 첨단산업연구단지를 건설하여 기존의 조성중인 대전, 광주의 첨단산업단지와 더불어 전국적인 기술지대망의 구축을 통해 국토의 균형발전 정책을 수행하고 있다(허재완: 75).

일본의 테크노폴리스 조성 경험에서 사전에 구비되어야 할 요건을 알 수 있다. 26개의 테크노폴리스 중 8개 단지는 수도권인 이른바 동경권에 있고 나머지 18개 단지는 수도권 외에 조성되었다. 그런데 일본의 한 연구보고서는 동경권에 조성된 연구단지는 지역경제활성화에 긍정적인 기여를 하고 있으나 동경권 이외 지역에 조성된 연구단지는 별다른 기여를 하고 있지 못하다는 매우 흥미로운 결과를 제시한 바 있다.

첨단산업의 국토 및 지역개발 파급효과가 크긴 하지만 첨단산업의 도입이 도시 및 지역개발의 만병통치약은 결코 아니다. 특히 기술 및 쇄신잠재력이 빈약한 낙후지역에 첨단산업을 유치한다는 것이 용이하지도, 타당하지도 않다. 첨단산업 입지요인을 잘 갖춘 대도시 및 대도시 인근 지역들에서 첨단산업단지의 조성을 통한 지역경제활성화가 유효한 처방전이 될 수 있다. 그러나 그렇지 못한 지역은 인위적이고 강제적인 첨단산업의 유치보다는 해당지역의 여건에 적합한 전통적인 제조업을 유치하거나, 또는 장기적인 관점에서 해당지역의 쇄신 잠재력을 높여 첨단산업이 발전할 수 있는 여건을 조성하는 것이 더욱 현명한 처방이다.

3. 도시내 공업입지

1) 공업의 집중과 분산

전통적인 공업입지론은 비용 최소화를 통한 기업이윤의 극대화를 추구하는 접근이 중심이다. 고전적 공업입지론의 시조인 베버(Weber)는 입지인자로서 수송비, 노동비, 집적경제성을 고려하였고 특히 원료수송비와 제품수송비에 높은 비중을 두었다. 원료수송비의 부담이 클 경우 원료지향적 입지 그리고 제품수송비가 중요한 경우 시장지향적 입지로서 공장입지를 유형화하였다(황명찬: 56-57).

그러나 전통적인 공업입지론은 국가 혹은 넓은 지역 차원의 공간에서 산업입지패턴을 설명하기에 적합하다. 도시내부 수준의 입지요인에 대한 설명으로는 한계가 있다. 도시는 규모와 성격에 따라서 공업의 성격과 입지패턴도 다양하기 때문에 이론적인 접근이 어렵기도 하여 도시내 공업입지의 논의가 부족한 실정이다. 도시내 공업입지패턴이 중심도시의 집중성향과 주변지역으로의 분산성향에 근거한 이론화가 주된 관심이 되어 왔다.

휠러(Wheeler)교수와 박삼옥교수는 1958-1976년간 Atlanta 대도시지역의 공업입지 변화를 설명하는 모델을 다음과 같이 제시하였다. 대도시 제조업의 입지과정을 초기집중기 → 중심도시 집중기 → 지속적 성장기 → 교외화 이동기 → 교외지역 우월기 → 비대도시공업화기 등 6단계의 변화과정을 설명하고 있다(Wheeler and Park: 10-25).

「박삼옥」교수는 1970년과 1980년 기간동안 대도시지역내의 공업입지변화의 분석에서 상기 모델에 근거하여 서울, 부산, 대구는 공업의 분산현상이 일어난 반면 광주, 대전은 분산현상이 일어나지 않음을 밝혔다. 이러한 분산의 기본적인 이유가 대도시의 공업집적수준에 따라 표준화의 정도 차이가 있는 것으로 설명하였다(박삼옥: 124-125).

공업분산화

대구도시권의 공업분포를 1981-1994년간 분석한 결과 분산의 패턴이 나타나고 있다. 대구도시권을 중심도시인 대구와 인접한 군지역을 주변지역으로 구분하여 분석하였다. 대구도시권 전체 제조업 종업원 수 성장량에 대한 각 기간별 대구시의 분담율을 계산한 바에 의하면 1981-1986년 기간에는 62%이나 1986-1991년 간에는 32%, 그리고 1991-1994년 기간에는 18%수준으로 격감하고 있다. 대구도시권 제조업의 성장은 주변지역의 성장에 의해 주도되고 제조업이 주변지역으로 분산되고 있음을 나타내고 있다(김타열, 이상철; 62-63).

〈표 5-3〉 대구도시권 제조업성장의 지역별 분담율

(단위:인,%)

	81-86년		86-91년		91-94년	
	성장량	분담율	성장량	분담율	성장량	분담율
대 구 시	17736	61.6	16289	32.0	6945	18.0
주 변 지 역	11051	38.4	34581	68.0	31589	82.0
대구도시권	28789	100.0	50870	100.0	38534	100.0

주) 성장량 = 비교년도의 종업원수-기준년도의 종업원수
분담율 = 각지역의 성장량/대구도시권의 성장량*100
근거자료 : 총사업체실태조사보고서, 1981년, 1986년, 1991년,
경제기획원 사업체실태조사보고서, 1996년 통계청

공업의 집중인자와 분산인자

공업입지패턴에서 집중인가, 분산인가를 입지요인별로 분리하여 설명하기도 한다. 「Keeble」은 집중모형과 분산입지모형을 제시하였다. 중심지에서의 공업입지 집중을 촉진하는 입지인자로 ①시장접근성 ②쇄신지도성 ③교통시설의 질 ④집적의 경제성 ⑤노동공급의 이점 ⑥기업가적 및 제도적 요인 등 여섯가지를 들고 있다. 그리고 분산입지모형은 ①주변지역의 저렴하고 풍부한 노동력, ②집적의 불경제, ③부존 자연자원, ④정부가 시행하는 지역정책의 효과 등이 공업의 주변지역에의 분산입지를 촉진시키는 요인으로 제시하였다(Keeble: 46-87).

집중모형은 공업입지의 장기적 추세를 설명 하기가 어렵다. 시장의 접근성과 집적경제는 제조업 고용의 증가와 부의 관계가 있음이 연구들에서 발견되었으나 아직도 제조업 입지의 결정적 인자로 이들 인자의 역할이 중요함에는 틀림없다. 한편 분산입지모형은 특히 최근 선진국의 공업분산 성향을 설명하는데 중요한 인자이다. 풍부한 노동력과 지역정책, 좋은 주거환경 등이 중요한 입지인자로 역할을 하고 있다.

제조업 입지를 설명하는데 있어서 입지 선택과 생산기술의 선택이 내부적으로 상호의존적인 관계가 있다는 전제하에 「Mose」는 입지이론과 생산이론을 합성한 혼성이론을 제시하였다(박삼옥; 124-125). 여기서 노동집약적인 기업은 중심부에서 군집성향이 있고 자본집약적 기업은 저렴한 지가를 선호하기 때문에 분산 성향이 있다. 즉 생산기술에 의하여 제조업 입지가 영향을 받는다.

먼저 대도시 도심 주변부에 노동집약적인 업체의 군집현상은 첫째 기업이 소규모이고 그들의 연계성도 표준화되지 않아 공간적인 군집에 의한 교통비용의 절감을 노리고, 둘째 특정지구에 군집하므로 규모에 의한 외부경제성의 발생이 장려되며, 셋째는 많은 노동집약적인 기업들이 밀집하여 거대한 노동수요의 발생으로 노동에 대한 접근성의 양호 때문에 집적할 수 있다.

그리고 공업이 교외로 분산하는 현상은 먼저 투입재에 비해 생산재의 비중이 증가하여 도시내 교통비용의 감소 또는 산업의 기술, 노동 등의 변화에 의해서 산업체가 분산성향을 갖는다. 이러한 패턴의 첫째 이유로는 기업 규모의 증가, 산업복합체의 점진적 분해, 공업분산의 개시 등에 의하여 공업의 질적인 표준화 진행과 관련되어 있다. 두 번째의 관점은 노동이 자본으로 대체됨으로서 노동에 대한 기업의 공간적 의존성이 점차 감소하는 성향에서 찾을 수 있다. 즉, 공업의 분산은 자본주의 생산기술이 구조적으로 변화하고 한편 교통여건이 개선되어 입지비용이 변화하기 때문에 나타나는 공업입지 여건이 근본적인 변화의 결과이다(김타열, 이상철: 58).

2) 창업기업의 입지형태

창업기업의 입지가 독립된 분야로서 다루어지기 보다는 도시내 소규모기업의 공업입지 측면에서 고찰되어 왔다. 창업기업의 입지행태는 성숙된 기업의 입지행태와는 상이하다. 이는 창업기업이 지닌 특성에서 비롯된 것이다. 창업기업은 외부환경에 대한 적응능력이 취약하며, 불안정한 경영기반을 지니고 있고, 기업정보의 취득, 고객과의 접촉, 다양한 부품의 즉시적 확보 등 제반 도시서비스에 대한 의존도가 높다.

창업자는 이러한 도시외부 경제성에 접근성이 용이하고 정보가 풍부하며, 입지선택의 융통성이 높은 대도시내 입지를 선호한다. 동시에 이들 생산자들은 제품개발 초기단계의 상품 차별성 또는 독점적 지위를 누릴 수 있기 때문에 대도시내에서 높은 임대료에 큰 부담감을 느끼지 않는다는 것이다.

기업보육가설(Incubator Hyphothesis)

기업보육가설(Incubator Hyphothesis)에 의하면 대도시의 도심은 쇠퇴화된 시설들을 많이 보유하고 있어 창업기업에게 값싼 업무공간의 제공이 용이하여 창업기업이 대도시에 집중한다는 것이다. 특히 창업기업은 자금의 영세성, 기업전망의 불확실과 투자의 위험 부담 때문에 자본투자를 최소화하고 기업운영의 융통성을 최대화하려 하기 때문에 대도시의 도심지역이 창업기업이나 초기단계의 기업에게 이상적인 입지가 된다. 이 가설은 「Hoover와 Vernon」의 1962년 뉴욕시 연구이후 정립되었으며, 초기에는 보육기

(incubator)란 용어대신에 신생기업에게 한정된 기간동안 저렴한 공간을 제공해줌으로써 육성시켜 나간다는 뜻에서 묘상(seedbed or nursery unit)으로 불리웠다. 대도시의 보육 역할에 대하여 아직도 논란은 있으나 여러학자들에 의해 본 가설은 실증적으로 뒷받침 되고 있다(김용웅: 49).

창업기업의 입지

그러나 창업기업의 대도시 집중이 개별 업체가 생산투입요소나 비용구조 측면에서 각종 입지요소를 종합적으로 분석한 후 최적의 입지를 적극적으로 선택한 결과로 보기는 곤란하다. 창업자는 자금의 취약, 장래에 대한 불확실성 및 투자의 위험부담 때문에 창업을 위하여 거주지를 옮기거나, 장기적이고 안정적인 산업입지나 공장시설을 확보하려 하지 않는다. 실증연구에 따르면, 창업을 위하여 거주지를 옮긴 사례는 거의 발견되지 않으며, 창업 후 생산 확대로 인하여 최초의 공장이 이전하는 경우에도 대부분 창업지역의 공간적 범위내에 입지한다는 것이다. 이와 같은 사실은 창업의 유발이 창업의 입지 여건 뿐만 아니라 창업기업인을 배출할 수 있는 창업자 배출원(source of spin-off)의 유무에도 큰 영향을 받음을 의미한다.

창업자 배출원에 대하여는 그 동안 많은 연구가 진행되어 왔으나 아직까지 통일된 견해가 존재하지 않고, 몇 가지 주요한 가설과 이에 대한 실증분석이 이루어지고 있는데 가장 대표적인 가설이 기업규모분포가설이다. 이 가설에 의하면 소규모업체가 많이 분포된 지역일수록 창업율이 높다는 것이다. 소규모업체내에서는 종업원들이 기업경영에 대한 종합적인 경험을 하기가 용이한 반면, 근로조건이 상대적으로 불리하거나 불안하기 때문에 독립적인 자기사업을 개척하기 위한 동기 부여가 강하다. 그리고 소규모 업체는 생산 및 경영활동에 있어 타기업 및 공장에 의존하는 경향이 높아 이들 업체가 많은 지역에는 새로운 소규모 기업의 창업이 용이하다는 것이다.

그러나 직업분포가설에 의하면, 창업은 전문관리, 기술직의 분포가 높은 지역일수록 높은 것으로 나타난다. 창업을 위하여 제품생산 기술뿐만 아니라 원자재구입, 마케팅 정보나 네트워크, 전문적 기업경영 능력 등이 필요하기 때문에 대기업 근무의 전문관리 및 기술인력의 창업이 유리하다는 것이다.

엔터프라이즈존 (Enterprize zone)

기반산업인 공장의 폐쇄와 실업 등으로 도심부의 쇠퇴나 탈공업화를 경험하면서 쇠퇴지역의 활성화 필요성 때문에 도입된 제도이다. 이러한 제도를 주장한 Peter Hall은 홍콩이나 싱가포르의 자유항(free port)개념을 도입하여 정부의 각종 간섭을 배제하고 쇠퇴해 가는 도심부의 개발을 촉진하고 산업공동화를 방지하는 수단으로 보았다. 장기간 지속된 경기침체를 해결하고 경제성장을 유도하기 위한 정책을 수립하는 것이다. 이러한 정책목표를 위해서 도시내부 특정지역을 대상으로 세금감면과 규제완화를 제공하여 민간투자를 유도함으로서 침체된 도시 내 실업자와 빈곤층에게 일자리를 제공키 위해 조성하는 산업단지 정책이다.

연 습 문 제

1. 인구와 노동공급 간의 관계를 설명하시오. 도시 크기에 따라 노동참여율의 차이를 경상북도의 도시를 사례로 분석한 후 설명하시오.
2. 도시경제에서 불충분 집단수요에 의한 실업의 발생원인을 설명하시오.
3. 자동차 부속산업과 디스플레이산업의 입지결정이 창출성징률과 경생성장론 관점에서 설명하시오.
4. A도시 인구가 200,000명이고 총고용이 25,000명이다. 이 중 기반부문이 5,000명이다. 여기서 지방공단의 조성으로 기반부문의 고용자가 1,000명 증가한다면 총 고용자수와 인구수를 전망하시오.
5. 첨단산업의 입지요인을 설명하시오.
6. 기업보육가설의 개념과 창업기업의 입지조건을 설명하시오.

참 고 문 헌

1. 권용우 외 공저, 도시의 이해, 박영사, 1998.
2. 김용웅 외 , "수도권과 지방의 산업입지여건 격차에 대한 행태분석", 국토개발, 제19권, 국토개발연구원, 1993.
3. 김타열, 이상철, "공업입지행태에 근거한 대도시 내부지역 공업단지의 용도지역 변경에 대한 평가", 환경연구, 영남대학교 환경문제연구소, 1999.
4. 박삼옥, "한국 대도시지역의 공업입지정책에 관한 연구", 국토계획, 제20권 제2호, 1985.
5. 박종화, 윤대식, 이종열, 지역개발론, 박영사, 2000.
6. 허재완, 도시경제학, 법문사, 1993.
7. 황명찬, 지역개발론, 제3판, 법문사, 2001.
8. 트루먼 A. 핫숀, 안재학 역, 도시학개론, 도서출판 새날, 1988.
9. D.Keeble, Industrial Location and Planning in the United Kingdom, London, Methuen, 1976.
10. Janes O. Wheeler & Samock Park, "Intrametropolitan Locational Changes in Manufacturing: The Atlanta Metropolitan Area", Southern Geographer, Vol. 21 No. 1, 1981, PP.10-25.

제 6 장

도시와 상업서비스

1. 상업서비스의 수요와 공급

도시내 상업서비스의 입지는 상업서비스가 도시공간에서 어떻게 발생하고 공급되는 가의 이론이다. 상업서비스는 식료품거래와 신발가게와 같이 가게에서 상품을 판매하는 소매서비스, 미용실이나 여행사, 도박장과 같이 가게에서 서비스를 제공하는 서비스업, 변호사나 부동산과 같이 사무실을 이용하는 개인서비스업, 영화관, 나이트클럽, 음식점, 카페와 같은 위락서비스업 등이 있다. 여기서 언급하지 않은 서비스에는 공적으로 제공되는 서비스(즉, 교육, 재판, 복지 등)와 전송으로 공급되는 서비스(TV쇼나 우편판매, 생명보험)가 있다.

소매서비스, 개인서비스, 위락 서비스와 같은 상업서비스에 대해서 구분하여 설명한다. 상업서비스 입지의 주요 관심사는 서비스가 전송되지 않기 때문에 수요자가 공급처까지 이동해야 하는 것이다.

수요

상업서비스의 성격이 다양한 것처럼 서비스의 수요도 각기 상이하다. 먼저 소매서비스의 입지는 사람들이 물건을 구매할 때 상점이 많을수록 상품을 비교하여, 싼 가격에 물건을 살 수 있기를 원할 것이다. 또한 보다 나은 서비스를 받을 수 있고, 교통시설이나 주차시설이 좋고 쾌적한 환경으로서, 멀리 가지 않아도 되는 장소이기를 원할 것이다.

전문 서비스(회계사나 변호사의 서비스)를 위한 수요는 식품이나 치약을 사는 것과는 달리 불규칙적이다. 수요자는 좀 더 특별한 공급자에 접근하기를 원한다. 어떤 X씨는 현명하고 사려 깊은 변호사로서 사람들에게 추천될 수 있다. 즉 전문서비스에 대한 수요는 쇼핑하는 것보다 더 멀리 이동할 수 있고 공급자에 대한 비교가 덜하다. 그래도 역시, 수요자는 불편한 여행을 싫어하며, 어떤 수요자들은 무작위로 전문회사를 선택하기도 하고 '전문사무소가 모인 구역(professional quarter)' 을 알기를 원하는 사람도 많다.

위락서비스는 종류에 따라 편리하고 접근성이 용이한 것을 선호하는 것(예로서 영화관)도 있고 그렇지 않은 경우도 있다(저녁파티장). 경우에 따라 위락을 위한 여행 자체가 즐거운 것이며, 물건을 사러가는 일과 같이 하기 싫은 것과는 다를 것이다. 이러한 예로 오페라 혹은 유원지나 시골의 좋은 음식점에서의 저녁식사가 그러한 것이다.

위락 서비스의 수요가 또 다른 점은 소매서비스나 전문서비스에 대한 수요와 같이 구체적인 수요가 아니라는 점이다. 만약 당신이 치즈를 구입할 때 제과점은 당신에게 필요가 없을 것이고, 변호사의 서비스를 원할 때, 회계사의 사무실은 도움이 되지 못할 것이다. 그러나, 식사나 영화를 보기 위해서 당신이 야간 외출을 원한다면 갈 수 있을 것이고, 혹은 할 수 없게 된다면 맥주를 사서 밤새 TV앞에 앉아 있을 수도 있다. 이와 같이 위락서비스의 수요는 다른 유형으로 대체가 가능하다.

공급

서비스 공급은 두 부분으로 구분하여 고찰되어야 한다. ①소비자가 원하는 서비스를 공급하는 것(식료품 판매, 재산권의 양도, 음악회 제공), ②서비스를 제공하는 건물의 공급이다. 이렇게 구분하는 이유는 건물의 주인과 가게의 주인이 상이하고 이들 각각의 공급 요인이 상이하기 때문이다. 건물의 용도는 쉽게 변경이 가능하기 때문에 소비자에게 서비스 공급은 유연성이 크다. 영화와 같이 건물이용이 매우 제한되는 경우는 예외적이다. 그러나 새로운 건물의 공급에는 시간이 많이 걸리고 완성된 건물은 공급이 오래 지속되기 때문에 수요에 비탄력적이다.

실제 서비스 공급은 화폐로 환산되는 수요에 상응하여 이루어지고 이러한 서비스 공급은 돈을 벌거나 생계를 유지하고자 하는 경제적 동기에 의한 것이다. 건물의 공급은 대부분 기존 재고가 중심이고 매년 소수의 신규 건물만 제공된다. 기존 건물과 신규건물의 제공은 서비스 공급자(판매자)의 수요에 의한 경제적 수익성에 근거하고 있다. 이러한 건물에 대한 수요는 파생수요라고 한다. 상업서비스에 대한 가계의 수요로부터 파생된 것이다.

공급과 수요의 상호작용

소매나 전문서비스에 대한 공급은 수요와 밀접히 연관되어 있다. 서비스의 공급은 수요의 변화에 빠르게 반응한다. 왜냐하면 기존건물의 용도 대체성이 매우 높기 때문이다. 약국이 식료품으로 미용실이 가게로의 변경이 용이하다.

그러나 서비스가 제공된 건물의 공급은 수요의 변화에 매우 느리게 반응한다. 그래서 종종 수요에 비해 건물이 불충분한 지역을 볼 수 있다. 예를 들면, 대부분의 거주자가 이사를 나갔음에도 불구하고, 그 지역내에서 여전히 상업활동을 하는 작은 가게들을 많이 볼 수 있다. 대조적으로, 새로운 주택지 혹은 신도시 전체에서도 상점이 거의 없고, 서비스 시설들이 빈약한 곳도 볼 수가 있다. 따라서 수요이 기대에 충족될지는 모르면서, 하이퍼마켓을 건설하거나 중심지구 쇼핑지역을 재개발한다는 것에 주목하게 된다.

위락서비스의 수요는 앞서 알아본 바와 같이 그다지 구체적이지는 않다. 그러한 이유로 공급이 수요에 완전히 반응하지는 않는다. 수요 또한 공급에 대해 그러하다. 만약 어떤 사업가가 이전의 조용한 작은 도시에 나이트클럽을 시작한다면, 그 나이트클럽의 공급은 위락적인 수요에 활기를 줄 것이다.

입지의 문제

서비스의 수요와 공급은 공간상 분리하여 각각이 존재한다. 수요자는 대부분 가구이기 때문에 위치는 주거지가 되고 공급자의 위치는 서비스 건물이다. 대부분 서비스는 공급이 수요에 의해 이뤄지기 때문에 수요자의 위치는 고정적이고 공급자의 위치가 가변적이라고 가정하고 있다. 특히, 수요자가 이동거리에 저항이 크기 때문이다. 그래서 공급자들은 수요 입지의 변화에 따라 재빨리 그들의 공급 위치를 변화시킨다.

수요자의 어떤 위치가 정해지면 서비스 공급자들의 입지는 어떻게 결정할 것인가와 공급이 입지하였을 때 수요자들은 공급지 선택을 어떻게 할 것인가가 상업서비스의 입지이론이다.

2. 상업서비스의 입지론

1) 중심지이론의 상업지 계층화

중심지이론은 공급자는 어떻게 입지를 선택할 것인가, 그리고 수요자는 공급위치를 어떻게 선택할 것인가에 대한 대답을 구하고자 하는 것이다. 여기에서는 수요의 임계범위(threshold)와 서비스의 한계범위(range)라는 두 개의 개념을 주로 다룬다.

수요의 임계범위(threshold)는 서비스를 유지되는 데 요구되는 최소수준에서 인구규모나 소비시장으로 정의된다. 수요의 임계범위(threshold)는 기업이 서비스를 제공하여 정상적인 이익을 볼 수 있을 때 발생한다. 예를 들면 서비스가 유지되기 위해서는 미용소는 1000명의 인구를 필요로 하며 은행은 2000명의 인구를 필요로 한다. 서비스의 한계범위(range)는 서비스가 공급되는 거리를 뜻한다. 사람들이 물건을 사기 위해서 이동할 수 있는 서비스의 최대 범위(Maximum Range)이다.

두 가지 개념 (Threshold, Range)을 사용하여 서비스 중심지에서 계층적 공간구조가 있을 것이라는 것이 추측된다. 즉, 서비스 중심지의 등급이 있고 등급에 따라 인구규모 등 배후지의 여건이 다르다. 1부터 n까지 오름차

순으로 상품의 등급을 나열하여 어떤 지역에서는 n형태의 중심상품을 제공하는 것으로 가정하고, n상품을 공급하는 중심지(A라고 정한다)는 가장 큰 시장을 필요로 한다. n상품을 공급하는 기업이 유지될 수 있는 임계 판매수준(threshold sales level) 만큼 A중심지의 시장인구가 존재한다. n상품보다 하위인 모든 다른 중심상품은 서비스(n-1,n-2,…1)도 또한 A중심지에서 공급된다. 그러나 하위 상품의 경우 n상품 보다 소비시장이 작기 때문에 공급에서 초과이익이 발생한다. 즉, A중심지들의 임계범위(threshold market)에서 n-1 상품의 구매력이 있는 곳에 n-1 상품을 공급하는 중심지가 생기게 되면 이러한 중심지의 임계범위(threshold market)는 축소된다. 그것은 제2의 중심지 B를 형성하여 n-1 상품의 시장권이 생긴다. B중심지에서는 상품을 공급하는 것이 좀 더 효율적일 것이다. 또 다시 n-2 상품의 경우 B중심지의 간극을 C중심지가 채우고, 그 다음 D지역, … 그런 식으로 중심지 계층을 유추할 수 있다.

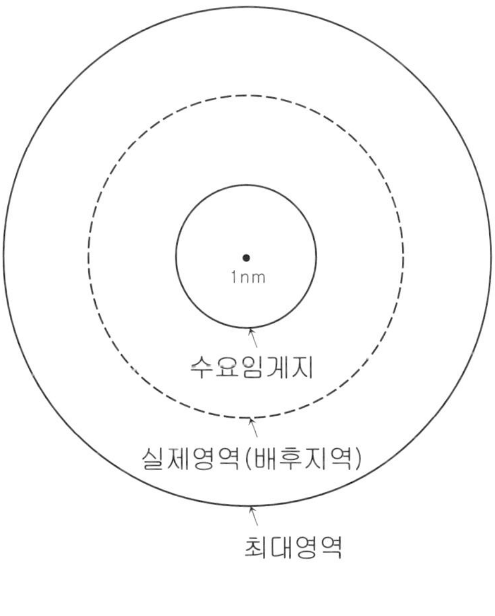

〈그림 6-1〉 기업의 서비스공급에 대한 임계범위(threshold)와 한계범위(Range)

이러한 일반 이론은 보통 비현실적인 지리적 조건들(일률적인 인구분포, 밋밋하고 특징이 없는 평지)을 가정하여 적용되어 중심지간에 일정한 공간(spacing)이 있고 그 배후지역이 6각형 형태로 포섭되어 있다고 설명한다. 그러나 그러한 초기의 조건들은 필요하지 않다. 일반이론이 우리의 두 가지 질문 즉, 공급자는 어떻게 입지를 결정할 것인가(어디가 서비스 중심지인가)와 수요자는 어느 공급자를 어떻게 결정할 것인가(어디가 서비스 중심지의 배후지인가)에 대하여 어떤 초기의 지리조건들을 이용해 대답이 가능하다. 보다 현실적인 조건이 될수록 이론에서 해답을 유추하는 것이 더욱 어렵게 된다.

2) 공간적 상호작용 이론

이 이론은 "서비스공급자의 입지가 주어지면 수요자가 이용할 공급지를 어떻게 선택할 것인가?"에 대한 대답이다 통상 중력이론적(gravity)접근과 기회개재이론(intervening opportunities) 접근의 두가지 형태로 설명될 수 있는데, 여기에서는 이해가 용이한 중력이론의 접근을 설명한다.

〈그림 6-2〉 n 존으로 나눈 서비스지역

중력이론에서 서비스 거래가 이루어지는 지역을 구분하여, n존으로 분할한다. 그리고 분할된 지역 중 2개를 선택해서 i와 j라고 한다〈그림6-2 참고〉. 이 이론에서는 i존의 소비자는 서비스지역(예를 들어 j 존의 중심지)에 있는 쇼핑중심지에 유인된다고 한다. 소비자가 쇼핑중심지에서 지불하는 화폐의 규모에 영향을 주는 것은 2가지 상황으로 설명할 수 있다. 쇼핑중심지의 매력도(A)와 소비자와 쇼핑중심지와의 거리(d)이다."

따라서 주어진 기간(1년)에 i존의 모든 거주자가 j존의 쇼핑중심지에서 쓴 비용(expenditure)은 다음과 같다:

$$S_{ij} = K_i E_i A_j F(d_{ij})$$

여기에서 K_i = 상수, E_i= i존에서의 1년간 총 쇼핑비용.

S_{ij} : i존에서 j존 쇼핑중심지에서 지출액수

A_j : j존의 쇼핑센터 매력도(상면적)

$F(d_{ij})$: i존과 j존의 거리에 의한 저항함수

서비스거래는 자체의 존도 포함되어 있기 때문에, 그 지역의 모든 쇼핑중심지에서 i존 거주자들이 지불하는 지출액수 합계($\sum_j^n S_{ij}$)는 i존에서의 총 쇼핑비용(E_i)과 같아야 한다. 따라서 다음의 식이 성립된다:

$$K_i = \frac{1}{\sum_j^n A_j F(d_{ij})}$$

그러므로

$$S_{ij} = E_i \frac{A_j F(d_{ij})}{\sum_j^n A_j F(d_{ij})}$$

이 이론의 방법들이 많이 개발되어 있고 한편 문제점이 많이 제기 되고 있다. 여기서 이론의 주요 목적은 수요자가 어디의 공급자를 선택하는가의 질문에 효과적인 응답이 가능한가이다.

먼저 중심지 이론이 도시 내부에도 적용 할 수 있는가의 논의가 필요하다. 제 3장에서 언급한 중심지 이론은 중심지와 배후지 간의 교호작용을 설명한 것이다. 서비스를 구매하기 위해서 배후지에서 어떤 중심지를 이용하는가의 설명이 중심이다. 그래서 중심지 이론은 지역적 수준에서 적용되는 것이다.

중심지 이론의 도시내부 적용성을 검토하기 위해 서비스 중심지 간의 거리가 짧고, 이동성이 높을 때를 가정할 수 있다. 중심지가 가까이 있고 접근성과 이동성이 양호할 경우는 배후지가 하나의 중심지만 이용하지 않고 여러가지 중심지를 동시에 이용할 수 있다. 이러한 경우에 중심지이론을 적용하는 것은 잘못된 것이 아닌가? 도시에 여러 가지 중심지의 주변 배후지를 찾아내는 것은 매우 어려운 작업이다. 버밍험의 도시기본계획에서 지적한 것처럼 도시 주민들은 여러 상점에서 구매하고 하나의 중심지에 의존하지 않는다는 것이다. 그래서 이 도시의 조사는 중심지 이론의 배후지를 찾는 것이 아니고 소매구매력 변화와 쇼핑 급락의 한계거리를 찾는 것이다. 조사에서 나타난 결과는 중심지 이론과 일치성이 낮고 공간 교호작용이론과 입지성이 더 높았다. 도시 내부의 경우 공간 교호작용 모델이 더 잘 적용되고 중심지이론은 도시 간에 더 잘 적용된다는 의미는 아니다.

공간 교호작용이론으로는 서비스 중심지 간의 크기 차이를 설명하나 기능의 차이는 설명하지 않는다. 그러나 도시 내에서도 둘 다 도출할 수 있어야 한다. 즉, 중심지가 다른 중심지보다 클 뿐 아니라 더 큰 중심지는 서비스의 영역도 더 크다는 것이다. 단지 중심지이론만이 크기의 차이뿐 아니라 기능의 차이를 설명할 수 있다. 여기서 필요한 것은 중심지이론과 공간 교호작용모델을 결합하여 도시 내에서 적용하는 것이다.

3) 서비스시장

한 종류의 서비스에 대한 수요와 공급으로 그 서비스의 지리적인 시장영역을 형성한다. 그리고 도시 간의 지리적인 영역은 중심지이론에서 말하는 배후지다. 하나의 중심지 내에서는 모든 사람들이 그 중심지에서 구매하지만 배후지의 경계를 넘어서면 다른 중심지를 이용한다는 것이다. 그러나 도시 내에서는 중심지의 영향력이 크기가 변한다는 것이다. 한 중심지를 벗어나면 그 중심지의 매력적 영향력은 감소할 것이고 다른 지역은 증가한다.

대부분의 서비스들은 다른 서비스의 시장에 영향이 크지 않다. 도심부의 경리직 서비스의 수요변화가 부동산중개업 서비스의 시장에 영향이 크지 않을 것이다. 그러나 위락서비스는 예외이다. 위락 서비스의 수요 간에는 상호 대체성이 있다. 사람들이 소비가 제한되어 있는데 저녁 외식에 더 많이 소비한다면 공연이나 영화구경에는 덜 소비하게 된다. 위락을 목적으로 하는 경우 서비스를 제공받기 위한 이동도 즐거워 할 수 있기 때문에 상호작용의 입지적 결과를 예측하기가 어렵다.

다른 서비스들에 대한 시장 간의 상호작용이 거의 없는데 비해서, 동일한 서비스에 대한 다른 지리적 시장들 간에는 많은 상호작용이 존재한다. 실제적으로, 대부분의 상점주인이나 쇼핑 개발업자의 목적은 다른 사람의 배후지를 나누어서 상권(trade)을 가지려는 것이다.

서비스공급의 변화에 따라 서비스에 대한 지리적 시장 영향을 예측할 수 있다는 것은 아주 중요하다. 그러한 예측은 어떻게 할 수 있을까? 입지이론들을 이용하여 설명한다. 예를 들어, 단기간 공급의 변화를 알고 있다면 수요자가 이용할 공급자들을 어떻게 변경시킬 것인가(즉, 시장지역이 어떻게 변할 것인가)? 하는 질문이다. 이 질문에는 중심지이론과 공간적 상호작용이론 모두 사용될 수가 있다. 그러나 장기간에 대해서는 다른 문제가 야기된다. 그것은 시장영역이 변화하기 때문에 공급자들이 어떻게 그들의 입지를 변화시키는가이다. 이것은 단지 중심지이론만으로 대답이 가능하다.

중요한 예로서, 대구의 동대구역에 신도심으로 하는 새로운 지역쇼핑지구를 건설하는 제안이 있다. 만약 이것이 건설된다면, 어떤 상권이 그곳에 자리 잡을 것인가, 기존의 지구들에서는 어떤 책략(catches)들이 만들어질 것인가? 그렇다면 다소 상권을 가진 기존의 많은 지구들은 그들의 가게와 사무실을 잃을 것인가? 아니면, 그들은 더 새로운 서비스지구를 운영하기 위해 새로운 도심으로 옮기는 것인가? 이러한 질문들에 대한 대답이 연구되어야 할 것이다.

3. 도시상업의 공간적 분포

1) 도시상업 분포의 유형

도시의 토지이용 분포에서 상업의 분포패턴을 공간적 질서로 이론화하는 것은 쉽지 않다. 도시의 규모에 따라 상업지 분포 양태가 다르고 상업지 이용인구와 이용자의 교통수단에 따라 상업적 분포가 상이하다. 상업지 분포에 대한 대표적인 연구로서 프라우드푸트는 1930년대 후반 필라델피아를 대상으로 5개의 상업지 계층을 제시하였다. 이들은 각각 ① 중심상업업무지구(CBD), ②부도심업무지구, ③주요도로변업무지구, ④도로변 근린상가, ⑤고립점포 밀집지 등이다(권용우외:324).

베리와 그의 동료들은 1960년대 초반 시카고의 상업지역을 유형화하면서 도시상업지역을 크게 3가지 형태로 구분하였다. 〈그림 6-3〉과 같이 중심지형 상업지구, 가로변 상업지구 그리고 특수상업지구이다. 중심지형 상업지구는 이용인구의 시장권 크기에 따라서 계층적 배열을 지니고 있다. 가장 낮은 계층의 상업중심지를 편의점 등 독립적인 상점의 분포에서 근린주구의 중심지, 커뮤니티의 중심지, 그리고 교외 부도심지구와 중심업무지구로 구분하고 있다.

가로변상업지구는 버스 혹은 자동차 이용자들의 접근 용이성 때문에 가로변에 다양한 상점이 있다. 가로변 상업지구는 계층성은 없지만 입지에 따라서 다양한 형태가 있다. 도심 인접하여 도심상업이 간선가로변으로 확장하는 경우, 이용 빈도는 낮으나 배후지역이 매우 넓은 업종들이 간선가로변에 입지하고 미국 등에서는 고속도로변 대규모 쇼핑몰 등이 여기에 해당한다.

특수상업지구는 대도시내에 나타난다. 대도시권에서 자동차판매지구, 의류집적지구, 가구판매지구, 골동품판매지구, 인쇄 집적지구 등이 대표적인 예이다. 유사업종의 업체들이 군집하여 특정의 명성으로 넓은 시장영역을 확보한다. 특수상업지구가 도시규모와 업종에 따라 분포양상이 다르다. 가구 특수상업지구는 도시 내 여러 곳에서 입지하나 골동품 판매점 등은 대도시 내 하나의 특정지구에 입지한다. 도시의 상업분포를 세 가지 유형으로 구분하여 시장권을 분석하는 것이 상업입지 이해에서 기본적인 요소이다.

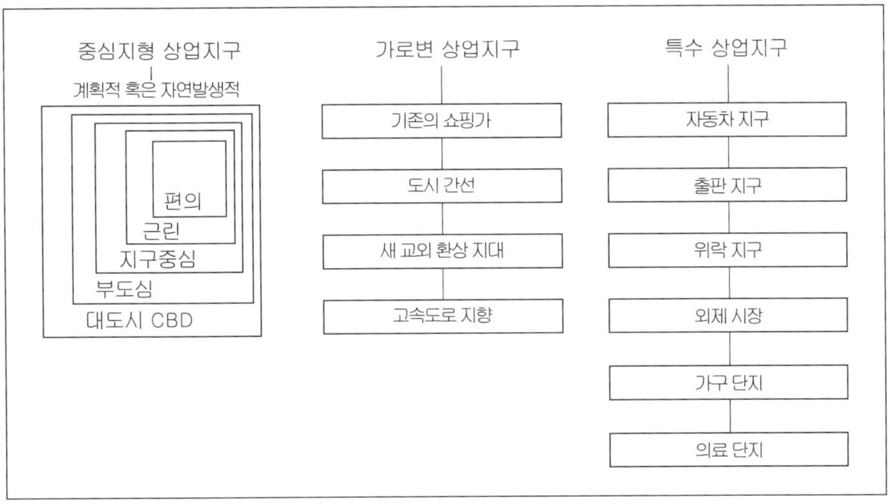

자료 : 〈트루먼 A. 핫숀: 484〉에서 재인용

〈그림 6-3〉 대도시 상업지 분포 유형

2) 중심지형 상업지구의 유형

중심지구(center)는 주로 일상생활에 필요한 재화와 용역을 공급하는 상업지역이다. 중심지구의 공간분포에서 나타나는 가장 큰 특징은 계층구조를 이루고 있다는 점이다. 베리는 이러한 계층을 가장 높은 계층인 중심업무지구(CBD : Centural Business District)로부터 부도심상업지구(regional shopping center), 지구중심상업지구(community shopping center), 근린생활권상업지구(neighborhood business center), 그리고 가장 낮은 계층인 편의점(convenience store)에 이르기까지 5계층으로 구분한다. 각 중심지는 중심기능과 규모에 따라 어느 정도 차별화되는 특징을 나타내고 있기 때문에 이러한 계층은 중심지이론을 원용하여 이해할 수 있다.

상업지의 계층은 각종 기능들의 다양한 최소 인구규모와 최소 상점을 갖는다. 즉, 각종 상업을 지탱할 수 있는 고객수의 확보가 필요하다. 고객들은 상점이용의 빈도가 상이하다. 낮은 최소인구, 높은 구입 빈도의 품목들을 소규모 상권을 갖는 낮은 중심지에서 볼 수 있고 반면, 높은 최소인구, 낮은 구입 빈도의 품목들은 보다 큰 규모의 상권을 갖는다. 실제로 기능들을 세어보면 낮은 중심지인 슈퍼마켓의 수가 많고 고차중심지인 백화점의 수는 더 적다. 도시의 고객들은 잡화를 구입하는 빈도가 많으므로 그 쇼핑 통행거리는 짧다. 반면 주요 가구설비는 구입 빈도가 낮기 때문에 장거리 쇼핑통행을 하게 될 것이다. 도시내의 상업입지 패턴을 이해하는 핵심요소는 이러한 소비자의 행태적 특성이다.

우리나라 도시의 상업지역 공간구조 연구에서도 계층구조가 나타나고 있다. 김인(1991)은 1980년대 초 서울을 대상으로 상업중심지 계층구조를 5계층으로 확인하였다(표 6-1 참조). 이들의 입지 패턴은 〈그림 6-4〉와 같다. 이에 의하면 종로·중구가 서울의 중심업무지구로서 최고 차수의 중심성을 가지고 있으며 상권의 범위는 전국적이다. 2차계층인 지역상업지구는 영등포, 신촌, 청량리로서 당시의 부도심들이 여기에 해당된다. 1990년대에는 강남지역이 부도심으로 성장하여 백화점이 들어서면서 새로운 지역 상업지구로 등장하였다. 하위계층으로 갈수록 중심지의 수는 급속히 증가하고 공간적으로 분산되어 나타난다(권용우: 327).

〈표 6-1〉 서울시 상업지역계층의 공간적 유형

계층	중심상권	입지패턴	상업중심지
1차계층	서울 및 전국 중심 상업지역	밀집 핵형 및 선형	중구,종로를 포함한 도심간선도로 관통 상가지역
2차계층	지역중심상업지역	밀집 핵형	영등포구역, 신촌지역, 청량리지역
3차계층	지역중심 상업지역	국지형	화곡, 개봉·신길, 봉천, 천호·잠실, 남영동, 이태원, 마장동, 삼선교, 미아, 수유, 영천지구
4차계층	근린주거 중심상업 지역	분산형	재래시장이 있거나 슈퍼체인의 분포밀도가 높은 상업지역
5차계층	편의상품취급 상업 지역	균점산재형	기타 일반주거지역

출처: 김인, 1991, 도시지리학원론, 법문사, p132에서 재인용.

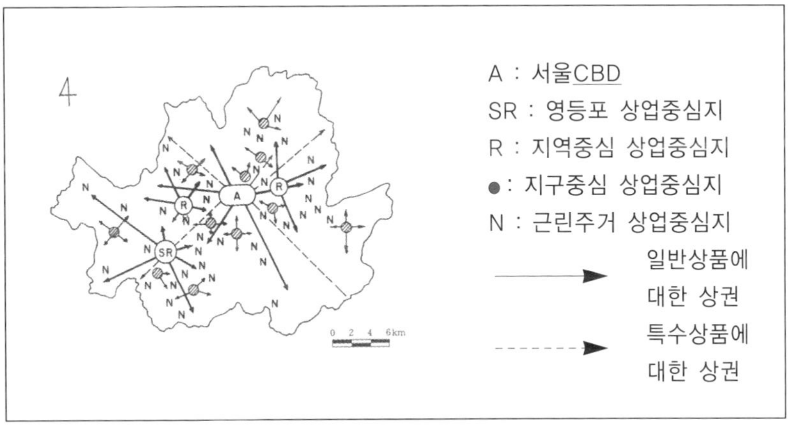

출처: 김인, 1991, 도시지리학원론, 법문사, p132에서 재인용.

〈그림 6-4〉 서울의 상업중심지

3) 가로변상업지구

가로변상업지구는 교통량이 많고 대로변에 연해서 자연발생적으로 형성된 상업집적지구이다. 이러한 지구가 발달하는 것은 두 가지 측면이 있다. 하나는 자동차에 의한 접근성이 좋고 지가가 중심지형 상업지구 보다 낮기 때문이다. 두 번째는 대중교통수단인 버스의 주요 통로이기 때문에 도로 위 버스운행 중에 점포에 대한 광고 효과가 있고 버스 주차장으로부터 접근성이 용이하여 상점이 군집하는 경우이다. 전자는 교통수단이 자동차 중심일 경우이고 대부분 가로변 상업업종은 넓은 면적을 필요로 하는 자동차판매상, 자동차 수리점, 주유소, 가구점 등이 주류가 된다. 후자는 버스가 중심적인 교통수단일 경우로서 계획적으로 개발된 상업지구 보다 노선형 상업지구가 더 번창하고 업종은 근린생활권 중심지구의 업종과 가로변 상업지구의 고유업종이 공존한다. 가로변 상업지구의 대표적인 특성이 상업의 이용빈도는 높지 않고 넓은 시장권이 필요한 상점들이 입지한다.

가로변상업지구의 입지유형은 크게 네가지 요인에 의해 구분된다.

첫째, 가로변상업지구의 위치에 따라 업종이 상이하다. 도심인접의 간선가로변은 도심의 확장 경로로서 다양한 상업이 입지하고 도시 주변부의 가로변 상업지구는 특화된 업종이거나 넓은 토지면적이 소요되는 업종이 주종이다.

두 번째는 교통특성에 따라 상이하다. 교통량의 크기, 차량교통 중심인가, 보행자교통이 중심인가, 혹은 도시 내부 진입 방향인가, 외부로 진출방향인가에 따라 구분된다.

세 번째는 주변의 거주민 소득수준과 개발밀도의 고·저에 따라 상이하다. 우리나라는 도시 시가지 확장과정에서 비계획적인 가로변 상업지의 개발이 성행하였다. 버스가 중심적인 교통수단이었을 때는 주거지내서 버스 주차장까지의 보행가로에서는 인상생활에 필요한 상업들이 발달하였고 간선가로변의 상점들은 버스 승객에게는 접근이 매우 용이하여 번창하였다.

그러나 승용차의 교통분담율이 증가하면서 간선가로변에서 주차의 어려움 등 자동차 접근성과 광고 인지의 문제 때문에 가로변 상가는 침체하고 대신 주차장 이용이 유리한 집단형 상가가 활성화되고 있다. 가로변상가의 침체는 간선가로변의 토지이용 효율성이 낮아져 가로변의 활력이 떨어지고 있다. 가로변이 활성화될 때는 밝고 통행빈도가 높았으나 침체할 경우 어둡고 적은 통행으로 거리의 안전성에 문제가 된다.

4) 특수상업지구

특수상업지구(specialized area)는 전문화된 각종 상품판매 기능들이 일정한 장소에 상대적으로 많이 모여 있는 지구이다. 대도시의 대표적인 특수상업지구는 가구단지, 골동품상가, 인쇄지구, 유통업무단지 등이 있다. 이러한 특화 상가는 도시계획에 의하여 입지한 경우도 있고 자연발생적으로 형성된 것도 있다.

서울에도 다양한 종류의 특수상업지구들이 있다. 이 중에서 대표적인 자연발생적 지구가 한약전문상가로서 동대문구 용두동 일대에 경동약령시(京東藥令市)이다. 그 외에도 종로구 인사동의 전통문화거리, 남대문과 동대문의 의류시장, 동대문구 장안평의 중고차 매매시장 등도 특수 상업지구의 예이다. 반면 계획된 지구로는 동작구의 노량진 수산시장, 송파구 가락동의 농수산물시장, 구로구 구로역 주변의 공구상가, 청계천과 용산의 전자상가 등을 들 수 있다.

특수상업지구의 특성을 잘 보여주는 예가 가구상가이다. 가구상가는 서울에 여러 군데가 있는데 교통의 편리성과 더불어, 수요처인 주변의 상업 또는 주거 특성을 잘 반영하고 있다. 예를 들어, 강남구 학동로를 따라 분포하는 논현동 가구거리에는 강남구와 서초구 일대를 상대로 고급 · 수입가구를 판매하는 고급가구점이 밀집해 있다. 중랑구 묵동의 가구거리는 중랑구와 노원구의 아파트촌을 대상으로 하여 국내에서 생산되는 다양한 제품을 판매한다. 반면 중심업무지구에 입지하는 을지로의 가구상가는 사무용 철제가구를 주로 취급한다. 물론 이들 가구상가도 서울뿐만 아니라 수도권도 상권으로 삼고 있으며, 일부는 전국을 상권으로 하기도 한다. 이처럼 가구상가는 특화되면서 운반문제로 인하여 여러 곳으로 분산되고 다른 한편으로는 수요처의 특성을 반영하여 가구의 종류에서도 전문화되고 있다(권용우 등:329).

특수 상업지구의 입지요인은 집적경제성, 이용빈도와 시장권의 크기이다. 같은 업종이 동일지구에 집적하여 지구의 명성으로 유인력이 높은 잇점이 있다. 그리고 주민의 이용빈도가 높지 않고 개별 업체의 출현빈도가 낮고 업체단위의 시장권 형성이 어려운 경우이다. 그래서 도시전체 혹은 몇 개로 분할된 지역에 여러 업체가 군집하는 경우이다.

과거의 특수 상업지구가 미래에는 어떻게 변할 것인가. 대구의 대표적인 특수 상업지구로서 명덕사거리에 인접한 자동차부속상의 군집이다. 이 지구는 1970년대부터 자동차관련 상가가 들어서기 시작하여 1980년대 초반에는 명덕네거리와 계대네거리 사이에 있던 부속품 상점들이 골목 안쪽으로 침투할 정도로 확장하였고 1990년대 이후 대구의 일반시민의 80%가 인지할 정도로 대구에서 높은 명성을 가졌다(향토지리연구회;108~113).

그러나 1990년대 중반 이후 자동차 부속상의 명성은 낮아지고 카센타 등 자동차 정비상가가 주택지구 주변으로 분산하고 자동차 부속상가도 배달 중심으로 변화하고 있다. 자동차정비 상가가 과거의 군집하는 성향에서 현재는 분산성향을 나타내고 있다. 이것의 근본적인 이유는 자동차수가 많지 않을 때는 도시전체를 시장권으로 하기 위해 자동차정비와 부품상은 집중이 필요했지만 점차 자동차의 보급이 확대하여 주택지구 단위로 자동차 정비상가 시장권이 분할되었기 때문이다.

현재 대구는 도심에 위치한 남성로에서 과거 한약재상과 한의원 집중지구의 명성을 복원하여 전통성 있는 약령도시의 조성을 시도하고 있다. 어떻게 하면 현재 분산된 한의원의 분포를 다시 집중을 유도할 수 있는가는 명덕네거리의 자동차부속상의 분산성향에서 지식을 얻을 수 있다. 일반시민의 한약에 대한 접근이 한의원 중심이고 한의원이 주거지의 시장권으로 분산되는 것이 시장의 논리이다. 남성로의 한약특구가 성공하기 위해선 이러한 시장기능을 제어할 수 있을 정도로 유인력이 큰 시설의 유치가 있어야 가능할 것이다. 어떤 시설이 그러한 기능을 수행할 수 있을 것인가가 남성로 한약특구 성공의 요체이다.

4. 도심의 성격과 변화

1) 도심의 성격

도심의 용어

도심이라는 말 자체가 도시의 기하학적 중심의 의미를 내포하고 있듯이 도시 내 모든 지점에서 접근성이 가장 유리한 지점이다. 그래서 도시전체의 가장 중심적 상업지역이고 도시의 중추적인 관리지역이기도 하다. 학문이나 일상에서 도심에 대한 용어가 다양한 의미로 많이 이용되고 있다. 영어에서는 다운타운(downtown)이라는 말은 도심을 지칭하는 근대식 표현이지만 도심부 중에서 특히 위락시설과 대규모 백화점들이 자리 잡고 있는 가장 번화한 지역을 의미한다. 그리고 미국의 도시지리학 관련 문헌에서는 도심을 흔히 중심업무지구(CBD : Central Business District)라고 정의하고 있다. 이것은 도시에서 상품이나 서비스의 판매활동, 그리고 다양한 사무실 활동의 수행 등으로 사적인 이익을 추구하는 행위가 완전히 지배하는 지역이다(김창석 외: 21).

중심구역(Central area)은 영국 등에서 특정 유형의 도시계획적 문제가 발견되는 지역을 구획하기 위한 일종의 계획구역이다. 그리고 일본의 중심시가지 활성화법에서 중심시가지는 특정시가지에 상당수의 소매상업 및 도시기능이 집적하여 있음으로 말미암아 해당 시 · 정 · 촌(市 · 町 · 村)의 중심역할을 하고 있는 시가지라고 정의하고 있다(광주광역시:13).

도심과 CBD 간에 통상구분 없이 이용하고 있는데 용어에 차이가 있는가? 일본의 도시지리학자인 服部銈二郎은 중심성의 농도가 매우 높은 고차적인 기능을 도심적기능이라고 부르면서 이 기능이 가장 많이 집적해 있는 지역을 도심이라고 정의하고 있다. 그는 도심의 기능을 크게 공공의 관리기능과 기업 및 서비스의 기능으로 구분하여 도심에 지방행정, 국가행정, 기업관리 등의 기능을 포함하고 있다. 미국지리학자들은 CBD의 기능을 사적이윤 추구에 대한 것에 비해 服部銈二郎은 CBD기능에 공공관리의 중추기능을 추가한 것이다. 그러나 도심기능과 CBD기능 사이에 차이가 있으나 실제의 공간영역에서는 비슷한 공간적 범위를 갖기 때문에 구별 없이 사용하고 있다(김창석외: 22-23).

도심의 특성

도심은 높은 지가 때문에 고층건물이 군집하여 시가지의 외양에서 차이가 난다. 도심의 역할은 그 물리적 구조물의 한 형태로서 끝나지 않고 전통적으로 도심은 그 도시의 사회 · 경제적인 활력과 힘을 상징한다. 비교적 좁은 지역에서 강력한 수준의 개인적 직업적 상호작용은 매우 역동적인 분위기를 만들어 낸다.

도심의 가장 대표적인 특징의 하나가 도시의 중심성을 갖는 것이다. 이것은 교통노선의 집중에 의한 도시전체에 대한 접근성이 가장 양호하여 도심이 발전하고 "모든 길은 도심으로 통한다."라는 말에서 알 수 있듯이 전통적으로 도심은 활동의 중심지로서 명성의 대명사이다.

도심의 두 번째 특성은 고지가에 따른 고밀도 토지이용현상이다. 도심이 갖는 양호한 접근성이라는 입지적 잇점을 도심부 내의 토지를 둘러싼 기업체 간의 치열한 입지경쟁을 유발하게 되어 지가를 상승시키게 된다. 그 결과 토지가 매우 집약적으로 이용함에 따라 고밀도의 도시공간을 창출하게 된다(김광석외).

〈그림 6-5〉은 대구 중구의 필지별 지가 분포를 입체적으로 보이고 있다. 지가 수준이 도심핵에서 극지점을 이루다가 600m까지 급격히 낮아지고 그 이후 편편한 형태의 지가분포를 보인다. 지가에 의한 도심영역이 확연히 구별된다.

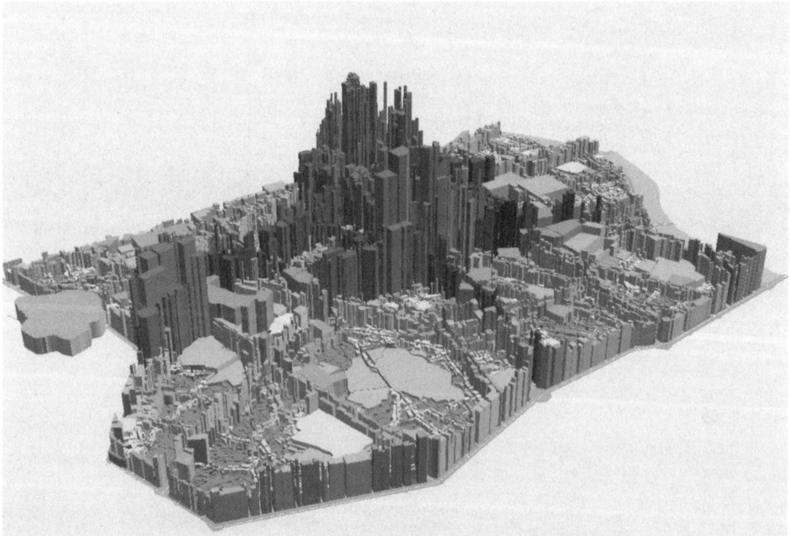

〈그림 6-5〉 대구 도심의 지가분포(2000년)

세 번째의 특징은 인구의 도심공동화이다. 도심내 상업 · 업무활동이 집중하여 상주인구는 크게 감소한다. 도심에서 주거기능의 이탈은 교외의 신시가지개발과 교통수단의 개선에 의해 나타나는 우리나라 도시의 일반적인 현상이다. 대구시의 경우 도심을 포함하고 있는 중구는 1980년 인구가 219천명 수준이나 2000년에는 86천명으로 1980년 인구의 40%수준으로 격감하였다. 이러한 인구감소는 도심에서 현저하다.

통상 도심공동화는 도심에서 인구감소현상을 지칭하고 이것은 도시의 성장과정에서 일반적인 현상이다.

그러나 도심의 문제는 도심의 경제적 쇠퇴의 결과로 나타난 경제적 공동화 현상이다. 도심부에서 고용이 감소하고 주거용지가 상업용지로 전환하는 도심의 경계확장도 중단되고 오히려 도심내의 상업활동이 위축하여 지가가 하락하는 현상까지 초래하기도 한다. 도심의 경제적 공동화 진행은 도심 토지이용의 효율성 저하뿐 아니라 도시의 중심성이 쇠퇴하여 도시 전체적인 성장의 역동성이 침체하는 결과를 초래한다.

대구시도 2000년을 기점으로 경제적 공동화의 징후가 있다. 1997년의 IMF 사태와 1990년 후반이후 도시내 대규모 소매장이 지역별로 입지하면서 도심의 소매 판매력이 현저하게 쇠퇴하고 있다. 1996년 중구의 고용자수가 123천명이나 2001년에는 93천명으로 5년 사이에 76% 수준으로 감소하였다. 1996년까지 고용자수가 계속 증가하였던 것과 대조하면 도심의 쇠퇴현상은 분명히 진행되고 있는 현상이다.

네 번째의 특징은 도심 내부의 토지이용이 결코 동질적이 아니다. 머피(Marphy)와 반스(Vance)는 도심을 상업집약면에서 매우 다양하고 가장 고밀도인 장소를 도심핵(hard core)이라고 정의하여 대도시에서는 "도심속의 도심"에 해당하는 지구이다. 도시내에서 지가가 가장 비싼 첨두 지가지점이 포함되고 주로 유명백화점과 전문상가, 은행 및 기업체 본사, 고급호텔과 극장 등을 포함하여 명실 공히 상업업무지구를 형성하는 도심의 핵심구역이다. 그리고 도심 주변지구는 핵심지구 외곽에 발달한 경공업지구, 교통터미날지구, 창고업무지구, 특수상업지구, 특수서비스지구 및 고층아파트지구와 같은 지역들의 분구의 형태로 나타나는 변이지구이다(김창석 외: 29).

도심의 변화와 대응

도심연구로 유명한 반스(Vance)는 도심의 변화를 7가지 과정*으로 구분하여 정의하고 있다. 그 중에서 넷째 단계인 도심영역의 확대과정과 다섯째 단계인 복제도심의 등장과 도심의 기능재조정 과정이 있다. 후자의 과정은 도시의 영역이 외곽으로 확대되어 성장해감에 따라 "도심의 복제판"이라고

주* 도심변화의 7가지 과정
①도심형성 ②축출과정 ③분화과정 ④확대과정 ⑤부도심생성 ⑥재개발과정 ⑦다수의 도심

할 수 있는 부도심이나 쇼핑센타 등이 도시의 외곽에서 생성되고 그 영향으로 기존 도심부의 토지이용에서 재조정현상이 나타나는 단계이다. 도심기능의 재조정은 새로운 쇼핑센타의 조성이나 급격한 변화까지도 포함되는 적응과정이다.

그리고 여섯번째로 재개발과정을 제시하고 있다. 시가지의 노후한 구조물과 열악한 기반시설 때문에 기존 도심기능의 쇠퇴를 개선하기 위해 도심재개발사업이 시행되는 단계이다. 그리고 마지막 단계는 도시 내 여러 개의 영역들이 존재하여 도심이 더 이상 도시전체를 지원하지 못하고 단지 여러 개의 중심지들 가운데 하나이고 그것이 관장하는 도시의 중심영역만을 주로 서비스하게 되는 단계를 말한다(김창석 외: 30-32).

도심의 발달 단계는 전국의 도시화단계와 도시의 규모에 따라 상이하다. 2000년도 서울의 경우에는 이미 7단계에 진입하여 기존 도심이 여러지역의 중심지 중 하나의 역할을 수행하는 수준이다. 대구 등 지방대도시는 앞에서 지적한 바처럼 도심의 확대과정은 지났고 부도심 생성의 시기와 도심재개발단계가 병행하여 진입하는 단계이다. 아직 복제도심인 부도심의 출현까지는 이행되고 있지 않고 있다.

미국 도시에서 도심의 변화는 우리나라의 상황과 상이하지만 변화의 논리는 우리나라에도 동일하게 적용된다. 시가지의 저밀도 확산과 도시내부의 지역간 고속도로가 관통하고 도시 외곽 고속도로 인접한 곳에 대단위 쇼핑몰이 발달하여 도심상업의 쇠퇴를 촉진하였다. 미국의 도심 연구에 의하면 1950년대까지를 도심의 지배시대, 1950년대에서 1970년대를 도심의 퇴조시대라고 하고 있다. 도심의 퇴조는 도심의 소매업 판매비중이 격감하면서 소매업이 크게 분산하는 성향을 말한다. 그리고 1970년대이후 미국은 도심 대체시기라고 한다. 1970년대에 소매업 판매량의 계속된 퇴조에 대한 다양한 대응방법을 통해 그러한 유출을 저지할려고 노력해 왔다. 도시 외곽에 광역(regional) 및 초광역(super-regional) 상업중심지가 도심에 비해 더 넓은 상권을 갖고 소매공간이 더 큰 경우로 개발되기도 하였다(트루먼 A. 핫숀, 안재학 옮김: 451-452).

이러한 상업 입지패턴 변화의 주요요인이 자가용 보유율의 증가와 대량판매 기술시대이다. 반스가 제시한 도시의 총체적 상업패턴의 요인을 다음과 같이 제시하고 있다.

① 자동차에 의한 소비자의 이동성과 선택의 자유를 제공
② 구매력과 기호의 변화로 판매량의 증대와 소매공간 확대의 수요를 유발
③ 새로운 주택패턴으로 오래된 도심지역 외부로의 원심적 인구이동
④ 도시개발사업정책의 변화를 통해서 대규모 필지들을 계획된 센타들로 만드는 경우
⑤ 판매활동의 변화에서 보다 넓은 상점들이 선호되고 건물디자인의 변화와 개조를 야기한다.

도심에 대한 정책적 논란은 쇠퇴하는 도심을 재생하여 활성화시켜야 한다는 논지와 시장기능에 의한 도심의 쇠퇴는 방치될 수밖에 없다는 논리이다. 전자의 주장에 의하면 도심이야말로 도시의 심장이고 어떠한 도시도 강력한 도심 없이 번영할 수 없다는 것이다. 이러한 관심을 관철하기 위해 도시의 정치적 · 경제적 기구에 접근하여 강력한 투자를 요구하기도 한다. 이의 대표적인 것이 캘리포니아에 본사를 둔 뱅크 · 오브 · 아메리카가 1996년에 "스프롤을 넘어선(Beyond sprawl)"이고 이것은 도시교외확산의 문제점을 제시한 유명한 보고서이다. 여기서 교외확산(sprawl)을 극복하지 않으면 캘리포니아주의 성장이 더 이상 불가능하다고 하는 메시지를 제시하고 있다(김광우 옮김: 41).

노심의 활성화방안은 도심 접근성을 향상시키기 위한 철도의 고속수송체계를 도입해야 한다는 주장이 있고 도심의 주차공간을 넓혀서 도심에의 자동차 접근성을 향상시키는 사업을 주장하기도 한다. 그리고 에너지 소비에 대한 논쟁도 도심재생의 필요성을 강조하고 있다. 지금보다 에너지비용이 높아지면 도심이 교외보다 더 효과적으로 경쟁할 것이 아닌가 이다.

반면 도심재생이 반드시 합리적인 대안이 아니라는 것이다. 예로서 교외지역에 상업이 발달하면 통근거리가 짧고 교외에서 살며 일하는 것이 교통

비를 절감할 수 있다는 것이다.

그동안 시가지의 분산화와 집중화에 대한 많은 논의에서 도심지역을 여전히 도시에서 주요한 경제적, 사회적, 심리적 역할을 담당하고 있다. 현재에 여러 가지 문제점이 있지만 앞으로 경쟁력을 유지하기 위해서는 계속해서 숙련된 계획가들의 관심과 다량의 자금투입을 필요로 하고 있다.

Beyond Sprawl의 제언

제언1. 스프롤은 결과적으로 거대한 비용부담을 가져온다.

제언2. 스프롤은 버려진 중심시가지만의 문제가 아니라 자연파괴라고 하는 커뮤니티 전체의 비용을 발생시킨다.

제언3. 스프롤의 억제는 중심시가지의 재생과 더불어 환경보호하는 측면이 있다.

제언4. 개발자체가 부정되어야 할 것이 아니라, 환경보호와의 현실적인 조화점을 발견하는 것이 중요하다.

제언5. 스프롤에 대처하기 위해서는 복수 지방정부의 연합제휴가 필요하며, 주는 지방정부의 연합제휴를 유도할 필요가 있다.

연 습 문 제

1. 중심지이론이 지역차원과 도시차원에서 적용되는 차이를 설명하시오.
2. 대형할인매장의 입지인자를 설명하시오.
3. 도시내 상업입지에서 중심지형 상업지구의 계층성을 예로 들어 설명하시오.
4. 도시내 특수상업지구 형성의 이유를 설명하시오. 특히 자동차 부속상이 과거의 집중형태에서 오늘날 분산형태로 변화하는 이유를 설명하시오. 보석상은 오히려 과거와 현재에도 계속 집중형태를 보이는 이유를 설명하시오.
5. 도시내 김밥집 혹은 햄버거 가게 등의 입지요인을 조사하여 설명하시오.
   5-1 입지의 분포
   5-2 인구수와 업체수
   5-3 상가의 입지요인 (가로망, 대중교통수단, 보행동선체계, 시장 등과 관계)
6. 도심의 쇠퇴를 인구의 공동화와 경제의 공동화를 구분하여 설명하시오. 특히 경제공동화의 이유를 제시하시오.
7. 도심의 개념을 설명하고 도심경계 설정의 기준은 어떤 것이 있는가?

참 고 문 헌

1. 광주광역시, 국토연구원, 광주광역시 도심활성화 방안연구-종합계획 보고서, 2003
2. 권용우 외 공저, 도시의 이해, 박영사, 1998.
3. 김창석 외, 도시중심부연구, 보성각, 2000
4. 김광우 역, 중심시가지 활성화, 전남대학교 출판부, 2002
5. 김 인, 도시지리학원론; 법문사, 1991
6. 김타열, 장찬호, "대구시 도심의 공간적 확장과정에 관한 연구", 영남대학교 영남지역발전연구소, 영남지역발전연구, 제 34집, 2005
7. 김타열, 장찬호, "대도시의 공간구조측면에서 재래시장의 기능에 관한 연구", 국토계획, 제 32권 제 3호, 1997,6
8. 향토지리연구회, 대구이야기, 도서출판 영한, 2003
9. 홍경희, 도시지리학, 법문사: 407.
10. Barrie Needham, How Cities Works, Pergamon Press, Oxford, 1977.

제3편 | 도시공간 형성

제 7 장 지가와 토지이용

제 8 장 도시활동체계와 도시공간구성

제 9 장 교통과 토지이용

제10장 도시내 주거지 분화

제 7 장

지가와 토지이용

1. 지대형성 이론

토지이용의 배분에서 시장원리가 작동하는 경우에 토지가격은 지대와 유사한 개념으로 이용된다. 개별 필지내 가장 높은 가격을 지배하는 자에게 그 토지이용권이 돌아가게 마련이다. 토지소유자가 누구이든 간에 경제적 이윤을 극대화하기 위해 가장 높은 지대를 지불할 능력을 가진 활동과 점유자에게 토지이용이 허용된다. 반면 토지의 점유자는 그에게 허용된 가장 효율적인 방법으로 토지를 이용한다면 지대지불의 능력으로 대지의 수익성을 비교할 수 있다. 토지의 가치가 지대로 표현되고 지대에 의하여 다양한 토지이용 산의 배분이 결정된다. 이러한 토지이용 배분의 결과가 도시의 토지이용패턴을 형성한다.

지대의 개념

지가(land value)와 지대(land rent)는 부동산의 가격과 그 부동산이 제공하는 서비스의 가격으로 설명할 수 있다. 부동산은 그것이 일정기간 동안에 서비스의 흐름을 창출하기 때문에 가치를 가진다. 지대는 일정기간, 예컨대

1년 동안에 토지자원에 의해서 창출되는 서비스의 대가이다. 지대는 토지에서 측정할 수 있는 기간이나 단위의 성격을 지닌다. 지대는 1년간 평당 얼마로 표현된다.

부동산의 가격은 부동산의 수명기간 중 매년 발생하게 될 지대의 흐름을 현재가치로 자본화한 가치이다. 연간 지대 a가 n년간 발생하는 경우 지가는 다음과 같이 표현된다.

$$P_\nu = \frac{a}{1+r} + \frac{a}{(1+r)^2} + \cdots + \frac{a}{(1+r)^n}$$

여기서 P_ν : 지가(현재가치), a : 1년지대, r : 연 할인율

지대 a가 무한대 기간동안 계속된다면 $P_\nu = \frac{a}{r}$ 이고, 먼저 부동산 가격이 주어졌다면 1년간 지대는 $a = P_\nu \times r$이다. 그러나 부동산의 현재가치인 P_ν는 우리나라에서 통상 운용되는 전세의 개념이다. 이론적으로는 전세가 부동산 가치이고 현실적인 부동산가격과는 거리가 있다. 그래서 현실적인 부동산가격은 다음과 같이 표현할 수 있다.

부동산가격 = 부동산 현재가치(P_ν)+부동산 가격상승 기대치

우리나라 도시화과정에서 토지가격이 급속하게 상승한 경험을 했기 때문에 토지가격이 현재의 경제적 가치뿐 아니라 토지가격의 상승기대치가 포함된 것이다. 투기적 수요가 높은 필지나 부동산일수록 장래 가격의 상승 기대치가 높기 때문에 토지가격이 현재의 경제적 가치와 차이가 크다. 특히 이러한 현상은 부동산 투기지역에 잘 드러난다. 도시기능이 쇠퇴하는 지역은 부동산가격의 상승기대치가 낮은 수치에 불과하다. 우리나라의 부동산 평가가 어려운 것이 부동산의 가격상승 기대치를 객관화하기가 매우 어려운 것도 하나의 이유가 된다.

농업 토지이용의 지대 형성

오늘날의 도시 토지이용 이론은 1800년대 초기 튀넨이 제기한 농업적 토지이용 모델에서 출발하고 있다. 농업적 의사결정을 결정짓는 시장기반의

영향력이 도시적 토지이용에도 영향을 미치고 있다는 것이다. 튀넨 이론의 기본적인 전제는, 도시가 농산품 판매의 시장이고 도시 주변에 예측 가능한 농업적 토지이용 분포패턴을 이룬다는 것이다. 제반 생산조건(생육계절, 토양, 비옥도, 강우량 등)이 양호한 상황에서, 수요가 최대이거나 수송비가 높은 품목들은 시장에 가장 근접해서 입지하게 되고, (수요, 운송비 등에서)요구수준이 낮은 품목들은 보다 먼 지점에 위치하게 된다.

〈그림 7-1A〉은 시장에서 밀의 판매수익이 톤당 60달러이다. 이 수치는 시장판매가 1백달러에서 생산비 40달러를 뺀 수치이며, 시장의 경제지대는 60달러가 된다. 시장에서 일정거리를 둔 어느 지점의 지대는 운송비 수준에 비례하여 감소한다. 운송비가 마일당 6달러라고 가정하면, 시장으로부터 5마일 떨어진 지점에서는 지대가 30달러 감소하고, 그 결과 수익은 30달러가 된다. 거리가 10마일 떨어지면 추가로 운송비가 30달러 들게 되고, 그 결과 지대는 0이 된다. 그 이상 떨어진 지점에서는 지대가 마이너스(-)가 되기 때문에 밀 생산은 경제성이 없게 된다.

시장에서 거리에 따라 지대를 연결하는 선이 바로 입찰지대곡선이다. 시장가격이 오르면 곡선은 상승하고 생산은 더 먼 범위까지 확장될 수 있다. 시장가격의 하락은 생산지역을 축소시킬 것이다. 운송비 변화도 이와 비슷하게 생산지역을 변화시킬 것이다. 운송비가 높아질수록 곡선의 기울기는 급해지고 생산지역은 축소된다. 운송비율이 줄어들면 곡선은 완만해질 것이고, 그에 따라 더 먼 거리에서도 생산이 가능하게 된다.

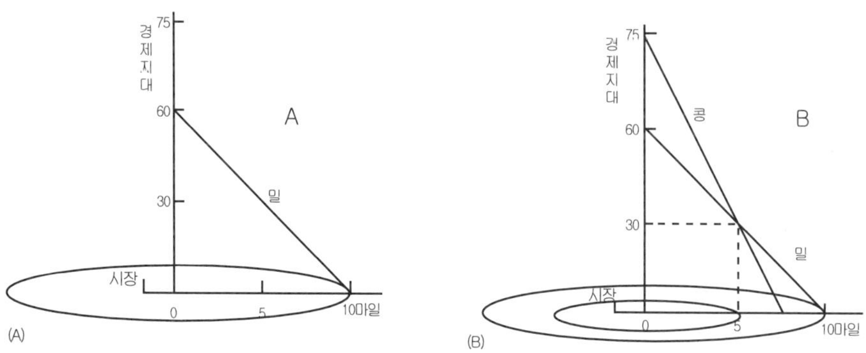

자료 : (트루먼 A. 핫숀, 안재학 옮김 : 300) 재인용

〈그림 7-1〉 튀넨의 농업지대 곡선

두 가지 상품에 대한 입찰지대 곡선을 비교하면 시장주위에서 동심원 모양의 토지이용이 결정될 수 있다. 〈그림 7-1B〉는 (밀과 콩) 두 상품의 입찰지대선을 보여주고 있다. 콩의 지대곡선은 시장가격(1백50달러)이 밀보다 훨씬 높고 밀보다 높은 생산비(75달러)를 상쇄하고도 더 높기 때문에, 밀의 곡선보다 더 높은 위치에서 시작되고 있다. 그 결과 시장지점에서의 콩의 경제지대는 75달러이고 반면에 밀은 60달러이다. 콩의 운송비도 밀의 경우보다 높다. 시장으로부터 5마일 되는 지점에서는 운송비가 45달러이어서 경제지대는 30달러가 된다. 10마일 지점에서는 90달러의 운송비 때문에 지대수준이 마이너스(-)로 떨어진다. 이 점들을 직선으로 연결해 보면, 시장에서 5마일 이상 떨어진 지점에서의 콩 생산은 밀 생산보다 이윤이 낮기 때문에 비경제적이 된다. 그래서 시장에서 5마일 이내는 콩의 재배가 경제적이고 5마일에서 10마일 구간에는 밀의 재배가 경제적인 것이다. 이 사례에서 농업의 토지이용이 어떻게 결정되는가를 설명하고 있다(트루먼 A. 핫숀, 안재학 옮김 : 298-299).

2. 지대와 토지이용

1) 주거용 토지이용과 지대

단순모델

도시적 토지이용에서 지대 발생을 농촌토지이용에서 생성되는 지대와 비슷하게 설명한다. 도시의 주거용 토지이용을 다음과 같이 단순하게 가정하여 지대가 도심의 교통비용 절감에 의해서 생성된다고 설명한다.

① 평탄한 지형과 어느 방향으로도 도심의 접근비용은 거리에 의해 결정되는 교통평면

② 도심에 모든 생산과 분배활동이 집중

③ 도시 인구의 가구특성, 취향, 소득이 동일하고 동일한 주택에 거주

④ 주택건설비용과 유지관리비용이 도시 전역에 동일

〈그림 7-2〉는 X축이 도심과의 거리이고 Y축이 가계의 1년동안 주택비 및 교통비의 지출 합계이다. 이 그림에서 OA는 모든 가구의 1년 주택비용이고 도심에서 거리에 따라 교통비용이 증가한다. E지점은 도시의 경계이다. 이것은 행정구역의 경계이기 보다 도시세력권의 경계로서 도심의 출근교통의 한계거리이다. 여기서 도심에서 OE거리만큼 떨어진 도시경계에서 한 가구의 1년 동안 주택비와 교통비의 합계가 OB이고 이중 AB가 교통비용이다. 반면 D지점은 교통비용이 AF이어서 E지점에 비해 교통비용이 BF가 절약되고 있다. D지점의 지대는 교통비가 절약되는 크기인 BF이다. 상기의 가정에서 도심에 인접한 주거지의 지대가 가장 높고 도시경계인 E지점에서 지대가 0이 된다. 도심에서 거리가 멀어지면서 지대가 감소하는 지대 감소 직선식을 나타낸다.

이것을 도심에서 지대선으로 표현한 것이 〈그림 7-3〉이다.

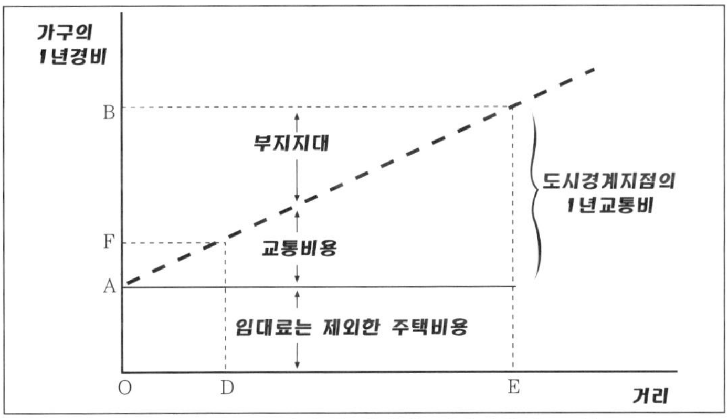

〈그림 7-2〉 도심에서 거리와 가계비용의 구성

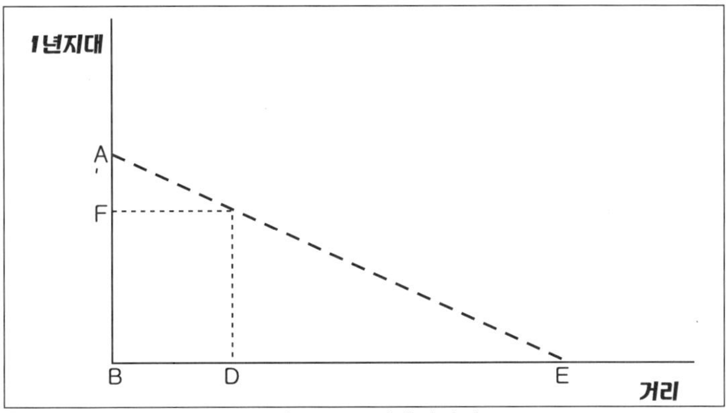

〈그림 7-3〉 지대경사선

이러한 주거용 토지이용의 지대생성 개념은 매우 단순하여 이해하기 쉽다. 그러나 도시지대에 대한 기존의 많은 연구에 의하면 지대경사선이 선형이 아니고 지수곡선의 성향이 있고 이 지대곡선이 도시마다 상이하고 같은 도시에서도 시간에 따라 변화하고 있다. 지대를 도심으로의 교통비용의 감소 대가로서 설명하는 것은 단순하기 때문에 신고전학파는 토지의 한계생산가치(VMP : Value of Marginal Product)를 제시하고 있다. 생산요소인 토지와 노동, 자본의 상호 간 대체가 가능하여 시장기능에서 투입재 배분은 이윤극대화라는 균형조건에서 결정된다는 것이다.

지대와 개발밀도

도시화 과정에서 시가지가 외연적으로 확대하면서 대도시의 지가가 급등하여 왔다. 대부분 국가의 도시화에서도 도시 지가가 상승하였으나 우리나라는 세계 어느 나라보다도 급상승하였고 이것이 많은 사회적 문제를 야기하고 있다(허재완: 120-125). 한편 도시의 부동산이 가구별 부의 주요 요소이기 때문에 부동산 가격의 변동은 많은 국민의 지대한 관심사가 되어 왔다. 서울을 비롯한 대도시에서 2000년 이후 주택분양가가 급속히 상승하였는데 주택가격 상승과 토지가격 간의 관계를 규명할 필요가 있다. 특히 2003년 국토의계획및이용에관한법률(과거 도시계획법의 대체법)이 제정되어 일반주거지역이 제1종일반주거지역, 제2종일반주거지역 및 제3종일반주거지역으로 세분하여 상한용적율을 차등적으로 설정하였고 이 차등적 상한용적율이 지가에 크게 영향을 미치고 있다. 이러한 지가와 도시계획과의 관계 때문에 시민들은 도시계획에 매우 예민한 관심을 가질 수 밖에 없다.

주택분양가의 주요 구성요소는 건축비용과 토지비용 그리고 업무추진비와 금융비용이다. 건축비용은 아파트층수 및 건축물 형태 그리고 실내장식 등에 따라 상이하지만 표준건축비에서 차이가 크지 않다. 분양가격의 편차에 가장 주요한 인자는 토지가격과 개발밀도이다. 개발밀도는 용적율이라는 지표로 나타낸다. 용적율은 건축상면적을 부지면적으로 나눈 값

$$용적율 = \frac{건축연상면적}{부지면적} \times 100(\%)$$

이고 도시계획의 밀도규제에서 주요한 지표이다. 주거지역의 용적율의 상한치가 대구시 조례에 의해 제1종일반주거지역이 200%, 제2종일반주거지역은 250%, 제3종일반주거지역은 280%로 규정되어 있다. 용적율 200%는 아파트 분양가격에서 토지가격의 $\frac{1}{2}$이 토지비용으로 환산된다. 아파트 분양가격과 용적율에 의해서 부지의 토지가격을 다음과 같은 가정에 의해 산출할 수 있다.

① 분양가격은 건축비용과 토지비용 그리고 업무추진비와 금융비용으로 구성되어 있다.

② 건축비용은 분양가가 500만원/평일 때 표준건축비가 B이고 이것은 분양가가 증감하면서 분양가 증감의 10%만큼 건축비가 증감한다.

③ 업무추진비와 금융비용은 분양가의 10%수준이다.

$$Y = \frac{1}{100} \times (0.70 \times A - B + 50) \times X^{*}$$

- Y : 토지가격(백만원/평)
- X : 용적율(%)
- A : 아파트 분양가격(백만원/평)
- B : 분양가 500만원/평 일때 표준건축비

〈그림 7-4〉는 표준건축비 B가 350만원/평이라고 가정하였을 때(이것은 2005년도에 일반적으로 적용될 수 있는 값) 분양가격이 500만원/평, 750만원/평, 그리고 1000만원/평일때 용적율의 차등에 따라 토지가격을 나타내고 있다. 이것을 일반주거지역의 상한용적율인 200%, 250%, 280%와 준주거지역 400%, 상업지역에서 허용가능한 용적율인 500%, 800%일 때 토지가격을 명세화한 것이 〈표 7-1〉이다.

주* 분양가 = 건축비용+토지비용+업무추진비+금융비용 ………………… ①
건축비용 = B+(A−500)×0.1, 토지비용 = $Y \div \frac{X}{100}$
업무추진비 = 금융비용 = A∗0.1 이므로
①식의 수식은 → $A = B + (A-500) \times 0.1 + Y \div \frac{X}{100} + 0.2$ ………………… ②
②식을 지가(Y)로 정리하면 된다

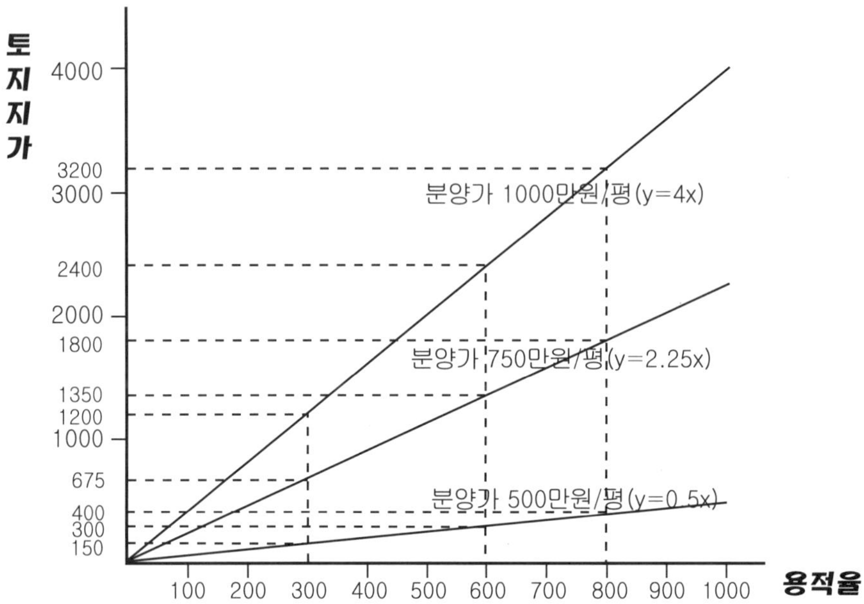

전제 : 아파트 건설비용은 분양가격 500만원/평일 때 350만원/평이고 분양가가 증가되면 증가된 분양가의 10%가 건축비증가가 되고 아파트건설의 업무추진비용과 금융비용이 각각 총 분양가의 10%로 가정

〈그림 7-4〉 분양가와 용적율에 의한 토지가격의 분포

〈표 7-1〉 분양가격과 용적율에 의한 토지가격의 평가　　(단위 : 만원/평)

구분	용적율(%) ＼ 분양가격	500	750	1000
아파트	200	100	450	800
	250	125	562	1000
	280	140	630	1120
주상복합 아파트	400	200	900	1500
	600	300	1350	2400
	800	400	1800	3200

2005년 대구시 외곽지역의 아파트 분양가격이 500만원/평이고 인기있는 주거지역에는 750만원/평 정도이며 더욱 인기있는 중심시가지에서 주상복합아파트의 분양가가 1000만원/평에서 1200만원/평까지 상승한 경우도 있다. 아파트단지의 용적율을 280%, 그리고 주상복합아파트의 용적율을 800%

라고 할 때 분양가격의 차등에 따라 토지가격은 엄청난 차이가 있다.

용적율이 280%이고 분양가가 500만원/평과 750만원/평일 때 토지가격은 140만원/평과 630만원/평이다. 분양가의 차이는 1.5배에 불과하나 토지가격은 4.5배 수준이다. 그리고 주상복합아파트 분양가가 1000만원/평이고 용적율이 800%일 때 토지가격은 3200만원/평이고, 평당 분양가가 1200만원으로 증가할 때 토지가격은 4320만원/평이다. 이것은 도시외곽 일반주거지의 140만원/평에 비해 각각 22.8배, 30.9배에 달한다. 즉 토지가 어디에 위치하고 어떻게 개발되는 가에 따라서 엄청난 토지가격의 차이를 가져오고 있다.

그리고 도시의 용도지역에 따라 토지가격의 차이가 크다. 도시외곽지의 분양가가 500만원/평일 경우도 용적율이 200%와 280%에 따라 각각 토지가격은 100만원/평과 140만원/평으로 차이가 있으나 인기있는 주거지로서 분양가가 750만원/평일 경우 토지가격이 450만원/평에서 630만원/평으로 증가하고 있다. 대부분 1종 일반주거지역은 주택의 분양가도 낮으나 인기있는 주거지는 높은 용적율로 건축되고 아파트는 분양가도 높다. 그래서 같은 주거지로서 인기있는 지역이지만 제1종 일반주거지역은 토지가격이 200만원/평 이하이나 제3종 일반주거지역일 경우 토지가격이 630만원/평에서 1120만원/평까지 평가된다. 같은 지역내 용도지역에 의해서 토지가치의 차이가 매우 크다.

그리고 준주거지역은 용적율이 400%까지 허용되기 때문에 준주거지역에 건설되는 주상복합아파트의 분양가가 750만원/평이면 토지가격이 900만원/평에 달한다.

도시계획결정이 토지가치에 얼마나 큰 영향을 주는 가를 잘 설명하고 있다. 시민들이 도시계획의 결정에 민감해지면서 도시계획결정의 합리성이 매우 중요한 과제이다.

이러한 아파트 분양가격과 토지가치의 관계에 의해서 기성시가지 재개발의 경제적 가치가 도시 크기에 따라 상이한 이유가 설명된다. 예로서 서울통근권의 경계가 평택이라고 한다면 평택에서 아파트의 가치가 500만원/평이면 서울중심시가지의 주택의 가치는 얼마나 될까? 평택과 서울 간의 통근비용, 사회문화적 환경 차등 등에 의해 서울의 가치가 결정될 것이다. 대구의 경우 시가지의 변두리가 아파트 가격이 500만원/평이나 중심부의 비싼 지구는 1200만원/평 만큼 차이가 있어 이것의 토지가격이 140만원/평에서 3200만원/평에 육박할 정도로 차등이 있다. 평당 3200만원/평 수준은 기존의 사무실빌딩과 상가빌딩을 철거하여도 경제성을 낳을 정도의 높은 지가이다.

그러므로 도시중심부와 외곽의 지가 차이가 클수록 기성시가지의 재개발 수요는 높다. 그러나 소도시의 경우 도시외곽에서 신시가지 개발지구와 기성시가지의 아파트가격은 차이가 별로 없고 대신 신시가지 개발지구에서 지가가 기존 도시 보다 낮기 때문에 재개발보다는 신시가지 개발을 선호하게 된다.

2) 지대경쟁과 도시공간구조

농업용 토지이용의 튀넨 모형에서와 마찬가지로 특정한 위치에 있는 토지는 가장 높은 지대로 지불의사를 지닌 경제주체가 차지한다. 도시상업용 토지이용에서 도심의 고밀도의 주간활동인구에 근접할수록 높은 지대지불 능력을 갖는다. 반대로 근접성이 불량한 원거리에서는 광고비 및 상품처리비 등과 같은 판매비의 증가로 입지비용이 증가한다. 농업활동이든, 근접성에 크게 의존하는 상업 및 교역활동이든, 또는 공업활동이든, 그리고 주택의 입지이든, 이들은 모두 중심시장으로부터 거리가 멀어질수록 감소하는 지대곡선이 있다.

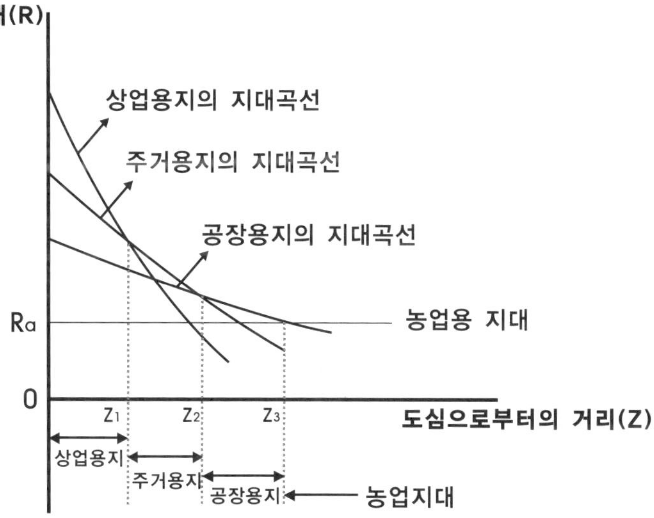

자료 : 〈김경환, 서승환 : 106〉에서 재인용

〈그림 7-5〉 단핵도시의 경쟁지대와 토지이용

〈그림 7-5〉는 도심으로부터 거리에 따라 토지이용별 경쟁지대에 의해서 결정되는 토지이용분포 패턴을 나타낸 것이다. 도심지역내 상업지역이 위치하고 외곽으로 나가면서 주거지역과 공장지역, 그리고 농업지역이 차례로 위치하는 모양을 나타낸다(김경환, 서승환; 105-106).

〈그림 7-6〉은 2000년 대구 중구의 지가분포를 용도별로 나누어서 표현한 것이다. 도심에서 600m반경까지 급격히 지가가 감소하고 이것이 900m까지 완만한 경사를 보이다가 그 이후 평탄한 모양이다. 도심에서 900m이후는 도심과의 거리영향이 크지 않음을 나타낸다. 도심 이후에서도 용도에 따라 지가의 차등은 있나. 노심상업지와 일반상업지가 높고 비정비형 주거지구가 가장 낮은 지가분포를 보이고 있다.

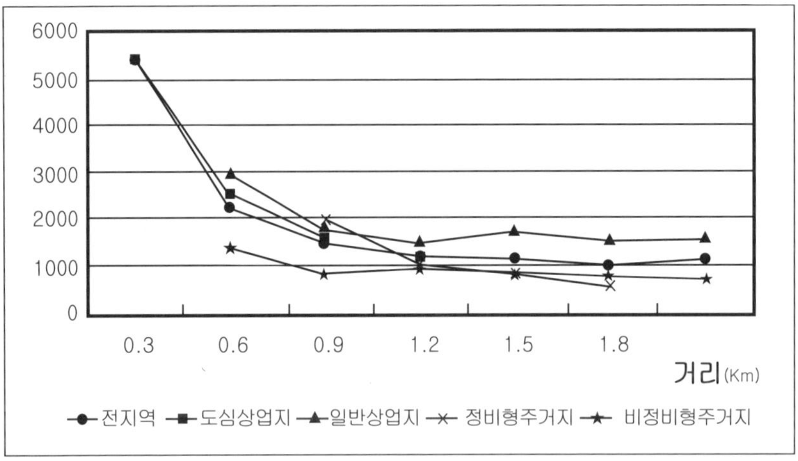

자료 : 〈김타열, 장찬호, 1999〉에서 재인용

〈그림 7-6〉 대구 중구의 용도별 지가분포

단일시장을 가정한 단핵도심의 도시공간구조는 현실성이 떨어진다. 도심에서 멀어지면서 급격히 지가가 떨어지지만 주요 상업의 결절지인 부도심이나 지구중심에서 지가가 높다. 그래서 복수시장을 가정할 때 〈그림 7-7〉과 같이 도시내 다양한 중심지의 출현이 나타난다. K_3과 K_4구간에서는 주택지대 내에 존재하는 쇼핑센터로서 약간 높은 지대곡선을 보이고 K_6로부터에 K_7이르기까지 보다 큰 지역에 쇼핑센터가 위치하여 상당히 높은 지대를 지불할 수 있다. 그리고 마지막으로 K_{10}에서 K_{11}까지 위성도시의 도심으로서 주변보다 높은 지대의 꼭지점을 형성한다.(최재환: 132-141).

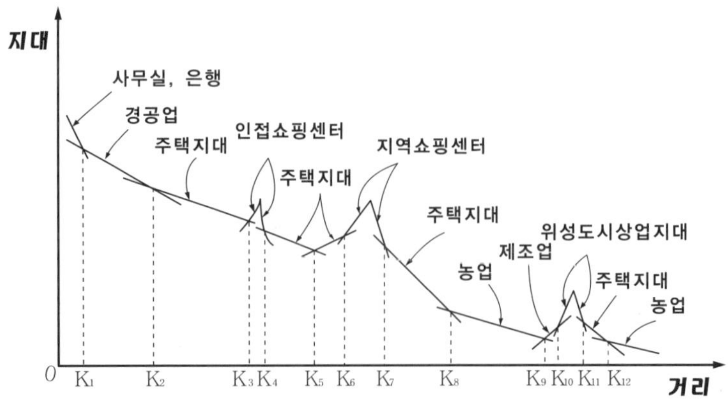

자료 : (최재선: 140)에서 재인용

〈그림 7-7〉 다핵구조의 토지이용분포

3) 전통적 토지이용론의 비판

입찰지대이론은 토지이용이 매우 탄력적이고 최선의 조합이 이루어진다는 점을 시사하고 있다. 그러나 시장경제에서의 토지소유자는 최적 배분을 방해하는 토지이용에 관한 독점력을 갖일 수 있다. 토지 배분과정은 특히 부자들에게 유리하게 작용한다. 왜냐하면 그들은 자신들의 지불능력을 바탕으로 맨 먼저 토지를 구입할 기회를 갖기 때문이다. 가난한 자들은 맨 나중에 입찰지대에 참여하기 때문에 그들에게는 가장 가치가 적은 공간이 남아 있을 뿐이다. 이 문제는 특히 주택시장에서 명백한데, 이러한 사례는 앞 절에서 도시내 유리한 지점에서 높은 분양가와 용적율에 의해서 토지가치를 극대화시키는 것도 독점지대의 존재로서 설명이 가능하다.

하비는 토지이용·배분체계의 불완전성을 보여주는 문헌에서 세 유형의 지대를 설명하고 있다. ①독점지대(monopoly rent) : 특정필지의 한정된 양과 위치적 고유성이 주어진 상황에서, "구매자의 구매욕망과 지불능력"이 지가를 다투어 올릴 수 있어서 소유자에게 다른 경우보다 높은 귀속분이 돌아가는 상황을 의미한다, ②차액지대(differential rent) : 위치상의 이점 때문에 토지소유자에게 돌아가는 초과이윤으로부터 발생하는 귀속분, ③절대지대(absolute rent) : 사회적 및 자본적 비이동성, 사적 토지소유, 시장으로부터의 거리 등으로 인해 토지이용 배정 사이에 생기는 장벽 때문에 일어나는 차액 귀속분 등이 그것이다(트루먼 A. 핫숀: 302).

도시 입찰지대모델에 대한 비판자들은, 독점지대와 절대지대가 더 중요하게 된 반면 입찰지대이론이 기초하고 있는 차액지대의 중요성은 상대적으로 낮다는 것을 지적해왔다. 자유시장에서 자본의 흐름은 전형적으로 가장 딱한 곳이 아닌 가장 이윤이 많은 곳으로 흐른다. 이러한 맥락에서 도시빈민이 가장 큰 고통을 겪는다. 왜냐하면 자본의 배정과정에서는 사회적 영향과 필요성이 고려되지 않는 경우가 흔하기 때문이다.

3. 토지이용의 변화와 지대

〈그림 7-3〉은 가장 단순한 개념에서 지가곡선이다. 그러나 이것은 정적이

고 시간과 변화를 무시하고 있다. 시간이 경과하고 인구, 소득과 기술수준이 변할 때 도시구조와 어떻게 변하는 가를 설명하지 못한다. 도시구조에 의한 지가 변화요인을 이들 두 가지의 요소에서 찾을 수 있다.

교통기술개선의 영향

〈그림 7-8〉은 주거용에 대한 토지의 경쟁지대를 나타내고 있다. 초기의 지가곡선은 AB선이고 OA는 도심에서의 지대이고 B지점은 도시의 경계이다. 여기서 기술의 발전으로 외곽에서 도심지로의 교통 시간과 비용이 감소하게 되었다. 도심의 지대가 도시 경계지점에서 발생하는 도심으로의 교통비용 만큼 생성된다고 가정하기 때문에 기술수준의 발달로 도심의 지대가 감소한 것이다. 필지크기가 일정하다는 조건을 가정한다면 도시의 외곽경계는 B지점 그대로이고 지대곡선은 A″B로 낮아진다.

지가가 낮아지면 필지의 크기가 일정하게 남아있지 않는다고 가정한다. 알론소는 주택소비면적과 접근성의 관계를 통합하는 이론을 제시하고 있다. 모든 조건이 같을 경우 지가가 낮아지면 주거의 사용면적이 증가하고 필지의 크기가 증가한다. 동일한 인구에도 도시경계가 〈그림 7-7〉의 B″로 확장한다. 그래서 지대가 A″B로 떨어지는 것 대신에 경쟁지대곡선이 A′B″의 위치로 변화할 것이다.

인구증가의 영향

인구변화의 영향은 알론소의 모델에서 쉽게 도출된다. 인구증가는 주거지면적의 수요를 증가시킨다. 새로운 주택을 공급하기 위해 도시의 경계가 외부로 확장한다. 이렇게 시가지가 확장되면 도시경계에서 도심까지의 교통비용이 증가하기 때문에 주거용 경쟁지대 곡선도 상향되고 오른쪽으로 이동하게 된다. 이러한 결과로 모든 주택의 임대료가 상승하고 대신 필지규모가 작아지는 밀도의 증가현상을 가져온다. 그래서 시가지의 영역이 인구증가 만큼 확장하지 않는다. 즉 이 모델에 의하면 인구가 증가할 경우 토지가치 및 거주밀도 둘 다 높아지고 한편 도시지역의 경계도 확장된다(Heillbrun: 136-138).

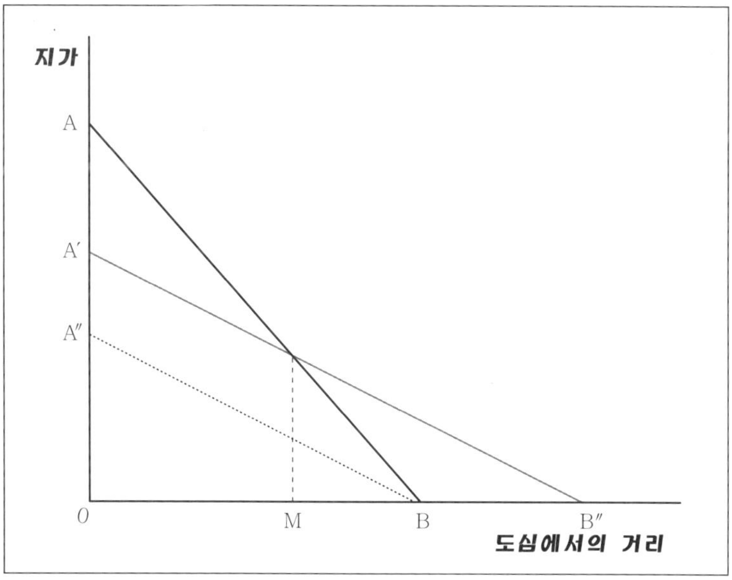

자료 : (Heillbrun, 138)에서 재인용

〈그림 7-8〉 토지이용변화와 지가의 영향

연 습 문 제

1. 개념을 설명하시오
   1-1 지대와 지가
   1-2 용적율
   1-3 경쟁지대
2. 용도지역(제1종, 제2종, 제3종일반주거지역)의 결정이 지가에 영향을 미치는 이유를 설명하시오.
3. 교통기술의 발달과 인구증가가 도시의 지가에 어떻게 작용하는가를 설명하시오.
4. 도심부에서 지가와 토지이용 간의 어떠한 관계가 있는지 설명하시오.

참 고 문 헌

1. 김경환, 서승환, 도시경제, 홍문사, 1999
2. 김타열, 장찬호, "대도시 중심시가지 지가의 공간적 분포특성과 지가 형성요인에 관한 연구", 영남대학교, 환경연구, Vol. 19 No. 1, 1999: 55-72
3. 김타열, 장찬호, "Neighborhood Effects on Land Price in the Central Area of Metropolitan: A Case Study of Daegu, Korea", 국토계획, Vol. 38, No. 4, 2003: PP. 213-223
4. 대한 국토 · 도시계획학회 편저, 토지이용계획론, 보성각, 2004
5. 최재선, 지역경제론, 법문사, 1982
6. 허재완, 도시경제학, 법문사, 1993
7. 트루먼 A. 핫숀, 안재학 옮김, 도시학개론, 도서출판 새날, 1997
8. Edwin S. Mills and Bruce W. Hamilton, 3rd ed Urban Economics, Scott, Foresman and Company, London, 1984
9. James Heillbrun, Urban Economics and Public Policy, St. Martin's Press, New York, 1981

제 8 장

도시활동체계와 도시공간 구성

1. 도시활동의 입지

1장에서 3장은 도시와 지역 간의 관계에서 상호관계를 고찰하였고 4장에서 7장까지는 도시내 건물과 인간활동의 관계를 주택, 산업, 상업 등 활동들에 대해서 살펴보면서 활동들의 입지에 관해서 설명하였다. 그러나 상호간의 관계가 도시내에서 각각 활동의 입지에 어떻게 영향을 미치는 가에 대해선 언급하지 않았다. 본 장에서는 활동, 인간, 건물들의 상호관계에서 같은 종류 활동들이 군집하여 동질적인 기능지역이 형성되는 과정을 살피고 한편 상이한 기능지역 간에 어떻게 영향을 주는가를 설명한다.

도시활동은 크게 활동 주체에 따라서 경제활동 단위인 개인 및 가구, 기업 그리고 단체이다. 이들 경제단위의 주요 활동유형은 가구와 개인은 주거활동이 중심이고 여기에는 소득 활동, 육아 및 가족활동, 교육, 사회활동, 쇼핑 등이 포함된다. 기업은 생산 활동으로서 재화생산과 서비스 제공 등의 활동으로 구분하고, 단체는 인간개발, 공공서비스 제공, 특수그룹의 복지활동 등의 일반적 복지 활동으로 분류된다. 〈표 8-1〉은 대표적인 도시활동체계의 유형이다.

차핀(Chapin)은 이들 활동들이 도시공간에 어떻게 분포하는가를 이해하기 위해서 "활동체계"라는 용어를 사용하였다. 이 장에서 논의할 내용이 첫째, 활동체계의 군집이 도시내 몇 개의 지역에 어떻게 집중하게 되는가를 서술하고, 두 번째는 활동체계 각각이 어떻게 작용하는 가를 서술하며, 활동체계의 입지의 결과를 설명한다.

〈표 8-1〉 도시활동체계의 유형

활동주체	활동유형	활동체계
가구와 개인	주거활동	• 소득 - 생산 활동 • 육아 및 가족 활동 • 교육 및 지적 개인활동 • 정신적 발전 • 사회 활동 • 레크레이션 • 클럽활동 • 식품, 쇼핑, 건강 등 활동
기업	생산활동	• 재화생산 활동 • 서비스 활동
단체	일반적 복리 활동	• 인간 개발 • 지역사회 공공서비스 • 특수그룹 복지 활동

출처 : (Chapin,1965: 226)에서 재인용

1) 활동체계 내의 상호작용

도시내 주요한 활동체계의 구성은 쇼핑, 업무, 제조업, 주택으로 구분하고 이들이 왜 각각 분리하여 군집하려는 가를 고찰한다. 건물, 주택 등이 서로 같은 활동들이 근접하려고 하는지를 설명할 것이다. 4가지 종류의 활동체계 각각이 군집하려는 이유는 2가지로 대별된다. 접근성의 필요성과 외부경제성 향유의 필요성이다. 외부경제성이란 하나의 기업 내에서 발생하는 것 보다 동일한 산업내 다른 기업에 의해 발생되는 비용의 절감을 의미한다. 한 가지 활동체계의 군집은 여타 활동체계와 대립성이 없다고 할지라도 다른 활동체계를 자동적으로 배제하는 경향이 있다(Needham: 92-98).

쇼핑

접근성 측면에서 쇼핑하는 사람들은 거리가 짧고 편리하길 원한다. 그래서 고객을 잡으려는 소매상은 주거지역과 매우 접근이 좋은 위치를 원한다. 자동차 시대 이전에 도시구조가 형성된 대부분의 서구 도시는 접근성의 극대점은 중심지이다. 상점의 군집이 가장 명백한 곳이 이곳이다.

외부경제성으로 소매상이 이익을 얻는다. 상점이 군집하려는 성향은 소비자가 최소의 노력으로 최대의 선택을 얻을 수 있도록 유사한 상점들이 서로 군집함으로써, 소비자 행동에 응답하는 것이다. 비교되는 상품을 판매하는 상점인 경우에도 더 경제적이다. 이웃의 가게가 경쟁적으로 보일지라도 사실은 상호보완적인 관계이다.

어떤 상점들의 군집은 이들 소매상 사이의 사업(업종) 연결에 의해서 더욱 장려될 것이다. 예를 들어 한 골동품의 대부분 거래는 다른 골동품 거래에서 파생되고, 이것은 교역지역 내에서 전문화(Specialization)하는 경향으로 촉진된다.

이것을 보다 잘 이해하기 위해, 자문해 보면 내가 어떤 종류의 구두를 사고 싶은지 확실히 결정하지 않고 구두를 사러 간다면 어디로 갈 것인가? 대부분 사람은 중심시가지에 간다고 응답 할 것이다. 이것은 가장 좋은 선택을 하기 위해, 여러 상점들을 들러볼 수 있기 때문이다. 그리고, 당신이 구두를 팔길 원한다면(지대를 지불할 여유가 있다면)어디에 가서 장사를 할 것인가의 대답도 중심시가지일 것이다.

업무

도시규모에 따라 업무활동의 필요한 양은 차이가 크다. 그러나 업무활동의 입지도 접근성이 필요하다. 고객에게 먼저 접근성이 좋을 필요가 있고, 이것 때문에 상점과 같이 도시내 혹은 교외 중심지에서 단지를 찾게 한다. 개별 서비스를 공급하지 않는 사무소 -예로, 제조업체의 본사, 은행 및 보험건물- 도 접근성을 필요로 하고 있다. 이 이유는 그들 근무자에 대한 접근성이 필요하기 때문이다.

이들 사무소는 흔히 매우 크고, 다른 것들과 강한 군집력이 있기 때문에, 혼잡이 너무 심해서 그들 직원들 전부가 승용차로 출퇴근할 수가 없는 경우도 있다. 그래서 이러한 사무소는 대중교통의 접근이 용이한 장소를 찾는다. 게다가, 이런 곳은 극소수이고 가장 접근성이 좋은 위치는 중심지이다.

사무소의 군집에서 생기는 주요한 외부경제성은 사무소 간 정보교환의 필요성이다. 대부분의 정보교환은 근무자들 간 직접적인 접촉과 짧은 만남에서 이루어지며, 근무자들 간의 빈번한 접촉을 필요로 한다.

제조업

제조업에서 좋은 접근성의 필요성은 지난 20-30년 동안 상당히 약해지고 있다. 기업의 근로자는 쉽게 통근할 수 있을 필요가 있고, 그들의 통근의 대부분은 대중교통수단이었기 때문에, 기업은 대중교통수단의 결절지, 특히 도심 부근에 입지를 선호하였다.

작업장까지 자동차의 통근이 점차 증가함에 따라, 가장 양호한 접근성 지점으로의 이동이 주요 논점이 아니어서(예로, 도심에서 교외로) 접근성의 이점은 사라지고, 몇 개의 지역에 집중하는 성향이 낮아지고 있다.(많은 사람들이 걸어서 통근한 시대에는, 노동자들 가까이에 기업이 입지하여, 기업의 분산을 야기시켰다는 점을 기억하면 매우 흥미롭다.)

노동을 필요로 하는 것과 마찬가지로 에너지가 필요하다. 에너지가 석탄에 의해 공급될 때는 에너지 수송비용이 크기 때문에 많은 기업들이 탄광 주위로 군집하게 되었다. 점차 가스나 기름(파이프라인에 의해 수송가능)혹은 전기(전선을 따라 전달)를 많이 이용함으로써 그러한 군집성향은 약해졌다.

또한, 기업은 중간재나 원료 등의 투입재와 생산품에 대한 수송비용이 저렴하기를 바란다. 철도나 수로가 수송수단일 때는, 수송수단에 접근하려는 성향은 몇 개의 지역에 집중시켰다.

그러나 오늘날은 공업의 수송이 주로 도로시스템에 의존하고 있어서, 이러한 접근성의 이점은 넓게 분산되고 있다. 이러한 이유로, 제조공장의 좋은 입지조건에 대한 필요성이 과거와 같이 밀집된 군집현상을 야기시키지 않고 있다. 그러나 그러한 논의는 밀접한 접촉이 필수적인, 국지적(소규모지역) 시장을 위해 제조하는 업체에는 해당이 되지 않는다. 예를 들면, 패션적인 봉제산업과 인쇄업이 도시 중심지에 입지성향이 있다. 이 경우는 좋은 접근성에 대한 필요성이 아직 남아 있고, 업체들을 도심에 군집하게 한다.

제조업체가 서로 가까이 위치하려고 하는 속성을 설명하는 외부경제성이 있다. 이에 대한 몇가지 보기를 들자. 업체들이 특정의 도로나 공학적인 서비스(예를 들어 높은 전압의 전기, 특정의 폐기물 처리시설)가 필요한 경우 공장 개개가 분리되어 있는 것보다 다수의 공장이 집적하므로 저렴하게 이들을 공급받을 수 있다. 노동자를 위한 서비스는 다수 업체가 모여있으므로 더욱 저렴하게 공급될 수 있다. 예로, 업체가 다른 업체 가까이에 위치한다면, 그들은 그들 직원들을 위해서 사적인 카페가 근접해서 제공될 것이다. 만약 동일한 기업이 교외에 단독으로 있다면, 그들은 자신의 매점내에 제공해야 할 것이다.

업체는 일의 일부분을 공정이 전문화된 전문기업과 하청계약함으로써, 일을 더욱 저렴하게 할 수 있을 것이다. 이러한 전문 하청업체들은 다수 기업들 주변에서 충분한 고객을 확보할 수 있다. 그래서 그들은 업체들이 군집된 곳 가까이 위치한다. 이러한 산업간 연계가 발달되면 산업복합체(Industrial complex)로 발전한다.

주택

도시 토지의 약 40%이상을 주택이 점유하고 있다. 그래서 앞의 쇼핑, 사무소, 제조업체들처럼 군집하고 분산되는 기회가 별로 없다. 그럼에도 불구하고 위에서 이용한 분석의 방법이 주택의 경우에도 적용하는 것이 도움을 줄 때가 있다. 우리는 접근성에 대한 필요성과 외부경제성의 소망이 하나의 도시내에서 주택들을 군집되게 하는 것은 아니라는 것을 발견할 수 있다. 오히려 이들은 많은 소규모 도시로의 군집보다는 소수의 대도시로 군집하는 성향이 있다.

사람은 그의 집에서 직장, 상점, 학교까지 쉽게 통행하길 바란다. 이러한 시설들은 자체는 군집되어 있고 주택들은 이러한 군집된 곳 주변에 위치하려고 한다.

가구들이 주거지내 도로, 공공서비스, 진료소, 기타 외부서비스에 대해 돈을 지불해야 한다면, 가구들이 같이 모여있는 것이 더 경제적이다. 이러한 간선기본시설과 사회적 쾌적성이 인구가 분산되어 있는 것보다 집합되어 있을 경우가 더 저렴하게 공급될 수 있기 때문이다.

배척의 과정(The process of exclusion)

동일한 활동을 갖는 건물 및 주택이 함께 모여 있길 원한다면 그들은 또한 그 지구의 토지와 건물에서 다른 활동을 배척함으로써 그렇게 할 수 있다. 군집의 욕구가 있으면, 또한 활동의 입지적 분리가 있다.

배척의 과정이 어떻게 진행되는가? 가장 간단한 대답은 토지시장을 통해서이다. 이 말은 무엇을 의미하는가? 만약 공간에 대한 경쟁이 있고, 두 가지의 서로 다른 활동들이 똑같은 지역에 입지하기를 원한다면, 이 경우 부지가 어떤 활동에 더 많은 가치가 있을 때는 이 활동이 더 많은 금액을 지불하고 그 부지를 차지하게 된다. 그러면 나머지 활동은 자기에 더 가치가 있는 여타의 부지를 찾아야 한다. 이러한 방법으로 활동체계는 각각을 배척하고 그들이 군집할 수 있도록 입지를 찾는다. 건물의 수명이 토지이용의 변화를 느리게 하기 때문에 그 과정은 급격히 진행되는 것이 아니라 서서히 진행된다.

모든 활동들은 접근성이 쉬운 위치를 원하고 있고, 중심지가 접근성이 최대가 되는 위치이므로 모든 활동체계들은 중심지에 위치하려고 한다. 그러한 공간에 대한 경쟁에서 누가 이길까? 서구도시에서는 보통 상점과 사무소들이 중심지에 위치하고 있다. 여타의 활동들에 비해 더 가치가 있기 때문에, 경쟁에서 유리하기 때문이다. 그렇다면 왜 그렇게 되는가?

그것은 그들의 접근성에 대한 필요성과 도시전역에 대한 접근성이 어떻게 변하는 가에 달려 있다. 서구 도시의 동심원 모델에서 제조업은 그 다음 접근성이 좋은 위치를 택한다. 주택은 여기서도 배척되고 교외로 나가게 된다.

우리는 시장의 힘에 의해 배척이 어떻게 일어나는 가를 서술하였다. 또한 하나의 토지이용을 위해 토지를 구획하는 도시계획에 의해 배척이 만들어진다. 토지이용계획에서 목적된 것을 제외하고는 모든 토지이용을 배척할려는 경향이 있다.

2) 활동 간의 상호관계

활동체계 사이의 두 가지 유형의 교호작용은 이미 논의된 바와 같이 유인과 배척이 있다. 유인이란 접근의 필요성으로 활동체계가 서로 간에 가까이 위치하려는 속성이다. 예를 들면, 쇼핑의 입지에 대한 공간적 교호작용이론에서, 주택 가까이 입지함으로 상점에서 얻어지는 편익을 강조한 바 있다. 배척은 지금껏 논의한 바와 같이 소극적 배척은 하나의 활동체계에 의해서 다른 모든 활동체계들을 배척하는 것이다. 세 번째 교호작용의 유형은 활동체계 서로 간의 분화이다. 배척은 이용을 멀리하게 하는 것이라면, 분화는 이용의 그룹을 분리되게 하는 것이라고 하였다. 배척은 피동적인 반면 분화는 능동적이다. 분화에 대한 두 가지 중요한 사례가 아래에 설명되어 있다.

주택과 공업

대부분의 사람들은 공장에서 생기는 소음, 경관, 교통, 매연 등 때문에 제조업체 가까이 살기를 원하지 않는다. 공장을 싫어하는 것은 공업이 더럽고 소음이 많았던 초기단계에서 유래된 것이라 할 수 있다. 그러나 현재의 공업은 좋은 이웃이 된다고들 제의 하는 경우가 있다. 게다가, 주거지역내 조그만 공장에 일하는 어머니에 대한 가치는 기억되어야 할 것이다. 그럼에도 불구하고 사람들은 여전히, 공장에서 떨어져 깨끗하고 조용한 완전한 주거지역 및 교외에서 살기를 원한다.

쇼핑과 기타 이용

소매상은 연속적이고 중단되지 않는 쇼핑의 전면(frontage)이 그들의 상점에서 판매를 높이는데 필수적이라고 믿고 있다. 쇼핑의 전면이 단절되면

(예를 들면, 사무소, 부동산 소개소, 차고, 주택 등에 의해) 거리에서 쇼핑하는 사람에게 그곳의 매력성이 감소되기 때문이다. 이러한 신념을 뒷받침할 만한 뚜렷한 증거가 없음에도 불구하고 소매상, 쇼핑 개발자와 종종 도시계획가까지도 쇼핑거리에서 다른 이용을 적극적으로 못하게 하고 있다.

쇼핑거리에서 기존의 상점들인 보험중개자, 건물협회, 여행안내소, 부동산 중개업 등의 사무소 용도로 건물의 이용을 바꾸고자 하는 경우가 있을 것이다. 이럴 경우 주변의 상점자들은 반대할 수 있을 것이다. 하나의 이유는 기존의 쇼핑거리에서 확립된 연속적인 쇼핑전면이 붕괴되기 때문이다.

또한 대규모 쇼핑회사가 가치 있는 많은 상점을 소유하고 있는 지구에서 비어 있는 건물이 비쇼핑 용도로 이용되는 것을 방지하기 위해 비어 있는 상점을 구매하는 경우도 있다.

2. 기능지역의 형성

1) 기능지역과 도시 공간구조

기능지역은 동질적인 토지이용으로 묶여 그 영역이 특정의 기능을 수행하는 지역이다. 대표적으로 주거기능이 중심인 주거기능지역, 상업중심의 상업기능지역, 그리고 공업이 중심인 공업기능지역을 예로 들 수 있다.

도시의 공간형태를 구분하고 식별하기 위해 동질적인 몇 가지 지역으로 구분하여 이들의 공간적 배열상태를 설명하기도 한다. 이러한 배열상태를 도시의 공간구조 혹은 도시의 내부구조라고 한다.

이러한 동질지역의 분포는 활동체계 내부 혹은 활동체계 사이의 상호작용에 의한 입지의 결과로서 기능지역이 발전된다. 이 기능지역은 각각 한 가지 활동체계가 집중된 지구이다. 〈그림 8-1〉는 버제스의 유명한 동심원 이론의 도시공간구조이다.

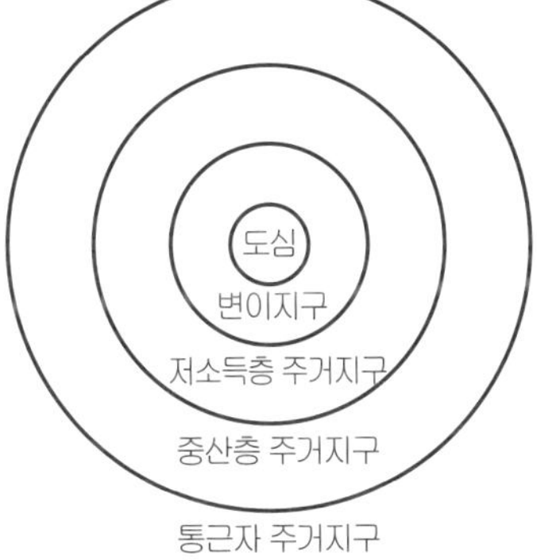

〈그림 8-1〉Burgess의 동심원 도시구조

〈그림8-2〉는 대구시의 토지이용분포에 의한 도시공간의 배열상태이다. 2004년 대구의 공시지가특성조사표의 토지이용자료를 근거로 해서 6가지 토지이용 지구로 유형화한 것이다. 두드러진 것은 도심에 상업이 군집하고 도심 외곽에 주·상 혼합지구 혹은 주·상·공 혼합지구가 도심을 에워싸고 있어 동심원적 분포패턴을 보인다. 그리고 주거지 중심에 상업중심지구와 주·상 혼합지구가 분포해서 주거지의 중심이 되고 공업중심지구는 공업단지 개발지구이고 이것은 도시의 북부와 서부 측에 편재된 양태를 보인다.

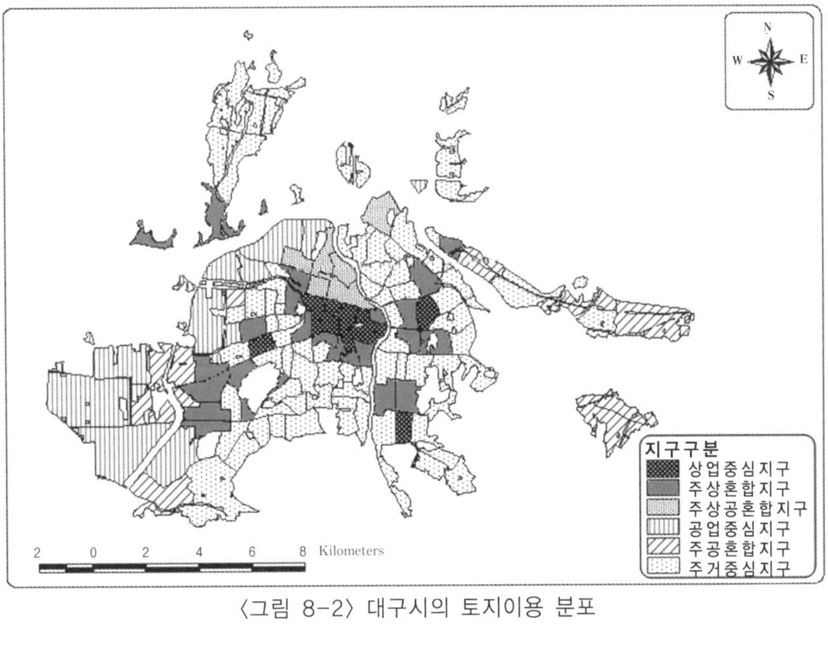

〈그림 8-2〉 대구시의 토지이용 분포

2) 기능지역 간의 상호관계

활동체계가 군집하는 이유는 유인, 배척, 분화 이 세가지 유형의 작용 결과이다. 그래서 한 활동체계가 변하면 다른 활동체계에 변화를 유발한다는 것은 명백하다. 이러한 변화가 입지적 효과를 갖는 지역에선 그것들을 기능지역 간의 교호작용이라고 보는게 타당하다. 이러한 교호작용의 예를 다음에서 서술한다.

중심지와 내부시가지

버제스의 동심원 모델 (그림 8-1 참조)은 성장하는 도시에 적용할 수 있는 동적인 모델이다. 도시가 성장함에 따라서 상업, 사무소, 공업 등이 중심지에 입지하려고 하기 때문에 이들에 대한 유인력을 계속 유지하고 있다.

중심지 내부와 가장자리에서 여타의 활동들을 배척함으로서 기능지역을 이룰 수 있다. 역사적 이유 때문에, 현재 그 위치에 있고 가장 쉽게 취환되는 토지이용이 주택이다. 그래서 상점과 사무소, 공업은 중심지에서 확대할려고 한다. 확장이 필요한 상점은 사무소나 공업을 밀어내고 가장 중심성이 높은 곳을 점유하고 새로운 또는 밀려난 사무소와 공장들은 내부시가지로 확장하고 그러면서 주택을 또 밀어낸다.

이러한 변화에는 시간이 소요된다. 내부시가지의 주택들은 외부로 이사를 가자말자 사무소나 공장에 의해 파괴되거나 대치되는 것은 아니다. 주택 구조물이 아직 경제적 연한이 남아 있기 때문에 그것들을 파괴하기에는 비용이 비경제적인 것이다. 게다가 내부시가지로 밀려난 사무소나 공장들은 중심지에서 버틸만한 경쟁성이 없는 가난한 업체들이기 때문에 그러한 업체들은 파괴하고 재건축할 여유가 없다. 이러한 결과로 주택들은 사무소나 공업용으로 사용된다. 주거용으로 남아 있는 주택들은 미래가 불확실하며, 그들 소유자들은 그들을 계속 유지시키지 않을 것이다. 이 때문에 부유한 거주자는 외부로 이동하고 가난한 거주자는 높은 점유율로 내부로 이동하여 주택들은 물리적인 노후화를 초래한다.

이 내부시가지를 버제스는 변이지대(Zone in transition)라고 하였다. 그는 1920년 시카고에서 이를 관찰하였고, 우리는 대부분의 국가에서 이를 관찰하고 있다.

주택과 쇼핑

만약 상점이 도심에 있고, 또, 사람들은 상점 주변에서 살기를 원하고, 주거지역이 도심에서 확산되어 있다면 도시규모가 클수록 사람들은 점차 쇼핑하기 불편한 위치에서 살게 된다.

〈표 8-2〉 도시전체의 쇼핑거래(미국)에 있어서 중심지역의 분담율

도시인구	CBD에 있어서 소매업의 분담율
0-25,000	80-100%
25,000-100,000	65-85%
100,000-400,000	50-70%
400,000-750,000	30-55%
750,000이상	15-35%

CBD가 쇠퇴하는 주요한 요인은 주거패턴의 변화에 있다. 도시 변두리는 시가지확산에 의해 인구가 증가하는 반면에 CBD에 인접한 내부의 주거지역은 인구가 감소하고 있다. 인구수가 구매력을 의미한다. 내부시가지가 점차 증가하는 저소득층에 의해 지배되면서 교외에서 구매력 변화는 더욱 명백해졌다. 주거가 외곽으로 확산되면서 도심에서 거래되는 쇼핑의 비율은 점차 감소하고 있다. 이것에 대한 명백한 증거는 미국의 자료를 보면(표 8-2 참조) 도시의 크기별로 CBD의 소매지출 분담율이 낮아지고 있다.

주택과 쇼핑의 위치와 총 수량만이 관계있는 것이 아니고, 주택에 사는 사람들의 생활양식과 상점의 유형과 관계성도 있다. 부유한 사람은 가난한 사람보다 더 많은 돈으로 쇼핑하나, 가난한 사람과는 다른 취향을 갖고 있다. 만일 가난한 사람들이 도시의 동측에 살고 부유한 사람들이 도시의 서편에 많이 산다면 보다 가난한 쇼핑은 동부에서 더 부유한 쇼핑은 서부에서 있을 것이다. 그리고 만약 한 지역 내 거주하는 사람의 유형이 바뀌면

이에 따라 그 지역에 제공되는 상점의 유형도 바뀐다. 주택이 가족 주거에서 단독침실로 전환되면서 철물점, 가족 식료품, 약방 등이 전기세탁기 슈퍼마켓, 직업소개로소 바뀌게 되었다.

주택과 공업

상점이 그들 고객의 편의를 위해 주택 주위에 위치하려는 것과 마찬가지로, 공장도 고용자 편의를 제공할 수 있도록 주택 주위에 위치하려고 한다. 앞에서와 같이 전통적인 단핵도시에서 노동자에게 가장 접근성이 좋은 위치가 도심이라는 것을 설명한 바 있다. 그러나 도시가 점차 성장함에 따라 인구는 교외로 나가게 되어 도심으로부터 멀어진다. 그것도 상대적으로 뿐만 아니라 절대적으로 인구가 교외로 이동한다. 그래서 쇼핑이 교외로 이동하는 것과 마찬가지로 공업도 동일한 상태로 이동할 것이라고 기대할 수 있다.

공업의 교회화에 대한 또 한 가지 이유는 위에서 제시된 인구의 교외화 현상이다. "토론토의 공장 소유자는 공장이 재입지 하기 전의 대부분 근로자들은 도시에서 그들이 일하는 공장의 위치와 동일한 지구에 거주했다고 주장했다. 그러나 그들의 집은 도심에서 부터의 거리가 공장보다 더 멀리 떨어져 있다고 주장하였다. 경영자들은 공장의 재입지는 도시와 같은 방향의 지구이고, CBD에서 매우 멀리 떨어지게 함으로써 공장을 종사자에게 더 가깝게 할 수 있었고, 가치있는 종사자는 잃지 않았다고 주장하였다. 이러한 노동력의 공급이 산업 입지를 교외로 유인하는 요인의 하나라고 언급되었다."

3. 활동체계의 공간단위

1) 생활권의 공간단위

생활권은 도시 활동이 일어나는 공간적 영역을 말하고 도시 활동의 내용에 따라 다양하게 해석하고 있다. 지역에서는 도시와 배후지, 도심 고위 중심지와 저위 중심지 간의 결합 등으로 인적 및 물적 교류의 영역으로 생활권을 구분한다. 도시차원에서 주거생활의 공간적 영역으로서 생활권이 도시 조성의 한 단위라는 의미를 갖고 있다.

도시계획에서 가장 많이 등장하는 것이 근린주구의 개념이다. 근린주구는 1929년 페리가 주거단지의 커뮤니티 조성을 위한 계획단위로서 채용하여 도시계획의 방법으로서 도입 된 것이다. 오늘날 근린주구의 개념을 도시 구성의 가장 기초적인 지역사회의 단위이고 도시 및 주거단지의 구성을 위한 기본적인 근린 영역으로 인식하고 있다. (김철수, 1999:154) 근린주구가 도시계획의 수단으로 등장한 배경은 어린이 등교의 안전성과 거리의 적절성, 주부의 일상생활권, 주민의 여가공간 등 도시 일상생활이 충족될 수 있도록 도시의 물리적 환경을 구비하는 것이다.

자족적(Self-contained) 생활에 필요한 시설을 갖추는 것이다. 근린주구의 개념 도입은 도시 생활이 편리하도록 기본적인 편익시설(학교, 상가, 공공시설, 공원)을 보행권에서 안전한 주거생활을 할 수 있는 물리적 생활환경을 제공하는 것이 주요 목적이다. 그리고 이웃 간의 친교와 집단 내의 일체감과 귀속감을 통해 사회적 통합성을 증대시키는 것이 부수적인 목적이다.

근린주구 계획은 주거지역에 필요한 도시시설의 계획과 도시공간구조의 기본단위로 주요한 의의를 지니고 있다. 그리고 근린주구나 지역공동체 의식의 함양과 근린주구 내에서 활동체계가 어느 정도 충족하므로 불필요한 교통유발을 억제 할 수 있다.

그러나 근린주구를 초등학교 1개의 자족적인 생활권의 규모는 너무 왜소하기 때문에 문제라는 비판이 있다. 도시공간이 외부와의 고립성을 강조하여 도시의 익명성과 비동질성에 의한 도시의 주요 잇점들이 무시되고 일률적인 사회조직이 될 우려가 있다. 그리고 쇼핑과 생활에서 선택성이 빈약하기 때문에 근접한 도시시설에 대한 만족도가 떨어진다.

어느 정도 규모가 도시 생활권의 기본단위가 되어야 할 것인가가 고민할 필요가 있다. 이용자 입장에서 접근성이 양호하고 한편 선택의 다양성이 확보되어야 할 것이다. 도시사회학자인 제인 제이콥스는 근린주구 개념보다는 지구(district)수준이 적합하고 인구 규모가 10만명 이상 정도를 하나의 생활권 단위로 제시하기도 했다. 인구 규모가 큰 대도시 도시 전체를 하나의 공동체사회(Community)로 인지하기 힘들 것이다. 생활공동체는 지역사회의 공동체 삶을 위한 기본적인 단위로서 가치를 가지고 있고 사회적 지속성을 위한 자기 거주지에 대한 자의식 생성을 위한 공간영역이다.

2) 공간체계

베버는 도시 활동을 공간영역인 장소내 활동과 장소간의 활동으로 구분하고 로드윈은 공간의 성격을 적응공간과 통로공간으로 구분하고 있다. 적응공간이란 공장, 주거, 주차장 등 도시 활동을 담아주는 공간이고 통로공간이란 이동을 위한 교통로, 상수도 관망 등을 의미한다. 그래서 장소내 활동의 적응공간은 활동의 주된 토지이용이고 장소내 활동의 통로공간을 장소내의 동선체계이다. 장소간 활동의 적응공간으로서 대표적인 것이 장소 외부와의 이동을 위한 주차장이 있고 통로 공간은 장소 외부와의 주요 동선이 될 것이다.

		공간이용	
		적응공간	통로공간
활동	장소 내 활동	장소내 활동의 토지이용	장소내 동선체계
	장소 간 활동	장소 간 이동의 주차장	장소 외부의 동선체계

〈그림 8-3〉 활동체계와 공간체계

장소가 주택일 경우 장소내 활동의 적응공간은 침실, 부엌, 화장실 등이고 통로공간은 주택내 동선이 될 것이다. 그리고 장소간 활동의 적응공간은 주차장이고 통로공간은 주택 외부의 동선이 된다.

이러한 장소를 근린주구와 지구 단위로 확대하면서 도시공간 구성의 활동들이 구별 된다. 근린주구와 지구단위의 적응공간은 이들 각각 공간영역에서 활동의 종류와 성격이 구분된다. 예를 들면 근린주구의 적응공간에는 주거기능과 근린주구의 상가와 공공시설(예로서 초등학교) 등의 공간이 있고 지구 수준의 적응공간은 더 큰 시장권을 지닌 지구중심상업지구, 공공시설(예로서 중 · 고등학교) 등의 공간이다. 그리고 장소 간 통로공간도 근린주구 수준에서 보조간선도로 수준이라면 지구의 통로공간은 대도시내 간선교통망 등이 될 것이다. 이처럼 활동을 장소의 성격에 따라 구분하고 이것을 적응공간과 통로공간으로 배치함으로서 도시공간구성을 체계적으로 도모할 수 있다.

연습문제

1. 가구 및 개인의 도시활동을 구분하여 주택내 활동, 근린주구내 활동, 근린생활권내 활동, 도시전체 활동으로 구분하여 설명하시오.
2. 대형소매장의 입지에 주는 영향요인을 설명하고 현재 대형소매장의 사례를 들어 설명하시오.
3. 제조업의 입지에서 분산성향과 군집성향이 동시에 있다. 이들 각각에 대한 요인들을 설명하시오.
4. 기능지역은 무엇인가? 사무소 기능지역 형성의 중심적인 요인을 설명하시오.
5. 생활권의 개념을 근린주구개념과 자족적 생활공간개념으로 분리하여 설명하시오. 특히 근린주구 중심의 생활권 구성에서 문제점을 제시하시오.

참고문헌

1. 김철수, 단지계획, 기문당, 1999
2. 김철수, 도시공간의 이해, 기문당, 2001
3. 여홍구 외, 도시와 인간, 나남출판, 2005
4. Barrie Needham, How Cities work, Pergamon press, Oxford, 1977
5. E. Kaiser, D. Goodchallk, S. Chapin 지음, 권기욱, 유병권 옮김, 도시토지이용계획론, 태림문화사, 2000
6. F. Stuart Chapin Jr., Urban Land Use Planning, University of illinois Press, Urbana, 1965

제 9 장

교통과 토지이용

1. 교통과 토지이용의 관계

마이어(Meier)는 도시를 인간 교류(communication)의 상호작용이 일어나는 하나의 집합체계라고 정의하고 있다(Chapin: 76-78). 그래서 실제로 대도시는 친구 사이, 구매자와 판매자, 서비스의 제공자와 수용자, 그리고 도움을 받는 자와 주는 자 간의 상호접촉이 유지될 수 있는 거대한 교류의 신호판이다. 이 신호판 속에서 통신과 교통체계가 구성되어 서로 교호작용하는 상대 간의 결합이 이루어진다. 특히 교통체계는 복합적인 도시사회의 상호의존성이 만족되게 접촉할 수 있는 거대한 매개체이다. 현재의 기술수준에서 이들 교류의 중심적인 수단이 교통과 통신이고 최근 통신수단이 급격히 발달하여 교호작용에 있어 원거리의 거리장애는 많이 극복되고 있는 실정이다. 본 장에서는 물자의 이동보다 인간의 이동이 중심이다.

본 장에서 관심있는 분야가 “교통이 도시구조에 의해 영향을 받는가? 도시의 형태는 교통에 의해 영향을 받는가?”이다. 이러한 말은 소위 교통과 토지이용 간의 상호작용 관계라는 의미이다. 여기서 교통을 토지이용과 교통체계의 함수로 보는 관점과 토지이용을 교통체계의 함수로 보는 견해이다.

우선 두 가지, 즉 토지이용과 교통체계에 대해 정의를 선행하는 것이 필요하다. 토지이용은 일정한 토지 공간에서 특정 용도를 점유하고 그리고 단위 면적당 개발량인 밀도 등이 있다. 토지이용은 어떤 위치에서 토지점유형태, 그리고 개발강도로 설명되는 행위이다. 예로서 토지이용은 용지면적 0.1ha의 관공서이고, 관공서의 근무자 중 40%인 200명이 자동차 이용자로 표현된다. 그리고 다른 위치에서는 60가구가 인구밀도가 125인/ha인 상태에서 200명이 거주하는 것으로 표현할 수 있다. 그리고 이 지구의 연평균 가구별 소득이 3000만원이고 자동차 1대보유가 50%, 2대이상 보유가 10%, 그리고 차가 없는 가구가 40% 등의 토지이용자료가 있다. 즉 토지이용은 특정 공간에서 일어나는 사회 · 경제적 활동의 크기를 측정한 값이다.

똑같은 맥락에서 도시의 교통체계도 다음과 같은 내용을 포함한다. 모든 도로, 모든 연결 구간과 교차점의 교통용량, 모든 구간의 최대허용속도와 법적 속도, 모든 대중교통노선, 모든 교통서비스의 시간, 속도, 빈도, 그리고 이동의 통행비용, 소비시간의 비용, 주차비용이 교통체계의 요소이다.

토지이용과 교통 간의 관계는 단순하게 보면 순환적 관계이다. 즉 토지이용발생이 교통수요를 유발하고 이것은 교통체계의 개선이 따른다. 교통체계의 개선에 의해 접근성이 개선되면서 지가상승과 토지이용변화를 가져오고 토지이용변화가 다시 교통체계의 변화를 유발하는 순환관계이다.

한편 교통과 토지이용의 상호의존적 관계가 많이 언급되고 있다. 교통체계는 접근성을 결정하며 접근성은 토지이용에 영향을 주고 토지이용은 활동패턴을 결정하며 이것은 다시 교통체계에 영향을 미친다는 것이다. 즉 토지이용의 변화는 교통에 영향을 주며 교통은 다시 토지이용에 영향을 주는 상호의존적인 관계를 가진다는 것이다(대한국토 · 도시계획학회, 2004: 112).

교통은 "토지이용과 교통체계의 함수이다." 라고 설정하는 경우이다. 즉, 교통을 토지이용과 교통체계의 영향으로서 설명하는 것이 가능하다는 것이다. 즉 이들의 관계를 설명하는 이론이 있고 한 특정 도시의 토지이용과 교통체계를 알고 있다면, 도시내 통행의 목적별, 교통수단별 그리고 기 · 종점별의 통행량을 예측할 수 있다. 그리고, 토지이용과 교통체계가 변화한다면 기타 모든 요소의 변화가 없다는 가정 아래서 교통량 변화를 예측할 수 있다.

또 다른 측면에서 토지이용이 교통체계의 함수라고 전제하면 토지이용을 교통체계의 영향으로서 설명하는 것이 가능하다. 그러나 이것은 검증하기는 어려운 작업이다. 토지이용 변화는 서서히 일어나고 어떤 시점에서 토지이용의 상황은 그 이전 수년 전부터 있어 온 원인의 영향이기 때문이다. 도시교통체계가 변화한다면 토지이용도 직접적인 영향으로 변할 것이다 라는 의미로 사용될 수 있다. 이러한 관계성의 이론에 의거하여 교통체계 변화로 생성되는 토지이용의 변화를 예측하는 것이 가능하다.

두 가지 관계성 사이를 연결하여 설명할 수 있다. 토지이용과 교통체계의 함수로서 교통량을 설명하는 이론이 발전하여 실제의 여러 가지 질문에 대응할 수 있어야 한다. 예를 들면 자동차 보유율이 증가하면 교통량은 얼마나 증가할까? 인구성장으로 특정지역에 신규 주택이 건설된다면 이것이 교통량에 얼마나 영향을 줄 것인가? 그리고 다음과 같은 질문도 가능하다. 교통량이 예측치 대로 변화한다면 현재의 교통체계로서 대응이 가능할 것인가? 만일 수용할 수 없다면 교통체계는 어떻게 변화해야 할 것인가? 그래서 교통체계에서 변화에 대응할 필요성을 예측하고 이러한 변화에 대응하는 정책을 검정하기 위해 이론이 개발되어 왔다.

그리고 교통체계가 변할 때마다 두 번째 이론을 기억해야 한다. 즉, 토지이용이 교통체계의 함수라는 것이다. 그래서 교통체계를 변화시키면 토지이용이 변하게 한다. 이것은 더 나아가 교통량의 변화를 유발하고 그런 연후에 교통체계의 추가적인 변화를 요구하게 된다. 예를 들어 도시지역내에서 대중교통수단이 손실이 큰 경영상태에서 운영된다고 가정하면, 교통당국은 경비절감을 위해서 서비스 공급의 축소를 고려할 것이다. 교통체계가 이렇게 변화한다면 교통에도 변화를 일으키게 된다. 즉 자동차 통행자수는 더 증가하고 버스와 철도이용자는 감소할 것이다. 이러한 사태에서도 더 이상의 새로운 도로 건설이 없다고 가정하면 중심시가지 방향의 도로혼잡과 버스 혼잡은 더 증가할 것이다. 즉, 교통체계에 대한 추가적인 변화가 유발된다. 결과적으로 고용주와, 상점가게 주인, 음식점 등은 도심의 외곽으로 이전을 선호하고 쇼핑객과 통근자들은 도심의 방문을 꺼려하게 될 것이다. 이러한 결과로 분산과 교외화를 가져오고 토지이용의 변화를 초래한다.

대중교통을 정책적으로 감소함으로써 자동차 이용의 증가에 대비한 다른 대책을 강구할 필요가 있다. 즉, 시청은 도심 방향의 방사선 도로를 개선할 수도 있다. 그러면 교외에서 신규 도로가 통과하는 주택지구들은 도심으로의 접근성이 개선될 것이다. 이러한 지구들은 도심 근무 근로자에게 더욱 매력적인 주거지가 되고 주택개발업자들은 그런 곳에 더 많은 주택을 건설할 것이다. 즉, 교통체계의 변화에 의해 토지이용의 변화가 유발되는 것이다. 그래서 대중교통을 감소하는 정책결정은 교통, 교통체계 및 토지이용 각각에 다양한 결과를 낳는다. 이러한 결과를 예측하기 위해 이론이 필요하다.

앞에서 설명한 두 가지 교통이론 사이의 연계는 〈그림 9-1〉과 같이 표현된다.

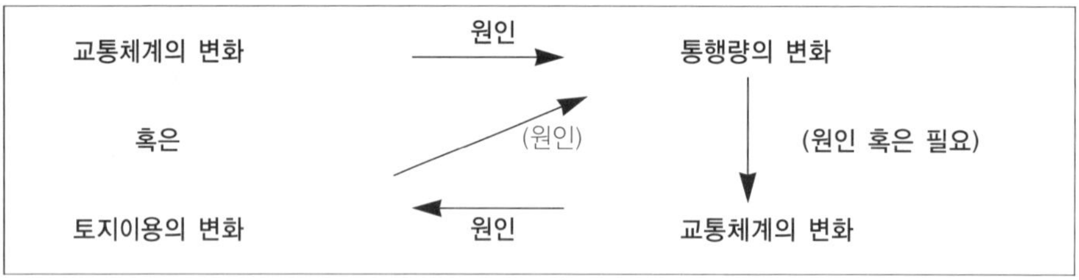

〈그림 9-1〉 교통-교통체계 - 토지이용 변화의 연계성

이러한 면에서 교통과 토지이용 간에는 상호작용 관계가 있다. 이렇게 잘 알려진 상호작용 관계가 교통계획에서는 자주 무시되고 있다. 교통계획은 교통체계의 변화를 제안하지만 교통체계의 변화가 토지이용변화를 유발할 수 있다는 것을 고려하지 않고 있다. (Brutm: 194)

2. 교통수요 예측 : 토지이용과 교통체계의 영향

"교통은 활동의 함수이고 이러한 사실이 가장 기본적이다(Needham: 135)"이라고 지적되고 있다. 그래서 교통계획을 하려면 예견되는 미래의 도시활동인 토지이용패턴을 잘 알아야 한다. 그래서 예측 과정을 보조하기 위해 토지이용의 모델화가 널리 사용된다. 〈표 9-1〉는 교통수요 예측과정에서 채택되는 여섯단계이고 통상 앞의 두단계는 토지이용계획 과정이며 나머지

4단계가 고유의 교통수요 예측과정이다. 미래의 토지이용을 예측하기 위해서는 인구와 고용에 관한 전국적 및 지역적인 비율의 추정치가 있어야 하며 이들은 해당 대도시 성장의 추정에 적용된다.

〈표 9-1〉 교통수요 예측과정

1. 인구 및 경제 예측
2. 토지이용 예측(용도지역별로 활동배정)
3. 통행발생(각 죤에 발생하는 통행의 수)
4. 통행배분(발생된 통행을 도착지에 연결)
5. 교통수단 분담(교통수단별 통행 구분)
6. 통행량 배정(특정노선에 통행 배정)

자료 :U.S. Department of Transportation, "Urban Transportation Planning Short Course. Forecasting Land Use and Travel," USGPO, Washington, D.C., 1974.

출처 : (트루먼 A. 핫숀 지음, 안재학 옮김: 241)에서 재인용

교통수요예측은 통행발생→통행분포→교통수단분담→노선배정인 4단계 이론으로 구성된다. 이 이론의 목적은 죤r에서 죤i까지, 교통수단 m을 이용하여 노선 p를 통해 이동하는 통행량인 V_{rimp}를 예측하는 것이다. 4단계 모델에서 균형계산은 4단계의 반복진행으로 이루어지며 첫 단계로 V_r, 그 다음으로 V_{ri}, V_{rim}, 그리고 마지막의 V_{rimp}를 선정하는 순서에 의해 계산하게 된다. 4단계의 방법은 〈그림 9-2〉에서 나타난 것과 같다. 여기서는 각 단계의 개략적인 내용을 설명한다(Needham: 135-136).

통생발생은 죤내 토지이용과 개발강도, 죤내 활동하는 사람들의 사회적 특싱, 대상 지구내 교통제계의 질적 수준에 의해 좌우된다. 통상 주거지의 통행발생은 자동차 소유, 가족소득, 가구의 규모 등의 요인에 의해 좌우된다. 그리고 비주거 통행발생은 대체로 세 가지 측정치인 토지면적, 바닥면적, 그리고 고용자수 등이 사용된다. 토지이용에 따라 상이한 변수가 채택되기도 한다. 상업용도에서는 바닥면적, 제조업 용도에서는 고용자수가 많이 이용되고 공공시설 등에서는 토지면적이 이용된다.

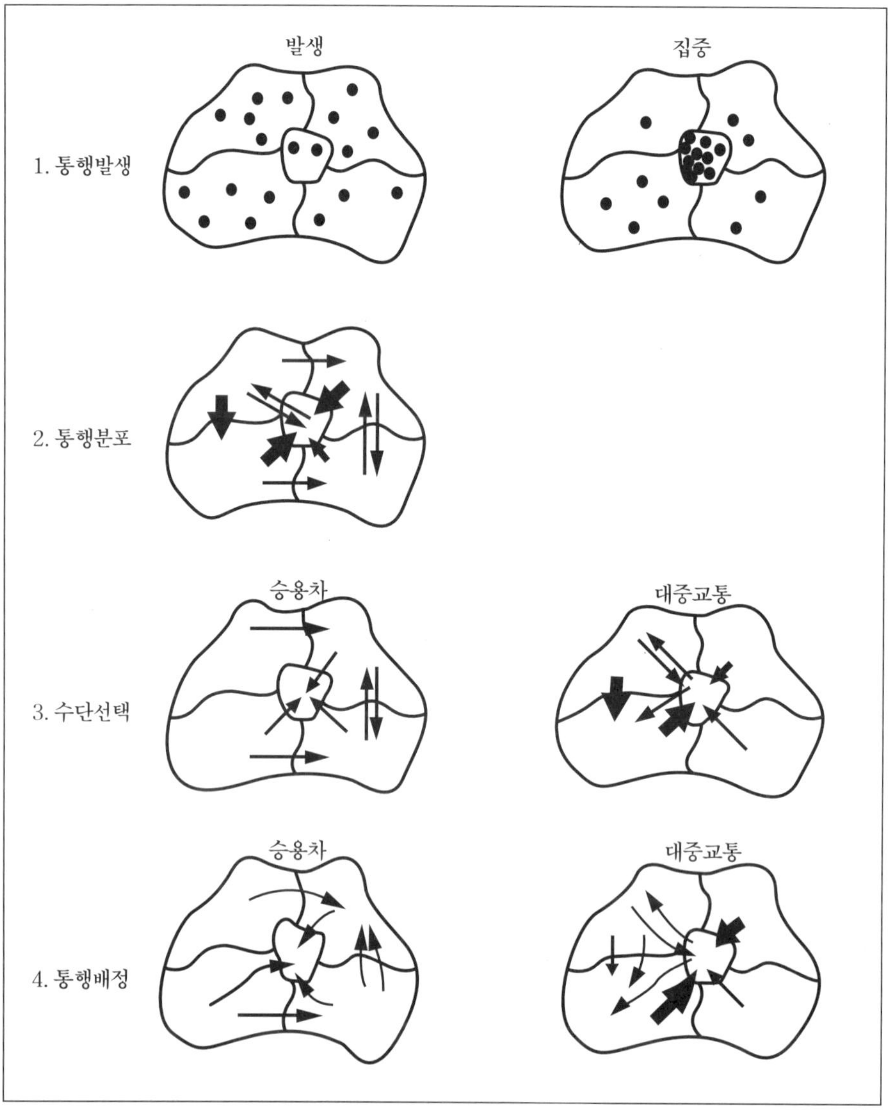

출처 : (Needham: 136)에서 재인용

〈그림 9-2〉 교통수요예측의 4단계

통행발생량이 교통체계의 질적 수준에 의해 영향을 많이 받으나 질적 수준의 측정이 어려워 통상 예측에서 무시되는 경우가 있다. 그리고 일정지역에 적용하도록 계측된 통행발생 모델은 똑같은 교통체계를 가진 도시에만 적용 가능하기 때문에 통행발생 모델은 도시마다 상이할 수 밖에 없다.

통행분포는 죤에서 발생한 통행이 도착지 죤 간에 연결시키는 과정이다. 즉 한 죤에서 발생한 통행이 다른 죤으로 집중하는 통행을 "죤 간 이동" 이라고 부른다. 통행분포는 통상 중력모델이 적용된다. 죤 간의 분포통행을 유인하기 위한 한 지구의 인력은 여러 지표(인구, 고용, 면적)에 기초하여 측정하고 이동의 저항요소의 지표(거리, 통행시간, 비용 등)가 측정될 수 있다.

수송분담의 절차는 대중교통 통행과 자동차 통행을 분리하여 각 운송수단별 통행의 비율을 추정한다. 대중교통에 의한 통행의 비율은 대체로 도시규모 이용가능한 교통수단의 서비스에 따라 다양하다.

통행의 노선배정은 특정 노선 구간별로 통행량을 배정하는 것이다. 보통은 수많은 노선 후보지들 사이에 복잡하게 상호관련된 의사결정이 필요한 많은 대안들이 고려되어야 하기 때문에 컴퓨터화된 평가작업이 널리 이용된다.

3. 교통의 토지이용 영향

1) 교통과 도시공간구조

도시의 공간구조는 해당 도시의 주요 교통수단의 종류와 형태에 의해 영향을 받는다. 다른 어떤 힘보다도 교통이 토지이용의 형태를 규정한다는 오래된 격언을 구체화 해주고 있다. 예전에는 수로, 철도, 전차가 그랬고, 오늘날에는 그러한 역할을 자동차와 비행기가 해주고 있다.

애덤스(Adams)는 교통기술의 역사적 발전과정과 도시에 대한 그 영향의 측면을 고려하여 4단계의 구조적-진화적 무델을 제시한 바 있다. 그가 미국에 적용한 것은 제1단계로 보행과 궤도마차시대, 제2단계인 시내전차시대, 제3단계는 초기 자동차시대, 그리고 제4단계를 무료 간선도로시대이다.
(트루먼 A. 핫숀 지음: 213-214).

〈그림 9-3〉은 이들 단계를 도시형태와 연관하여 도식화한 것이다.

제1단계인 보행과 궤도마차단계에는 수세기에 걸쳐 있었고 주민의 이동과 생산되어 소비되는 다양한 상품의 이동을 초보적인 수로교통, 마차, 보행에 의존했다. 그 결과 도시는 상대적으로 촘촘(compact)하고 고밀도의 형태를 갖추게 되었다. 이 시기에는 도시의 중심지를 기준으로 각 방향별 접근성의 차이가 거의 나타나지 않으므로 도시의 형태는 도보통행에 의하여 접근이 가능한 범위 내에서 중심지를 기준으로 한 원형의 형태를 나타낸다(권용우 외: 345).

오늘날에도 유럽, 서남아시아 및 다른 제3세계의 도시에서는 과거부터의 촘촘한 보행 도시 규모의 흔적을 유지하고 있다. 예를 들어 로마에서는 지금도 역사적으로 유명한 공공장소들 사이를 걸어다닐 수 있고, 뮌헨(Munich), 비엔나(Vienna), 루앙(Rouen) 등과 같이 예전에 성벽으로 둘러싸였던 전통적 도시에서도 이쪽 출입문에서 다른 쪽 문까지 거닐 수 있다. 비엔나에서는 과거 도시 성벽이 있었던 자리에 많은 공공건물을 끼고 원형의 도로망이 나 있는데, 오늘날에는 이 도로가 순환 고속도로로 이용되고 있다. 성벽이 철거된 것은 1887년의 일이었다. 19세기 후반에 궤도마차(trolley)와 철도기술이 출현될 때까지는 이 도시는 규모면에서 그다지 두드러진 변화를 보이진 않았다(트루먼 A. 핫숀: 214-215).

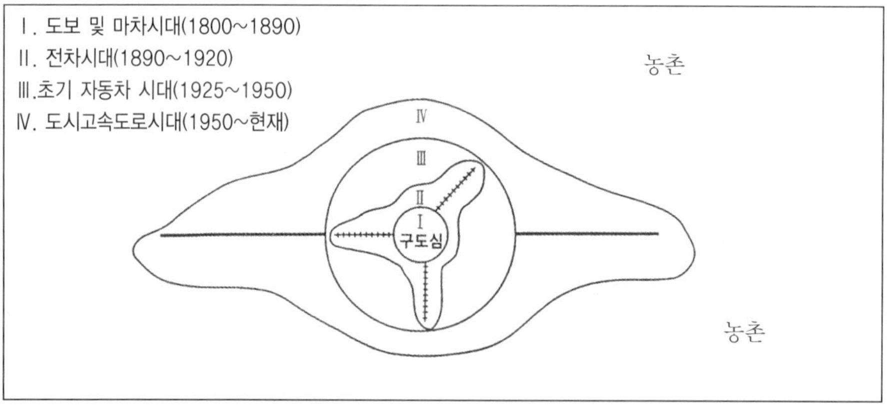

출처 : (권용우 외: 345)에서 재인용

〈그림 9-3〉 교통수단의 변천과 도시형태의 변화

제2단계는 시내전차단계이다. 시내전차는 19세기에 세 번째로 등장한, 그리고 가장 영향력있는 대중교통의 혁신이었다. 시내전차는 최초로 대량 운송을 누구나 적절한 가격에 이용할 수 있게 되었다는 점에서 교통에 혁명을 일으켰다고 할 수 있다.

전차는 효과적으로 거주인구를 분산시키고 도시 한 중앙에서의 교통 혼잡의 증가와 심각한 공해수준으로부터 탈출을 가능하게 해주는 안전장치 역할을 했다. 또한 급속도로 팽창하는 노동자와 중산층 시장을 충족시켜주기 위해 전차노선을 따라 대규모의 교외지역들도 출현하게 되었다. 이 노선을 따라서 개발이 확장하여 시내전차 회랑지대를 생성한다. 이 시대의 도시구조는 접근성의 이점 때문에 과거의 원형이 별모양의 형태로 대체되었고 이러한 값싼 운임은 대중들도 교통수단을 이용할 수 있게 되었다.

제3단계는 초기 자동차단계이다. 유럽에서 1890년대와 그 이전에 최초의 자동차들이 선을 보였지만, 자동차는 얼마 있지 않아서 '미국적' 상품과 동일시되게 되었다. 가격이 떨어지고 대량 제조공정이 도입되면서 20세기로 접어들 무렵부터 미국에서는 판매량이 매우 빠른 속도로 증가되었다. 이후 자동차의 이용이 보편화됨에 따라 전차의 노선이 가지는 접근성의 우위는 점차 상실되고 도시는 중심지를 기준으로 원형의 형태를 나타내며 보다 더 확산되는 모습을 보이게 된다.

제4단계는 무료 간선도로시대이다. 도시교통문제의 해결책으로서 무료 간선도로의 개념이 1930년대에 미국 전역에 걸쳐 호응을 얻었다. 모든 대도시권들에서 고속도로에 대한 논의와 계획이 전개되었다. 이러한 고속도로의 확장은 도시확산이 더욱 가속화하면서 자동차에 의한 통행이 보다 원활한 도시고속도로 주변지역의 접근성이 상대적으로 향상되고 도시의 형태는 도시고속도로를 따라 더욱 넓게 확산되는 형태를 나타내게 된다.

현재 우리나라 대도시들과 같이 도시의 주요 교통수단이 지하철, 버스 등 대중교통수단 위주로 이루어져 있는 경우에 도시의 주요 기능이 도시의 중심지에 집중되어 성장하는 경향이 있으며 따라서 도시의 형태는 중심지를 기준으로 한 집중형 도시형태를 나타낸다. 그러나 미국의 경우처럼 도시의 주요 교통수단이 자가용 위주로 이루어져 있는 경우에는 도시의 주요기능이 분산 분포하는 경향이고, 시가지는 외곽으로 확산되어 발달하는 형태를 취하게 된다. 이러한 도시의 발달형태는 도시의 운영에도 커다란 영향을 미치게 된다. 즉 확산된 도시형태는 집중된 도시 형태에 비하여 상대적으로 도시경영상 많은 비효율을 유발시킨다(권용우 외: 344-345).

2) 지하철이 토지이용 영향

교통시설의 개선이나 신설의 필요성은 토지이용에서 발생된 교통수요를 처리하기 위한 것이고 교통여건이 개선되면 접근성이 향상되어 토지가치가 상승하고 토지이용의 변화를 초래하므로 교통과 토지이용은 상호작용관계라는 것을 전절에서 언급한 바 있다. 지하철의 개통은 교통여건 변화에서 혁신적인 것이므로 토지이용에 어떻게 영향을 미치는가가 토지이용분야의 주요 관심이다. 이 분야에 대한 실증적 연구는 미흡하지만 지하철이 도시의 팽창 과정 중에 건설되었는가 팽창 후에 건설되었는가 큰 차이를 보이고 있다.

뉴욕이나 토론토처럼 도시의 팽창시기에 건설된 경우는 지하철역 주변에 지가가 급격히 상승하여 도시의 성장방향을 결정할 정도로 영향을 미쳤다. 그러나 샌프란시스코나 워싱턴 D.C.는 시가지가 건설된 후 개통되어 기존 시가지에서 토지이용변화는 미미하고 개발가능지에서 지가가 상승하는 변화를 보였다.

스펭글르(Spengler)는 지하철이 토지이용에 미치는 영향을 다음과 같이 정리하였다.

① 지하철 건설로 주변의 지가를 상승시키고
② 이미 개발된 지역에서 지가변동과 토지이용변동이 미미하고
③ 지하철 건설로 새로이 개발된 지역에서 지가가 크게 상승하고
④ 지하철이 지나는 지역은 주변지역의 개발과 팽창으로 지가가 상승하였으나 일부지역은 오히려 지가가 떨어지기도 한다.

부산의 사례연구도 상기의 논리에 크게 벗어나지 않는다. 지하철의 개통 후 도심부에서 약 2년간 이용 통행수가 증가하다가 그 이후 증가율이 미미

한 수준이고 신개발지가 있는 외곽지역에서 급격히 증가하는 현상을 설명하였다. 도심 이용자의 증가는 지하철 개통구간 연장에 의한 다른 교통수단의 전환 통행을 감안하면 도심에서 토지이용의 급속한 변화를 기대하기 힘들다.

상업입지의 영향

상업지로의 통근, 쇼핑, 여가 등의 통행이 전체 통행 중에서 높은 비중을 차지하므로 상업지의 분포형태가 교통의 발생에 크게 영향을 준다. 상업지의 분포에 의한 도시구조는 크게 단핵도시, 다핵도시로 분류하고 있다. 단핵도시는 도심상업의 지배성이 탁월하여 교통 집중의 특성이 있고 다핵도시는 주변지역 중심이고 도심에 대응되는 부도심에서 상업, 업무활동이 집적하는 도시공간구조이다. 서울에서 1981년 이후 부도심 형성에 대한 연구보고가 있으나 대구에선 아직 부도심 형태의 상업집적지가 없는 형편이다.

도시의 상업지 분포패턴은 도시의 지배적인 교통수단, 소비자의 소비행태의 특성, 시가지 개발상황 등 다양한 요소에 의해 영향을 받는다. 가로변의 상점들은 버스의 차창을 통해 선전되고 버스주차장으로부터 접근이 용이하여 버스가 중심인 시가지에는 가로변상업의 입지가 큰 비중을 차지한다. 대구의 시가지가 외연적으로 확장하면서 가로변상업지가 주택지개발 후 5년 정도 뒤따라 발달하여 왔다. 기존의 상업지에서 집적이 누적하지 않고 가로변으로 이동하는 패턴이다.

지금까지 대구시의 지배적인 교통수단이 버스이고 2005년 지하철 2호선이 완공되어 버스의 분담율이 감소하여 가로변상업지의 패턴에 변화를 가져오고 있다. 지하철은 노상교통과 달리 지하를 통행하므로 가로변의 상업에 대한 정보전달이 되지 않고 대신 유출입구인 지하철역에서만이 이러한 기능이 가능하고 지하철역에 유동인구가 집중하여 지하철역 주변에 상업입지의 잠재력이 높다. 이를 역세권 개발이라고 한다.

미국에서는 개인승용차 교통이 지배적인 교통수단이 되고 소비자가 내구재 등의 상품이나 식료품등 일상용품을 동시에 구매하는 소비행태가 되면서 대형슈퍼마켓, 창고할인점, 하이퍼마켓의 비중이 크다. 이들이 지가가 저렴하고 도시내 간선도로와 지역간 도로가 교차하는 도시 외곽지에 입지하여 자동차 교통에 의한 접근성이 양호하고 충분한 주차공간을 확보하므로서 중요한 상업중심지의 역할을 하게 된다. 이러한 대형유통업체가 도시에 등장하면서 영세규모의 업체의 경쟁력이 현저히 낮아 폐업이 속출하고 있다.

우리나라는 1996년 제3단계 유통시장이 개방되면서 외국의 대규모 유통업체가 도시에 진출하고 국내 대기업들도 이러한 형태로 진출하면서 상업지의 토지이용변화에 많은 영향은 초래하고 있다. 지금까지 2차선 이상의 대부분 가로변에 상업이 입지하는 추세이나 향후 가로변에서 상업입지 매력이 현저히 낮아질 것이다.

대구 지하철시대의 도래는 세 가지 상업입지 양태가 혼합 작용하여 경쟁과 시장논리에 의해 전개된다. 먼저 지하철 1, 2호선 개통에 따른 상업입지의 패턴은 주변지역에서 도심으로의 접근성이 크게 향상되면서 도심의 유인력이 증대될 것이다. 그러나 기존 도심지역은 이면도로가 협소하고 시가지 정비가 불량하여 상업지의 발달이 시가지 내부로 침투하는 면적으로 개발되는 성향은 낮고 대신 중앙로역에서 근거리인 반월당역, 명덕역 방향으로 가로변 상업형태의 전개가 전망된다.

지하철이 통과하는 지역이 대부분 시가지개발이 완료되어 있어 새로운 개발의 잠재력이 높지 않고 대신 개발의 여지가 많은 도시 외곽지역에서 역세권의 개발 잠재력이 높다. 1호선의 서부노선의 경우 대구백화점이 파생적인 상업입지를 유도하고 배후 주거지역의 시장권이 규모가 크므로 상인역이 새로운 중심지로 등장하게 될 것이다. 동부지역에서 신시가지의 개발여지가 많고 도시외곽지역의 관문인 안심, 반야월, 월하역 등의 역세권 개발잠재력이 높다. 이들 지역에서 대구의 새로운 부도심으로 발전한 가능성이 있다. 그러나 상업지의 집적은 시가지개발 후 긴 지체시간이 소요되므로 지체시간 동안 역세권의 바람직한 개발패턴을 유도하기 위해 어떻게 할 것인가가 정책의 과제이다.

주거입지의 영향

주거지로서 토지가치는 교육, 편익시설, 공공시설 등의 생활여건 요인, 환경오염, 주변경관 등 환경요인과 도심과 접근성 요인 등이 복합적으로 작용하나, 교통난이 심화되고 시가지 구역이 확장될수록 접근성의 비중이 증대된다. 도심방향 간선도로에서 노상교통의 통행시간에 비해 지하철 1, 2호선 종점의 도심 통행시간이 20분 내외로 크게 단축되므로 지하철노선의 외곽 지점까지 주거지의 토지가치는 시가지 내부와 별 차이가 없게 된다. 개발의 여지가 있는 외곽지역은 시가지 내부와 비슷한 수준의 주거지 개발이 진행될 것이다.

현재 대구시 외곽인 경산, 하양, 성주, 왜관은 대구시의 인구증가율보다 높은 교외화 현상이 진행되고 있다. 이러한 교외화 현상은 저소득층 중심이다. 주택비용의 비중이 과중하여 생활편익 수준이 낮고 접근성이 낮아도 저렴한 주택을 선호하여 교외로의 인구이동이 진행되어 왔다. 향후 대구지역 외곽인 경산지역, 성주, 달성군 지역으로의 교외화 현상이 계속될 것이다. 그러나 주변지역의 개발속도는 장래 주택수요의 수준과, 현재 진행중인 개발제한구역의 조정 등에 의한 토지공급 여건에 따라 상이하게 나타날 것이다.

3) 지하철시대 토지이용정책의 과제

생활권 체계의 개편

생활권계획은 주민들의 생활에 필요한 공공시설과 편익시설들을 생활권 규모에 따라 적정배치하여 경제성을 확보하고 주민들의 이용 편리성을 도모하는 도시공간구성의 핵심적인 정책이다. 생활권의 크기에 따라 근린생활권, 중생활권, 대생활권으로 구분하고 이들 생활권의 중심지를 근린중심, 지구중심, 부도심으로 명명하고 있다. 적절한 생활권의 형성은 주민들의 생활편리성의 제고와 함께 생활권 중심지에서 많은 도시활동들을 흡수하여 생활권 외부로의 교통발생을 감소시키므로 대도시의 교통수요관리 측면에서도 중요하다.

생활권 구성이 주민들의 행동반경에 근거하여 현실적인 공간편성으로 개편되어야 한다. 지하철 노선이 도시공간의 중심축으로서 토지이용의 변화가 전망되고 지하철역이 교통흐름의 결절지이므로 생활권 중심지 입지로서 고려되어야 한다. 생활권의 규모도 대생활권에 의해 도시전역을 획정하여 대생활권 하부에 중생활권(10~20만인), 다음으로 근린생활권 등의 계층적인 획일적 구분을 탈피해야 한다. 공간적으로 10만명 이상의 생활권은 자족적인 생활권으로 기능을 부여하고 이에 따라 중심지의 개발방식을 제시할 필요가 있다. 역세권의 개발은 생활권 구성체계의 개편을 전제로 하여 검토되어야 한다.

주요 공공시설 입지정책

지하철은 대량 고속의 승객 운송수단이고 높은 교통비용을 유발하므로 도시 교통량을 지하철노선에 집중하여 경제성을 확보해야 한다. 대량의 교통발생을 유발하는 민간부문의 입지결정은 시장기능에 의해 자연발생적으로 지하철노선의 영향을 받는다. 공공부문에서 대량의 교통을 발생하는 시설은 관공서, 경기장, 공연장과 교육시설, 철도역, 비행장, 고속버스 주차장, 시외버스 주차장 등이 있다.

지하철과 주요교통시설 간의 관계성을 대구시 도시기본계획을 사례로 살펴볼 수 있다. 1997년 도시기본계획에 의하면 현재의 고속버스 주차장은 동부지역으로의 이전이 결정되어 있다. 시외버스와 고속버스는 지역간 대중교통수단이며 이의 주차장은 도시내부에서 접근성이 우선되어야 하므로 지하철과 연결되어야 한다. 시외버스, 고속버스주차장의 이전 시기 결정은 지하철 건설시기와 연계되어야 하고, 특히 북부정류장의 이전은 칠곡지구와 도심 간의 신교통수단이 건설된 후가 되어야 한다. 기존 주차장시설에서 타용도로의 전환에 의한 경제적 이윤의 추구보다 시민들의 시외버스, 고속버스 주차장 이용의 편리성이 우선되어야 한다. 대구는 대구세력권에 대한 서비스 제공이 주요한 경제적 기반이므로 세력권에서 대구 도심부로의 접근이 용이한 교통체계로서 고려되어야 한다.

역세권 개발정책

지하철이 개통되면서 대부분의 지하철역 주변에서 토지이용변화에 대한 기대 욕구가 크다. 개발잠재력이 높은 지하철역 주변을 방치하여 무질서한 난개발이 되거나 잠재력에 관계 없이 무분별한 계획으로 낭비적인 토지이용이 되는 것을 방지하기 위하여 개발잠재력이 높은 지하철역을 선별하여 역세권개발계획을 수립할 필요가 있다.

선별기준은 생활권 구성에 따라서 도시구조의 다핵화를 유도하는 거점으로서 배후 주거지가 크고, 간선도로와 교차하며, 역 중심 500m이내 토지의 이용밀도가 낮거나 미이용 면적의 비율이 높기 때문에 대규모 개발가능지의 확보가능성 등이 중요하다.

개발방법은 지형과 지물, 구획가로와 배후지의 크기에 따라 상이하다. 우선 직접이용권과 역세권 개발 후 간접이용권으로 구분하여 지하철의 배후지 크기의 조사가 필요하다. 1차 역세권을 100m권, 2차 역세권을 500m로 하여 1차 역세권은 고도이용지구로 하며 2차역세권에 준고도이용지구로 지정하여 역세권에 상업, 업무, 문화 및 위락 정보 및 교류 호텔, 백화점 등 도심기능을 유치하고 미래산업으로 하이테크산업, 소프트웨어산업 등을 유치하는 것이 가능하다. 개발방법은 재개발 또는 일단의 시가지개발사업을 통해 역세권 정비를 추진하되 지구단위계획구역을 지정하여 개발하는 것이 바람직하다.

서울, 부산에서 기성시가지의 재개발을 통한 역세권개발 실적은 미미하다. 토지의 취득과 경제성의 확보에 어려움이 크기 때문이다. 개발계획은 장기적인 관점에서 수립하나 토지개발행위는 단기적인 경제성을 추구하므로 계획과 개발과의 부조화가 어려운 문제로 제기되고 있다. 역세권 개발은 개발여지가 많은 신시가지에서 가능성이 높으므로 충분한 조사에 근거하여 계획의 내용, 개발방법, 개발기간 등이 정밀하게 검토되어야 한다(김타열, 1998: 20-25).

4) 고속철도의 정주체계에 영향

도시의 경제적 존재이유를 시장에 대한 접근성과 시장의 규모경제성에서 찾는다. 도시들의 공간적 분포인 정주체계는 접근성을 대변하는 교통수단의 발달과정과 밀접하게 연관되어 있다. 과거 해운시대, 철도시대 및 고속도로 시대에 따라 도시의 발달과 분포의 양상이 각각 상이하였다. 교통수단의 혁신인 고속철도의 도입은 도시 간의 공간적 접근성을 획기적으로 단축하고 국토공간의 많은 변화를 초래할 것이다. 고속철도가 정차하는 도시는 다양한 프로젝트를 계획하여 도시발전의 호기로서 인식하고 있다. 고속철도가 국토균형 관점에서 수도권 과밀과 혼잡을 완화하는 수도권 분산의 효과를 기대하고 있다. 고속철도가 정주체계에 어떻게 영향을 미치는가가 주요한 관심이다.

우리나라는 과거의 가속화도시화단계를 지나면서 수요 보다 비젼이 강조되는 대규모사업(Grand Project)을 선호하는 성향이 있다. 개별 도시들이 제안하는 프로젝트들이 수요가 무시된 거대규모였어 실현가능성에 문제가 있었다. 현재 우리나라의 도시화율이 80% 수준이고 인구이동도 도시 간이 중심이 된다면 정주체계의 변동요인은 그렇게 크지 않을 것이다. 고속철도를 선행 도입한 국가의 경험에서도 급격한 정주패턴의 변화 양상을 보이지 않고 있다. 개별 도시의 프로젝트의 타당성을 평가하기 위해서는 우선적으로 수요 요소를 판별할 수 있어야 한다.

그리고 고속철도시대의 개막과 함께 강력한 국토균형정책으로서 행정복합도시의 건설과 공공기관의 지방 이전 등이 거론되고 있다. 이들 정책과 고속철도시대 간의 관계가 규명되어야 한다. 고속철도가 영향을 주는 정주패턴의 변화 요인에 대한 이론적인 검토가 필요하다.

교통수단의 발달이 정주체계에 주는 영향은 크게 산출효과와 대체효과로 구분하고 있다. 산출효과는 교통비용의 절감이 경제성의 증대를 가져오는 것이다. 고속철도에 의한 교통비용의 일인당 절약을 통행수로 곱하면 직접적인 산출효과가 계산된다. 산출효과의 정주패턴에 대한 하나의 영향요소는 고속철도 정차도시와 비정차도시 간의 차이이다. 고속철도가 전국의 간선교통망이어서 비정차도시의 전국 접근성이 정차도시에 비해 낮아 인구 유출 요인이 있다. 정차도시는 배후지인 비정차 지역에 대한 중심지로서 역할이 증대된다.

그리고 산출효과에 의한 정주패턴의 다른 영향요소는 중심도시의 확산효과이다. 교통비용이 감소하여 통근권이 확장되거나 제조업 및 업무가 중심도시에서 외곽으로 분산하는 현상이다. 고속철도에 의한 통근권의 확대는 매우 제한적인 경우에 적용된다. 즉 자동차와 지하철을 포함하는 철도 등의 교통수단 보다 통근비용이 절약될 때만이 가능하다.

서울을 제외한 대부분의 대도시의 통근권은 30km 반경권 이내이므로 자동차 혹은 대중교통의 이용이 경제적인 경우이다. 이러한 중심지와 인접한 정차도시에서 확산효과를 기대하기 어렵다. 반면 서울은 교외지역이 너무 넓게 확산되어 있어 외곽에서 중심도시로의 접근성이 악화되고 있다.

서울에 인접한 고속철도 정차도시는 서울과의 교통비용이 서울주변지역보다 더 저렴하여 통근권이 확대될 수 있다. 출근자가 없는 가구일 경우 현재는 서울에 거주하지만 서울과 정차도시 사이의 주택가격 차이와 교통비용을 비교하여 정차도시에서 주거입지를 더 선호될 수 있다. 서울서 대전까지 시간 거리가 1시간이내 이어서 주택시장이 대전까지 확대될 수 있다. 특히 대전 인근에 행정복합도시가 건설된다면 대전권의 선호도가 높아 수도권과 충청권의 단일 도시권으로 발전 가능성이 있다. 그리고 제조업의 분산은 인구의 분산 보다 선행 확산하므로 수도권에서 충청권으로의 분산이 쉽게 이행된다.

대체효과는 교통비용의 감소가 시장의 확대를 가져와 규모경제성으로 대체하는 효과이다. 규모경제성이란 생산량이 많을수록 경제적이라는 것이다. 예로서 냉동운송수단이 여의치 못했던 1960년대 초에는 아이스크림이 전국의 각 읍 수준에서 생산하여 유통하였으나 오늘날 운송수단이 발달하여 소수의 아이스크림회사들이 전국의 시장을 지배하는 것은 기술발전에 의한 규모경제성의 결과이다. 즉 수송수단의 발달이 규모경제성으로 대체되는 것이다. 대체효과가 정주패턴에 주는 요소는 크게 규모지향성과 자원지향성으로 구분된다.

규모지향성은 전국이 단일 시장으로 축소하여 규모경제성이 적용되어 고급의 기능이 서울로 집중하는 현상이다. 금융 무역업 기업본사 등의 경제적 중추관리기능과 행정 및 정치의 중추관리기능과 교육 등은 현재도 서울의 일극 집중도가 매우 높고 고속철도를 통해 집중화가 진행되는 대표적인 기능으로서 의료와 명품 및 고급품의 유통업 등이다.

이러한 효과는 지방의 기능적 약화를 초래하는 역류효과이다. 지방대도시에서 규모경제성 지향의 기능 집중을 근본적으로 대처하기는 어렵다. 다만 역류효과를 최소화 할 수 있는 고급기능의 기반을 강화할 수 있는 정책의 모색이 차선책이다.

자원지향성은 국지적인 자원의 가치가 시장이 전국으로 확대되어 경제성이 증대되는 경우이다. 역사, 유적, 문화 및 자연경관 등의 관광자원이 주요한 자원 요소이고 도시 및 지역별 특화된 행사와 기능 등이 포함된다. 과거에는 수요 빈도가 낮아 경제성이 없는 것도 전국적 시장으로 확대되면서 경제성의 확보가 가능하다. 그래서 도시 및 지역별 특화 기능과 상품의 개발이 지역개발의 주요한 전략이 되고 있다. 전국적인 시장이 되기 위해선 자원의 질적 수준을 확보하는 것이 선행되어야 한다.

고속철도의 정주체계에 대한 파급효과로서 중심지의 확산효과는 서울을 중심으로 생성되고 이것이 행정중심복합도시의 건설과 맞물려 상승작용을 할 것이다. 고속철도가 행정중심복합도시 건설의 수월성에 순기능을 할 것이나 대신 충청권이 수도권에 흡인되는 중심기능의 확산이 진행될 것이다. 고속철도에 의한 기존의 정주체계의 변화가 미온적으로 진행될 것으로 전망되나 공공기관의 이전이 고속철도 정차도시가 중심일 경우에 정차지역과 비정차지역 간의 격차가 급격히 진행되는 결과를 초래할 것이다. 서울과 지역 간의 균형화는 기여할 수 있으나 각 지역에서 정차지역과 비정차지역 간의 간극을 더욱 심화시킬 우려가 크다.

고속철도 정차도시의 역세권개발이 수요의 고려가 부족하여 실현가능성에 문제가 있는 경우가 많다. 한편 전국적인 초일류 기능의 서울 집중현상은 시장작용의 결과이고 역류효과를 최소화할 수 있는 정책의 모색이 필요하고 시장의 확대에 대비한 전국적 수준을 갖는 다양한 특화기능의 개발이 지역개발의 요체이다(김타열, 2004: 19-20).

연습문제

1. 교통수요예측의 4단계를 간단히 설명하시오.
2. 교통수요예측에서 토지이용의 영향을 기술하시오.
3. 과거 버스중심의 교통체계에서 지하철 중심의 교통체계로 변경이 도시공간구조에 어떻게 영향을 주는가?
4. 버스와 지하철 그리고 자동차 교통이 상업의 입지에 어떻게 영향을 주는가를 설명하시오. 특히 가로변상업과 면적상업지에 주는 영향을 중심으로 설명하시오.
5. 지하철이 토지이용에 주는 영향을 기성시가지와 시가지개발예정지 측면에서 기술하시오.
6. 지하철의 경제성을 높이기 위한 토지이용정책의 방향을 몇 가지 제시하시오.
7. KTX의 개통이 대구와 서울 간의 관계에서 대구에 미치는 영향을 논하시오.

참고문헌

1. 권용우 외, 도시의 이해, 박영사, 1998
2. 김타열, "대구지하철시대 토지이용정책의 과제", 대구사회연구소, 대구 · 경북지역동향, 1998. 6. pp.20–25
3. 김타열, "고속철도의 정주체계 영향요소", 대한국토 · 도시계획학회, 도시정보, 2004년 8월호, pp.20–25
4. 대한국토 · 도시계획학회, 토지이용계획론, 보성각, 2004
5. 박종화, 윤대식, 이종열, 지역개발론, 박영사, 2000
6. 트루먼 A. 핫숀 지음, 안재학 옮김, 도시학개론, 1992 도시출판 새날,
7. Barrie Needham, How Cities Work, Pergamon press, Oxford, 1977.
8. Brutm, M. J., Transport Planning, in Brutm, M. J.(ed.), The Spirit and Purpose of Planning, Hutchinsm, London, 1974.
9. Chapin, F. Stuart, Jr., Urban Land Use Planning, 2nd ed., University of Illinois Press, Urbana, 1965.

제 10 장

도시내 주거지 분화

1. 주거지의 분화

1) 사회적 특성과 주택특성

제 8장의 도시활동체계에서 주택들이 상호군집하고 다른 토지이용과는 혼합하지 않으려는 경향을 설명했다. 도시공간에서 주거지가 차지하는 비중은 면적 크기뿐만 아니라 주민들에게 미치는 영향이 중요한 위치를 점하고 있다. 주거지의 사회적 관심 가운데 한 분야가 주거지가 사회적 계층으로 분리되는 주거지의 분화이다.

주거지의 분화는 두 가지 관점에서 고찰된다. 하나는 가구들의 사회적 특성 관점이고 다른 한 요소는 주택의 건물 혹은 주거지의 특성에 관한 것이다.

사회적 특성들을 살펴본다면, 유사한 연령의 사람들은 서로 가까이 살려고 하는 경향이 있고, 상이한 연령의 사람들은 서로 멀리 떨어져 살려고 하는 경향이 있다는 것이다. 사회적 특성의 요소는 소득, 고용, 인종, 종교 등이 거론된다. 사회적 특성별로 군집화하는 것을 '사회그룹'으로 구분된다. 물론 이것은 주거지에서 사회적 분화의 한 요소이다.

건축특성들을 살펴보면 주택들은 건축년령, 소유형태, 크기, 구조, 시가지

정비수준, 흐르는 물 등과 같은 쾌적성의 구비 수준에 따라 구분되어 건축특성별로 군집되어 있다는 것이다. 이러한 군집의 유형을 '주택그룹'이라 한다.

사회그룹과 주택그룹은 상호 연관되어 있다. 사회적 특성들(예를 들면 높은 소득, 높은 지위)을 가진 가구들은 사회그룹으로서 특정 위치에 군집하고 이 지구는 특별한 건축특성(예를 들면 규모가 크고, 자가소유의 양호한 구조물)을 가진 주택들로 구성된 주택그룹에 살고 있다. 즉 사회그룹과 주택그룹이 동시에 일치하는 지리적 범위를 분화된 '주거지구'라고 명명한다.

사회그룹, 주택그룹, 그리고 주거지구가 왜 발생하고 주거지구의 위치는 어디에 분포하고, 그리고 주거지구들이 어떻게 상호작용하는 가를 설명하고자 한다. 이러한 상호작용들에 의한 주거지구 형성은 사회-생태체계의 이론으로 설명한다.

사회-생태체계이론에 대한 연구는 1920년대에 시카고학파에 의해 시작되었고, 버제스(Burgess)의 동심원 이론은 시카고학파의 가장 잘 알려진 산물이다(그림8-1 참조). 시카고학파의 접근방법이 더 이상 도움이 되지 않는 것으로 여겨져 왔고, 최근 몇몇 이론들이 시카고학파를 대체하기 위해 경쟁하여 왔다. 몇몇 새로운 이론들은 본 장의 뒷 부분에 설명한다. 그러나 아주 잘 개발되어 우리가 원하는 설명을 설득력 있게 제공하는 이론은 아직 아무것도 없다. 그러한 이유는 사회그룹, 주택그룹, 그리고 주거지구를 설명하는 이론은 부분적이고 시험적인 수준이다.

제 4장에서 도시의 주택수요와 공급 그리고 주거지역에 대해서 고찰하였고 여기서는 4장의 분석에 4가지 방법을 더 첨가한다. ①한 가구의 주택수요가 다른 가구의 주택수요에 대해 독립적이 아닐 경우의 영향 ②주택수요와 공급의 분석에 도시공간 상의 위치를 고려한다. ③가구의 사회적 특성측면에서 주택하위시장을 분석한다. ④그리고 선택의 방향과 마찬가지로 가구에 주어진 제약조건의 방향에서 주택수요에 접근한다. 그럼에도 제4장의 기본적인 방법인 수요와 공급의 접근은 본 장에서도 그대로 사용한다.

2) 주거지의 분화 유형

주거지의 분화는 가구가 주거지를 선택하는 과정에서 유사한 주민들이 유사한 주거지들과 결합하여 공간적으로 분리하는 성향이다. 이러한 현상은 도시 거주민의 주거지 이동과 선택의 결과에서 나타난다.

주거지 분화의 물리적 요인은 시가지의 정비수준과 시가지의 노후도가 중요한 인자이다. 시가지 노후도는 필지의 전면도로상태와 필지의 크기수준으로 측정되기도 한다. 시가지가 계획적으로 정비되지 않은 도시 중심부의 구시가지는 접면도로가 차량통행이 불가능한 4m미만의 폭이 많고 그리고 건축에 필요한 최소필지규모에 미달하는 필지들이 많은 이들 주택지구들은 경제성이 낮기 때문에 불량시가지로 쇠퇴하는 성향이 있다..

〈그림 10-1〉은 시가지 정비의 척도로서 폭이 4m미만의 도로(세로)에 접한 필지의 비율을 나타낸 것이다. 세로의 점유비율이 높을수록 시가지의 여건이 열악하여 노후주택과 저소득층이 밀집된 주거지구를 형성하고 있다.

〈그림 10-2〉는 주택건축년도에 의한 시가지의 구분이다. 도시성장이 도심에서 외연적으로 확대하면서 도심인접 일수록 주택년도가 오래되고 도시외곽 일수록 신규주택이 건설되었다. 도심인접에는 노후주택지구이고 건축년도가 도심 반경권이 멀어질수록 최근이 되는 것은 버제스의 동심원이론으로 설명되는 주거지구의 형성이다.

주거지분화의 사회경제적 요인으로 직업, 교육정도, 소득 등이 포함된다. 소득계층과 교육성취도 간에 비슷한 성향을 갖고 있다. 소득에 대한 자료가 부족하기 때문에 소득 대신에 가구주의 교육수준을 대리지표로 이용하여 사회그룹으로 구분할 수 있다.

우리나라의 주거지분화에 가장 영향력이 큰 것이 교육시설의 여건이다. 교육환경이 좋은 주거지구에 고소득계층의 선호도가 높기 때문에 고소득층 중심의 주거지의 분화를 촉발하고 수요에 비해 공급이 부족하면 높은 지가 형성을 부추기기도 하는 실정이다. 고급아파트 등 새로운 주거양식을 공급하는 것이 주거지 분화의 요인이기도 하다.

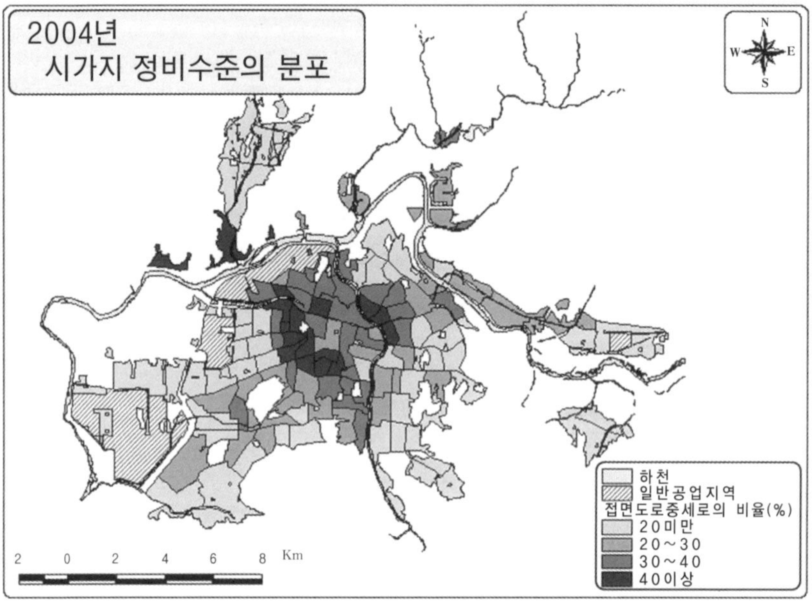

출처 : (대구광역시, 2006)에서 발췌

〈그림 10-1〉 대구시 접면도로 조건에 의한 시가지정비수준의 분포

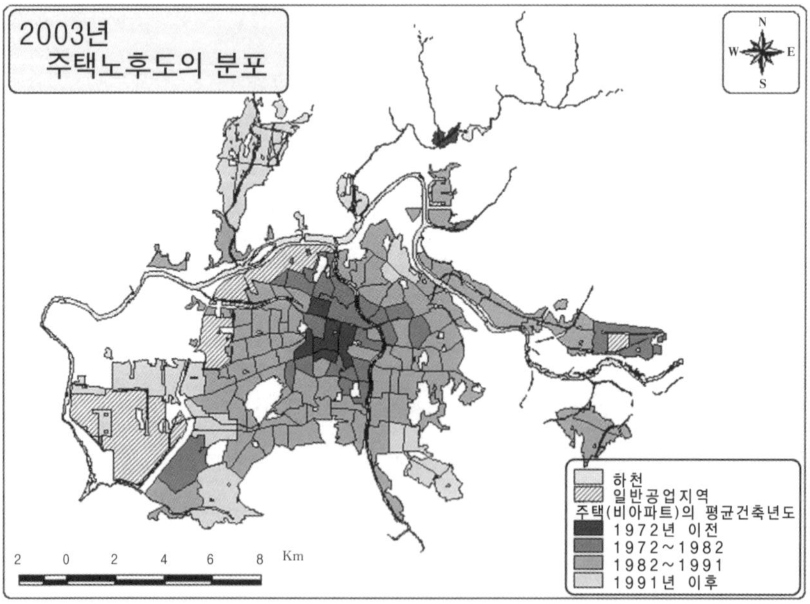

출처 : 상게서

〈그림 10-2〉 대구시 주택건축년도의 분포

〈그림 10-3〉은 대구시에서 초급대학(2년재 대학)이상 교육수준 가구의 비율 분포이고 〈그림 10-4〉는 아파트 지가의 분포를 구분한 것이다. 두 가지 사항에서 비슷한 분포의 양태를 보인다. 이들 지표에서 고소득층의 주거지구는 아파트 지가가 높은 경우와 높은 교육수준의 지구이며 이들의 분포는 호이트(Hoyt)의 부채꼴이론과 비슷한 형태를 나타내고 대구 동측방향은 고소득층 주거지구가 현저하고 반면 북측과 서측은 낮은 계층이고 남부측은 중소득층을 나타내고 있다. 아파트 지가의 차이가 주거지구별로 차이가 나는 것은 고소득층의 주거입지 선호도가 높기 때문이고 이러한 현상이 더욱 심화될 것이다.

고용기회와 주거지 관계에서 볼 때 경제적 지위가 높은 계층의 경우는 직주분리가 생활양식으로서 가치를 반영하고 있는데 비해 경제적 지위가 낮은 저소득층의 경우는 직주분리는 극복되어야 할 경제적 부담이다. 그러므로 도심상업지역과 공업지역 주변에는 근로자계층의 주택지구가 형성된다. 그래서 소득계층에 따라 주거지 선정의 여건이 상이하다. 비교적 여유가 있는 계층은 주거입지 선정이 자유롭고, 소득수준이 낮은 계층일수록 직주분리가 어려운 것처럼 저소득층의 주거입지가 한정되어 있는 실정이다.

주거지 분화에는 개개인의 생활방식, 종교, 생애주기, 인종 등 동질적 문화환경을 추구하는 것이 요인이 되는 경우가 많다. 생애주기에 의해서 주거지의 위치, 소유형태, 주택년도 등에 차이가 있다. 생애 초기단계의 가구들은 도시내부를 더 선호할 수 있으나 생애단계가 진행할수록 어린이들이 출생하고 성장함에 따라 어린이에게 도움이 되는 환경을 더 선호하게 된다.

〈표 10-1〉 도시의 생애주기에 따른 주택요구

생애주기	주택요구
자녀없음	비교적 값싼 도시내부의 아파트
자녀가 아주 어림	아파트지역에 근접한 단독주택지역 임대
자유양육	새로운 교외주택소유
자녀 준독립	보다 고급주택지로 이주하거나 같은 지역거주
자녀독립	주거지의 안정이 현저함
말년	공공아파트/ 자녀와 함께 생활

자료: (황희연 등:323)에서 재인용

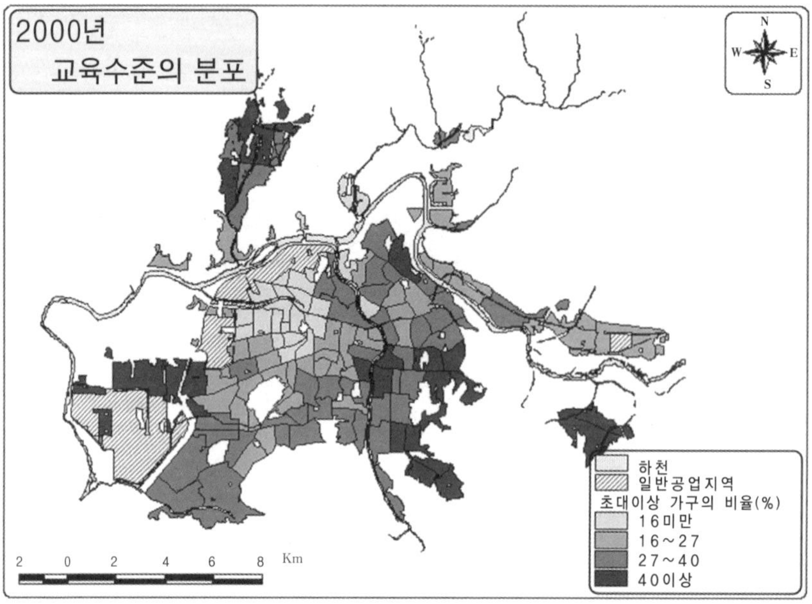

출처 : 상게서

〈그림 10-3〉 대구시 교육수준의 분포

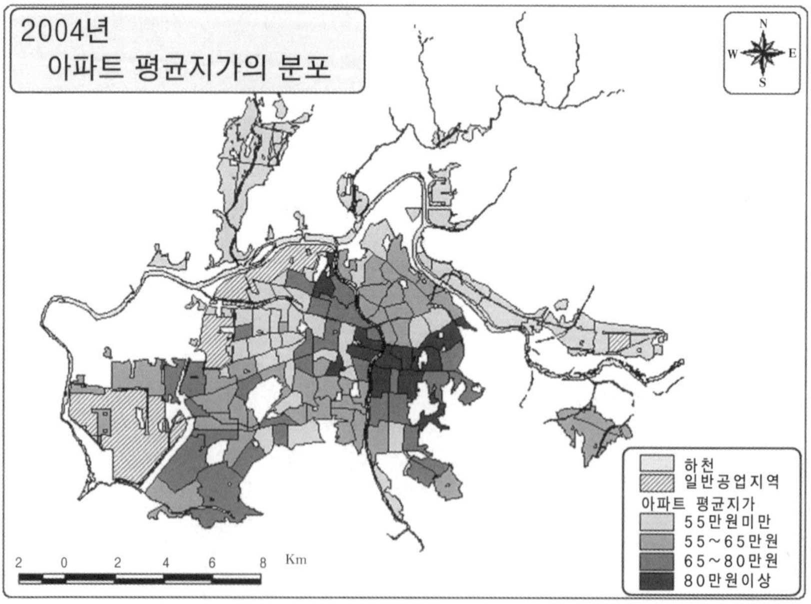

출처 : 상게서

〈그림 10-4〉 대구시 아파트지구의 분포

생애주기의 변화 또한 가구구성과 경제력에 영향을 주게 된다. 대체로 생애주기가 진행될수록 자발적인 이동의 필요성을 크게 느끼는데 이러한 자발적 이동의 필요성은 생애주기에 따른 소득수준의 변화가 큰 영향을 미치는 것으로 볼 수 있다(황희연 등 : 323-324).

〈그림 10-5〉는 65세이상 노령인구의 분포를 나타낸 것이다. 인구구조의 분포는 대체로 동심원형태를 보인다. 그러나 두 가지 방향에서 부채꼴의 형태를 보인다. 하나는 서측 공업지역 인접지역에서 노령인구의 비율이 극히 낮은 것이다. 이러한 현상은 공업지역에 근무하는 근로자계층의 근접성에 기인한 것으로 추정할 수 있다. 다른 하나는 신천변 남측방향으로 토지구획정리사업이나 공영개발의 시행없이 자연발생적으로 시가지가 조성된 지구이다. 노령층의 인구비중이 높은 주거지구들은 비교적 저소득층 중심이고 주택의 노후화가 심한 주거지구이다.

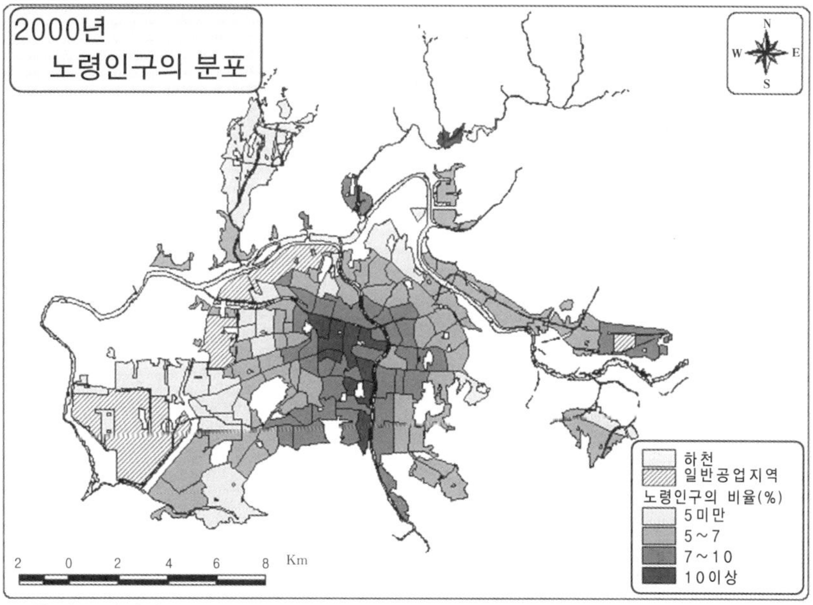

출처 : 상게서

〈그림 10-5〉 대구시의 노령인구 분포

도시 주거지의 공간적 분화에 대한 하나의 학문적 접근방법이 사회지역분석(social area analysis)이다. 사회지역분석의 목적은 도시사회의 기본적인 현상들을 조사함으로서 도시내에서 주거지 분화에 대한 폭넓은 연구방법을 제공하는 것이다(황희연 등: 103, 김인: 213-214, 대한국토 · 도시계획학회, 2004: 55). 사회지역분석의 선도자인 쉐프키(Shevky)와 벨(Bell)은 도시공간구성에서 3가지 차원의 구성요소를 제시하였다. 즉 사회적 지위(또는 경제적 지위), 도시화 인자(또는 가족지위), 그리고 주거지역의 분리현상이다. 벨 등은 도시화인자와 관련된 주거입지 선호도는 세 가지 형태의 생활양식, 즉 가족중심주의, 소비중심주의, 그리고 직장중심주의와 밀접하게 연관되는데 이들 모두가 동심원적 분포패턴을 뒷받침하고 있다고 한다. 도시내 사회 · 경제적 지위에 따른 주거지 토지이용은 부채꼴의 형태를 지니고 문화적 차이가 있는 주거지역의 분포는 다핵심론적 형태와 비슷하게 불연속적인 분포형태를 보인다.

한편 시먼즈(Simmons)는 도시내 여러개의 독립된 차원이 있으며, 이들을 결합할 때 도시의 사회적 패턴을 정확하게 기술할 수도 있다고 한다. 사회-경제적 지위의 차원에서는 부채꼴이론, 도시화 인자의 차원에서는 동심원이론이, 그리고 인종별 분리의 차원은 다핵심이론이다 (대한국토 · 도시계획학회: 57-58).

〈그림 10-3〉과 〈그림 10-4〉의 교육수준과 아파트지가의 분포패턴은 사회-경제적 지위를 설명하는 것이며 부채꼴의 형태이고 〈그림 10-5〉의 고령인구의 분포는 동심원이론의 형태와 일치하고 있다.

2. 주택수요와 주택공급 요인

수요 : 자신과 비슷한 이웃에 대한 선호성

사람들은 여러 가지 이유로 비슷한 사회적 특성을 가진 가구들과 같은 지역에 살기를 원할 것이다. 그러한 이유는 다음과 같다. 이웃의 외부효과를 통해서 바람직한 환경의 질을 창조하는 것, 자신과 비슷한 이웃들이 있는 장소에 있다는 동질감과 편안함, 친구나 친척에 가깝고 동료와 쉽게 접촉할 수 있는 것, 지구에 소재한 학교의 질적 수준의 만족과 이용 가능성, 동료들의 결정을 본받음으로써 어려운 주거지 선택을 보다 쉽게 할 수 있는 것 등이다.

만약 비슷한 이웃에 대한 이러한 선호도가 있다면 선호도가 약간의 경우라도 이는 사회적 분화를 가져오게 한다. 무쓰(Muth)는 "소비자 선호가설"을 가정하였다. 그 가설은 백인들은 흑인들 사이에 사는 것에 대해 흑인들이 가지는 것 보다 더 큰 혐오감을 가진다는 것이다. 그 결과 백인은 좋은 백인 이웃에 주택을 마련하기 위해 준비해야 한다는 강박관념이 크다. 이런 결과에 의해 인종적으로 분화된 주거지구가 형성된다(Needham;115).

수요 : 접근에 대한 욕구

모든 주택은 상점, 직장, 공원, 학교 등과 특별한 위치와 관련되어 있다. 그래서 모든 주택은 가족이 방문하고자 하는 도시시설과의 접근성이 필요하다. 일반적인 이론에서는 가구들의 욕구는 단지 직장과의 접근 관점에서만 분석되어 왔다. 게다가 그 가정들에서는 모든 직장들이 도심에 있고, 모든 노동자들은 직장 통근비용을 줄이려는 것으로 설정하고 있다. 그러나 직장은 일반적으로 전 도시에 흩어져 있고, 도시의 한 지역(예를 들면 도심)에 제공된 직업의 유형은 아마 다른 지역(예를 들면 도시 변두리에 있는 공업용 토지)에 제공된 직업의 유형과는 상이할 것이다. 대구의 사례에서도 공업단지 주변에 젊은 연령층이 많이 분포하는 것에서 직장의 접근성이 주거지구 형성에 중요한 요소라는 것을 나타낸다.

그리고 사람들은 각자 그들이 통근통행에서 서로 다른 것들을 원할 것이다. 직장으로의 접근은 노동자가 없는 가구에게는 관심없다. 퇴직한 사람에게 있어서 우체국 접근성은 가장 중요한 관심사가 될 수 있다. 이러한 의미는 각각의 가구들은 그들 집이 있는 위치로부터 서로 다른 접근체계를 원한다는 것이다. 그리고 위치별로 주택들은 서로 상이한 접근체계를 제공하고, 접근에 대한 유사한 욕구 때문에 사회그룹을 야기할 수 있다.

수요 : 주택특성들에 대한 욕구

각각의 주택들은 소유형태, 규모, 쾌적성 등 상이한 주택특성을 지니고 있다. 주택은 그들의 특성에 근거하여 최하급에서 최상급까지 등급이 메겨질 수 있고 모든 가구들도 같은 방법으로 등급이 메겨질 수 있다고 종종 가정되었다. 만약 그것이 사실이라면, 하나의 가구에 가장 바람직한 것은 모든 가구에도 가장 바람직한 것이 될 것이다. 그러나 그 가정(Assumption)이 틀린다면 각 가구의 특성에 따라 상이한 주택특성들이 요구될 수 있다. 주택들이 특성들에 따라 군집된다면 이러한 주택을 요구하는 가구의 특성에 의해 사회그룹이 형성될 수 있다.

공급 : 주택특성들

주택공급의 가장 큰 부분은 주택재고이다. 신규주택은 단지 주택재고를 증가시키는 소량에 불과하다. 주택들이 건설될 때 주택규모, 쾌적성의 구비, 밀도 등의 주택특성을 가지고 건설된다. 일반적으로 그 특성들은 건물의 수명까지 변화되지는 않는다. 공급되는 주택특성은 기존 재고 주택의 특성과 그러한 주택들이 건설되는 상황을 살펴봄으로써 이해되어 질 수 있었다.

주택건설경제학에 의하면 한 부지가 비슷한 주택들로 건설되는 것이 경제적이라고 한다. 규모의 경제성 때문에 지구내에 건설되는 주택들은 비슷한 속성을 가진다.

큰 부지에 비슷한 주택들이 건축되는 공급의 이유는 설득력이 있다. 이것에 의해 주택그룹이 구분된다. 한편 사람들이 비슷한 사회적 신분을 가진 사람들과 가깝게 살려는 속성이 있다는 것을 주택개발자가 알고 있는 것이 수요의 이유이다. 몇몇 다양한 주택유형들은 재개발에서 개발될 수 있으나, 유사한 주택들의 군집성향이 있다. 대부분의 주택그룹의 속성은 크게 변하지 않는다.

수요와 공급 : 사회그룹과 주거지구 관계

자신과 비슷한 이웃에 거주하려는 수요, 접근성에 대한 수요, 주택특성에 대한 수요들을 주택특성의 공급과의 연결고리로서 결과를 살펴볼 필요가 있다. 먼저 자신과 비슷한 이웃에 거주하는 수요가 사회그룹을 형성한다. 그러나 이 수요 자체만으로는 주거지구를 형성하는 것은 아니다. 접근에 대한 수요 또한 사회그룹을 형성하게 한다. 즉 가구의 사회적 특성에 따라 접근성에 대한 수요가 다양하기 때문에 사회그룹이 형성되는 것이다. 이것에서도 사회그룹이 반드시 주거지구를 형성하는 것은 아니다. 주거지구가 형성될 수 있는 경우는 다음과 같은 경우이다. 가구들의 사회적 특성에 따라 주택그룹이 상이하고 주택그룹 내에서 유사한 주택이 공급될 때이다. 그래서 수요와 공급의 방법에 근거하여 사회적 그룹, 주택그룹, 그리고 주거지구의 실존을 설명하기가 어렵다.

공급과 수요 : 입지의 문제

사회-생태체계 중 중요한 요소 중 하나가 입지이나 지금까지 고려되지 않았다. 분화된 주거지구가 여타의 주거지구와 도시구조 관점에서 어떻게 입지하는 가이다. 공급과 수요의 접근방법으로 이러한 물음에 응답할 수 있을까? 주택수요에 대한 일반적인 가정은 모든 가구들은 가능한 한 그들의 직장에 가까이 살기를 원한다는 것이며, 멀리 떨어질수록 주택가격을 지불하고자 하는 의사가 줄어든다는 것이다. 다시 말해, 가구는 교통비용과 임대비용이 서로 대체한다는 것이다. 팔(Pahl)은 대도시의 변두리에 있는 값비싼 통근자거주촌(Commuter Villages)을 설명할 때 이와 같은 가정에 대해 의문을 제시한 몇 안되는 사람 가운데 한 사람이었다. 호이트는 다른 가정을 제시하였는데, 부유한 가구들은 부유한 가구들끼리 서로 근접한 곳에 거주하고자 한다는 것이다. 그리고 중산층 가구들은 부유한 가구들이 사는 곳에 근접하여 거주하고자 하며, 가난한 사람들은 그 나머지 다른 지역에 거주한다는 것이다. 이에 따라 호이트는 주거지역에 대한 부채꼴이론(Radial sector theory)을 도출하였다.

일반적으로 주택공급의 입지에 관한 가정은 그다지 명확하지는 않다. 때때로 도시성장의 역사적 상황이 주택그룹별 입지를 결정한다는 의미를 담고 있기도 한다. 예를 들면, 중세의 상인들은 도심에 거주하였으며, 가난한 사람들은 변두리지역에 거주하였다. 그래서 도심주변에 있던 노동자계층(Working-class)의 주택은 급속하게 성장하였다. 그리고 점차 중산층의 교외주택지가 건설되었으며, 계속해서 그보다 부유한 통근자들의 주거지가 개발되었다. 따라서 신규주택은 도심으로부터 더욱 멀리 떨어진 곳에 입지하게 되고, 그것은 물리적으로도 매우 양호한 것이었다.

개략적인 설명으로 공급과 수요 접근은 주거지역의 입지를 설명하는데 도움을 줄 수는 있지만 완벽한 설명을 제공하지는 못하고 있다. 그러므로 우리는 주택에 대한 공급과 수요 간의 상호작용에 대해 더욱 많은 지식을 알아야 할 필요가 있다.

3. 주거지 분화의 사회 - 생태체계의 이론

1) 사회 - 생태체계의 이론

사회그룹, 주택유형, 그리고 주택 위치 간의 상호관계가 사회-생태체계를 구성한다. 여기서 설명하는 사회-생태체계의 모든 이론들은 수요-공급 접근을 취하고 있다. 사회-생태체계이론이 지금까지 설명한 주택수요와 공급 접근과 두 가지 점에서 차이가 있다. 첫 번째는 공급과 수요의 상호작용의 과정 차이이다. 즉 주택배분과정의 차이이다. 두 번째는 초기상태의 차이이다. 초기상태는 이러한 배분과정이 작동하는 지리적 및 역사적 여건이다.

동심원 이론의 지구구분

버제스(Burgess)는 동심원이론에서 5개의 지구를 구분하고 이 지구들이 5개의 동심원띠로 구성되어 있다고 주장하였다. 도시의 확대과정에는 물리적인 성장 · 발달과정이 존재하는 측면과 함께 사회구조나 인간성의 변화과정도 존재한다고 파악하였다. 또한 버제스는 도시가 확대하면서 개인이나 집단의 거주지별, 직업별 분화와 재배치를 강화시키는 경향을 수반하게 된다고 하였다.

도시의 확대 현상을 침입, 전이, 집중 등 생태학의 개념을 이용하여 토지와 주택의 배분과정을 시장원리로 설명하였다. 즉 사회그룹, 주택유형, 그리고 주택 위치 간의 상호작용과정은 토지이용에 대한 경쟁이고 입지과정은 도시내 지구 간의 지배, 침입과 계승이며, 그리고 각각의 입지적 특성은 역사적인 초기조건에 의해 공급여건이 결정되어있는 경우이다. 토지와 주택을 배정하는데 있어 시장기능의 과정으로 설명하는 것이 최선이라는 것이다. 즉 토지이용의 결정은 경제적 경쟁성에 근거한다.

지대이론

시장원리에 의한 다양한 배분과정을 지대이론으로 설명한다. 부유한 사람과 가난한 사람 간의 토지에 대한 경쟁을 일반적으로 시장원리인 지속적 경쟁력이 작용한 것이 아니고 부유한 사람들이 우선 선택하는 순차적 배분이 적용된 결과이다. 이것은 호이트의 부채꼴이론의 도시공간구조에서 핵심적인 논리이다.

지대이론에 의하면 모두 사람들이 도심의 인근에 입지하는 것을 원한다고 가정하고 있다. 도심에서 교통비용이 가장 적기 때문이다. 교통비를 더 많이 지출하는 사람들은 주택에 더 적게 지출할 것이다. 부유한 사람은 항상 가난한 사람보다 주택지에 대하여 더 많은 돈을 지불할 여유가 있고 그들이 주택에 지불할 수 있는 총액은 도심으로부터 거리가 증가함에 따라 점차 감소한다고 한다.

서구도시에서는 부유한 사람들이 넓은 공간에 대한 선호도가 높기 때문에 가난한 사람들은 도심에 남겨둔 채 교외지역에 거주한다. 대신 도심의 지가가 비싸기 때문에 가난한 사람들은 높은 밀도에서 살아야 한다. 그러나 이러한 소득계층에 따른 주거지 선호도는 국가의 경제수준에 따라 상이하다. 인디아 혹은 라틴아메리카의 도시에서는 부유한 사람들이 도심에서 살기를 선호한다. 그래서 가난한 사람들은 교외지역에 살아야 한다. 교외지역의 지가는 싸지만 교통비용이 높기 때문에 대중교통수단을 이용해야 한다.

우리나라의 경우는 두 가지 성향을 공유하고 있다. 도시의 행정구역내에서는 도심에 근접할수록 저소득층이 거주하고 외곽에 고소득층이 선호한다. 이러한 이유는 도시행정구역내에서는 시가지의 조성 년대에 따라 신시가지와 구시가지로 구분되어 있어 물리적 환경이 주거지구의 분화에 주요한 요인이 되기 때문이다.

반면 도시권에서는 저소득층이 외곽에 거주하고 도시권에 직장을 갖는 사람들이 도시행정구역 내에 위치하려고 한다. 이러한 이유는 첫째는 행정구역에 따라 교육 등 도시서비스 수준이 상이하기 때문에 양호한 주거지구를 부유한 사람들이 선점한다. 그리고 도시외곽에는 교통시설이 발달하여 대중교통수단에 의한 교통비를 절약하고 지가도 낮기 때문에 저소득층이 선호하게 된다.

주택계급이론

현재 주택의 상황은 삶과 바람직한 주택과 주택표준의 세 가지 방법이 고려된 것이다. 보다 덜 바람직하고 표준이하의 주택은 현재 내부존에서 살고 있는 사람들의 삶의 방식이다. 그리고 거의 대부분 가구들에게는 공급은 희소하지만 교외의 주택이 바람직한 자원이다.

사회-생태체계에 있어서 기초적인 과정은 주택의 희소성과 바람직한 유형 간의 경쟁이다. 주택배분과정에 작용하는 능력에 의해 사람들의 신분이 구분된다.

렉스(Rex)는 현대의 영국도시에는 능력에 따라 등급을 7개의 주택계층으로 나누고 있다.

① 좋은 지구에 있는 대저택의 자가 소유자
② 좋은 지구에서 주택의 전체를 소유하고 있는 저당대출 소유자
③ 시영주택에서 임대인
④ 철거를 대기하는 노후주택에서 시영주택의 임대인
⑤ 보통 도시내부지구에 있는 개인소유주택의 임대인

⑥ 대여금을 충당하기 위해 하숙을 해야 하는 주택소유자

⑦ 셋방사는 사람(Rex, 1968, pp.212-15).

2) 주거지구의 상호관계

지금까지 분화된 주거지구가 어떻게 생성하는 가를 설명하고자 했다. 주거지구는 가구의 사회적 특성이 비슷하고 주택의 특성도 비슷한 지리적인 지구이다. 이 지구의 생성과정을 벗어나서 한 도시에 주거지구들이 서로 독립적으로 존재할 수 없다. 한 주거지구가 변화하면 이것은 다른 주거지구가 변화하도록 작용한 것이라고 예측할 수 있다. 여기서는 주거지구의 상호관계가 어떻게 발생하는 가를 설명하는 것이다.

주택 순환과정(filtering process)

가구가 주택유형들 간을 이동하는 과정을 필터링이라 하고, 여기에서 주택유형은 가격으로 분류되어 있다. 예를 들면, 볼품이 없는 싼 주택에서 더 훌륭하고 보다 값비싼 주택으로 이주하는 것이다. 그 과정을 추측하는 방법은 다음 보기에서 설명한다. 부유한 가구의 수는 고정되어 있다고 가정하자. 그리고 나서 조금 비싼 주택이 지어진다. 부유층의 가구들 중 몇몇은 새로운 주택으로 옮겨갈 것이고 그 전에 그들이 거주하던 주택들은 공가가 될 것이다. 따라서 비워진 좋은 주택들은 가격이 떨어지고 보다 덜 부유한 가구들에 의해 구매된다. 그런 이후 보다 질이 떨어지는 공가가 된 이러한 주택들은 주택시장에서 그 다음의 하위 계층의 사람들에게 점유된다. 이러한 과정은 가장 열악한 주택에 사는 몇몇 사람들이 조금씩 보다 나은 주택으로 이주해 갈 때 까지 계속된다.

이러한 점에서 비싼 주택의 공급은 주택재고의 질을 개선시키고, 이러한 개선은 주택시장을 통하여 순환됨으로써 심지어 가장 열악한 주택에 사는 사람들도 어느 정도 개선된 주택에 거주하게 된다. 이것이 주택순환이론이다. 그리고 이는 위안을 주는 이론이다. 왜냐하면 심지어 매우 비싼 주택들의 공급도 가난한 사람들에게 주택상태를 개선시킬 것이라는 근거(동기)에

서 사회적으로 정당화될 수 있기 때문이다. 이는 올바른 이론인가? 최근에 스코틀랜드(Watson, 1973)의 경험적인 연구는 새로운 주택의 건설은 가구의 연쇄적인 이동을 창출한다는 것을 보여주었다. 1000세대의 새로운 자가소유의 주택들이 건축되어 2090가구들이 이사할 수 있었고, 1000세대의 새로운 지방정부의 주택들이 지어져서 1640가구들이 이사할 수 있었다. 게다가, 대부분의 이주자들은 상향으로 이주 하였다. 가구들은 새로운 건물이 지어짐으로써 보다 나은 주거시설로 이사하였다. 그러나 여과과정은 주택소요 수준인 사람들을 돕는데 효과적인 방법은 아니었다. 새로운 건축계획의 파급효과에 의한 간접적인 침투에 의존하지 않고도 특별한 계층이 직접적으로 도움이 될 수 있도록 정책이 고안되어야 한다.

그러나 주택여과과정에 대해서 다음과 같은 반론이 있다(황희연 등: 317).

첫째 오래된 주택은 소득이 낮은 가구에 의한 하향 여과하기 보다는 사무소와 같은 다른 용도로 전환되거나 철거 등으로 파기되는 경우가 많다.

둘째, 은행에서 신용이 약하고 저당잡힐 자산이 없는 가난한 거주자들의 유용한 거주단위로의 이사라는 것에 실제적인 제약이 있다.

셋째, 많은 양의 하향여과를 위해서는 주택의 공급이 주택수요를 초과하여야만 한다.

넷째, 주거여과원칙을 적용하기 위해서는 새로운 주택은 부유한 사람을 위해 있어야 하고 보다 오래된 주택은 가난한 사람을 위하여 존재해야 한다는 것을 함축하고 있다.

다섯째, 오래된 주택이 하향여과 했을 때조차도 저소득가구는 종종 대단히 비싼 관리비의 부담을 감수하게 된다.

밀어내기 과정

하비(Harvey)는 중산층의 교외화과정을 밀어내기 과정이라고 하고 하향적 순환이론을 제시하였다. 개개 가구의 입장에서는 경제적 여건이나 기타 여건에 의하여 아직은 교외의 넓은 주택으로 이사할 상황이 아니어서 당분간은 현재의 거주지에서 더 거주하고 싶은 심정일 경우도 있다. 그러나 현재

하향여과가 이루어지면서 주거환경이 갈수록 악화되어 앞으로 자신의 거주지가 계속하여 가격이 더욱 하락할 것이 염려될 뿐 아니라 새로 이주해 온 주변 거주자들이 수준 낮은 형태를 드러냄으로써, 이를 견디지 못해 할 수 없이 교외로 이주하는 경우이다. 이는 한 도시내의 서로 다른 모든 주거지에서 동시에 발생할 수 있다(황희연 등: 318).

연 습 문 제

1. 주거지구의 분화를 거주민의 사회적 특성과 주택 특성 간의 관계에서 설명하시오.
2. 대구시의 시가지정비수준, 건물의 노후화수준, 주민의 연령분포, 교육수준, 아파트지가 등의 분포에서 동심원모델과 부채꼴모델의 적용성을 제시하고 이들 패턴형태의 이유를 설명하시오.
3. 주택지구 분화의 수요 요인과 공급 요인을 설명하시오. 그리고 실제 대도시에서 저소득층 주거지구의 실태를 조사하여 설명하시오.
4. 주거지 분포에서 주택계급이론을 설명하시오.
5. 주택순환과정 측면에서 저소득층 주거여건 개선과정을 설명하고, 한편 주택순환과정이 작동하기 힘든 여건을 설명하시오.

참 고 문 헌

1. 김인, 도시지리학 원론, 법문사, 1991.
2. 대구광역시, 도시및주거환경정비기본계획, 2006, 출간예정.
3. 대한국토 · 도시계획학회, 토지이용계획론, 보성각, 2004.
4. 하성규, 주택정책론, 박영사, 1999.
5. 하성규 외 공저, 주택 · 도시 · 공공성, 박영사, 2000.
6. 홍경희, 도시지리학, 법문사, 1983.
7. 황희연, 백기영, 변병설, 도시생태학과 도시공간구조, 보성각, 2002.
8. 트루먼 A. 핫숀 지음, 안재학 옮김, 도시학개론, 도서출판 새날, 1992.

제4편 도시의 개선 정책

제 11 장
도시계획의 개념과 정당성

1. 도시계획의 개념

1) 도시계획이란?

도시계획은 도시의 구성요소인 인간·시설·토지의 상호관계에 조화로운 질서를 부여하여 인간의 도시생활에 혜택을 제고시킬 수 있는 바탕을 마련하는 체계적 노력이라고 말한다. 여기서 도시생활의 혜택은 인간의 능력을 최대한 개발할 수 있도록 각종 기회를 충분히 제공하여 개인의 발달을 이루도록 함은 물론 각종 공·사부문의 서비스를 충분히 제공하여 인간의 존엄을 유지할 수 있는 쾌적하고 편리한 환경에의 접근이 쉽게 이루어지도록 하는 데 있다(성환용, 1999: 5).

도시계획의 분야

도시계획을 통해 발전을 성취할 수 있는가? 각 도시가 처해있는 상황에 따라 도시계획이 중점적으로 갖는 관심 분야는 상이하다. 먼저 도시계획에서는 도시성장에 대응하여 바람직하고 매력적인 도시환경을 조성하는 데 관심이 크다. 이는 과밀개발이나 지나친 분산개발을 억제함과 아울러 지역

주민들이 여가, 문화, 교육, 판매시설 등에 쉽게 접근할 수 있는 것, 편리한 가로망패턴을 구성하는 것, 상호 인접하여 충돌하는 토지이용들(예컨대, 생산활동과 주거활동)을 분리시키는 것을 의미한다. 또 현대적으로 계획된 도시에서는 보행자와 자전거 이용자들에게 자동차에서 안전하게 분리한 보행체계를 제공하는 것을 의미할 수도 있다.

도시계획가들은 장래의 토지이용패턴을 바람직한 방향으로 유도하고 이용자의 편의를 도모하기 위해 학교, 사회서비스센터와 같은 공공시설의 위치에 관심을 갖는다. 만약 어떤 도시에서 상당한 규모의 공업, 또는 상업개발이 예상된다면 계획가는 이들 활동을 적합한 블록에 배치하고 도로, 용수, 하수도시설 등을 적절하게 공급해야 한다.

성장하지도 않고 성장이 예상되지도 않는 오래된 시가지에서 계획가는 주로 기존의 것들을 보전하거나 쇠퇴한 지구들을 개선하는데 관심을 갖고 주택재개발 등에 관심을 갖는다. 어떤 도시에서는 계획가들이 주택가격 문제, 특히 저소득층의 주택문제에 관심을 쏟는다. 또 다른 도시에서 계획가들은 역사적 건물이나 랜드마크를 보전하는데 큰 힘을 쏟는다. 중심가의 활력이 문제가 되는 도시에서는 계획가들이 도로를 개선하고, 시내의 사업체들이 경쟁력을 갖추는 데 도움이 되는 계획활동에 관여하게 된다.

심각한 실업문제를 안고 있는 도시에서는 경제개발이 계획가들의 주요과제가 될 수 있다. 계획가들은 기존의 산업을 남아있게 하거나 확장하도록 여건을 만들고 신규업체들이 도시에 입지하도록 하는데 노력하게 된다.

최근에는 환경피해를 최소화하면서 어떻게 개발을 유도하고 관리할 수 있는가의 문제가 계획에서 중시되어왔다. 예컨대, '도시의 고형폐기물을 처리하는데 있어서 매립과 소각 가운데 어느 것이 더 환경보전에 유리하고 비용이 적게 드는가?', 또한 '가장 좋은 입지는 어디인가?' 등의 문제가 계획가의 주요 관심사가 될 수 있다(존 레비저, 서충원, 변창흠 역: 23-24).

도시계획은 궁극적으로 양호한 정주공간을 형성하기 위한 일련의 작업이라고 할 수 있다. 양호한 인간정주지의 구성요소로서 도시계획의 대상을 다음과 같이 살펴볼 수 있다(대한 국토 · 도시계획학회, 2000: 142-143).

첫째, 도시기능의 원활한 운영을 확보하는 것이다. 도시기능에는 행정, 경제 등이 중심인 중추관리기능과 생산, 유통, 교육, 문화, 오락, 주거 기능 등이 포함되는데 이러한 기능들이 각각 충분하게 운영되도록 하는 것이 필요하다. 그러기 위해서는 도시 내의 토지이용을 종합적이고 질서있게 구성함과 동시에 공공시설들을 적절하게 정비할 필요가 있다.

둘째, 도시의 환경을 우수한 수준으로 정비하는 것이다. 도시에는 다수의 주민이 거주하고, 활동하고, 휴식하고 있으며 이러한 주민들의 생활의 장을 풍요롭고 양호한 환경으로 만드는 것은 매우 중요한 작업이다. 이를 위해 도시생활에 꼭 필요한 생활환경시설의 정비를 도모하는 것이 무엇보다 중요하지만 적절한 토지이용의 구분으로 공해를 방지하고 각각의 도시특성에 기초한 자연환경의 보전을 통해 가능한 살기 좋은 도시로 만드는 것도 필요하다.

셋째, 도시안전의 확보이다. 도시에는 여러 가지 종류의 위험이 내포되어 있다. 지진, 홍수 등의 자연재해, 화재와 폭발사고, 교통사고 등 여러 가지 사고의 가능성은 매우 높으며 과거에도 많은 피해를 경험하였다. 도시생활의 안전을 도모하기 위해서는 많은 행정 영역의 대응이 필요한데 도시계획에서는 적절한 토지이용의 구분, 공공시설의 배치 및 구조적 배려, 건축물과 기타 구조물의 방재능력 향상 등으로 유사시에 피해를 최소화할 수 있도록 도시의 구성을 정비하는 종합적 대응을 도모할 필요가 있다.

넷째, 도시의 아름다움에 대한 배려이다. 주민들이 생활하는 장임과 동시에 크게 보아 인간 교류의 장인 도시에 아름다움을 가미하는 것도 매우 의미있는 일이다. 도시미의 형성에는 새로이 구축되는 공공시설과 건축물 그리고 기타 시설물의 배치, 설계 등에 대한 배려와 동시에 자연적 경치와 전통적인 가로 등의 양호한 보전 등 양면을 모두 배려할 필요가 있다.

계획(Planning)과 계획안(Plan)

계획이란 용어는 사전적 정의와 같이 '계획이란 단순히 계획을 세우는 일' 이라고 정의하는 것은 계획(Planning)과 계획안(Plan)이라는 두 가지 용어의 혼동에서 비롯된 것이다. 계획안은 우리가 추구하는 목표와 목표의 실현을 위한 수단 등의 내용에 대한 의사결정 결과를 포함하는 문서화된 행위지침을 의미한다. 반면, 계획은 계획안을 생산해 내는 과정과 계획안의 실행을 통하여 목표를 달성하고 미래에 있을 일에 대하여 영향을 미치는 행위과정, 모두를 포함한다. 따라서, 계획이란 계획안을 수립하고 실천에 옮기는 것을 의미하며, 이를 통하여 미래에 있을 일에 대하여 영향을 미침으로써 우리가 얻고자 하는 목표를 성취하는 행동을 의미한다(상게서: 112).

계획이라는 용어는 어의적으로는 미래의 목표를 효율적으로 달성하기 위하여 일련의 선택과정을 거쳐 합리적으로 고안된 행위를 의미한다. 그래서 계획이란 미래를 예견하여 취하게 되는 일련의 선택을 통하여 가장 적절한 미래의 행동을 결정하는 과정과 결정된 행동을 실제 실행으로 옮기는 과정인 셈이다. 결국, 계획이란 보다 나은 미래를 건설하기 위한 수많은 행위들에 대한 의사결정의 과정을 의미한다. 도시계획에서 중요하게 강조되는 계획과정은 문제의 분석, 목표의 설정, 예측, 대안의 설정, 대안의 평가, 의사결정, 집행과정 그리고 관찰 및 통제 등이 포함된다.

도시계획의 공공적 성격

일반적으로 도시계획은 공공의 복리증진에 그 목적이 있으므로 다음과 같이 공공계획의 성격을 지니고 있다.

첫째, 도시계획은 강제성이 있다. 헌법에서 국토자원의 관리를 위한 국가계획의 필요성을 명시하고 각종 법령에 의해 도시계획이 시행된다. 도시계획의 시행은 공법이 미치는 행정행위의 일종으로 사유재산권을 제한하기도 한다.

둘째, 계획 실행에 의한 변화로 발생하는 혜택은 개인이 아니라 공공복리를 대상으로 하고 있다. 도시계획이 공권력을 동원하는 행위이므로 도시계획이 수행하고자 하는 목적이 공익(Public Interest)이어야 한다. 주요한 공익의 요소가 도시의 안전성과 위생성이고, 편리성, 경제성, 환경보전, 형평성 그리고 쾌적성 등이 제시되고 있다.

셋째, 예산의 뒷받침을 필요로 한다. 도시계획은 공공투자사업을 통해 도시거주민에 서비스를 개선하고 삶의 질을 개선한다. 대표적인 도시계획의 투자사업이 도로, 공원, 교육시설, 상·하수도시설 등의 도시기반시설의 설치사업이다.

2) 도시계획의 목표와 계획가의 성격

도시계획의 목표

계획을 통해서 얻을 수 있는 계획수립의 목표는 다음 7가지로 정리된다. 이는 다음과 같다.

첫째, 경제성을 확보하는 것이다. 좋은 계획 결정의 결과로서 행정의 효율성을 확보할 수 있다. 예를 들어 주택개발이 기존의 도시서비스로부터 너무 멀리 떨어져 개발된다면 도시서비스가 비싸게 공급되어야 한다. 개발될 주거지는 이미 개발된 시가지에서 제공된 상·하수도, 소방, 경찰, 도로 유지 등이 필요하고 예산이 소요된다. 기존 서비스에 인접하거나 가까운 곳에서 개발된다면 이용시설의 확장 비용과 유지관리 비용 그리고 이와 관련된 인력의 절감을 통해서 장기적인 수요를 낮게 할 수 있다. 도시를 어떻게 구성하고 도시시설을 어떻게 배치하는 것이 도시전체적인 경제성을 확보하는가가 도시계획의 가장 주요한 동기이다.

둘째, 계획은 기본적 원칙을 설정한다. 계획은 도시개발업자와 주민들에게 기본적인 원칙과 표준을 설정하고 도시의 설계와 개발에 저합한 패딘을 설정한디. 장기세획과 용도지역제를 채택하는 도시에서는 도시개발에서 적용되어야 할 표준과 절차에 대한 방향이 제시되고 있다. 개발업자는 기본원칙을 알고 있고 계획안이 행정에서 심사될 때 심사결과를 예상할 수 있어야 한다. 그리고 공공행정은 계획안을 평가할 때 어떤 기준이 적용되어야 할 것인가를 안다. 기본원칙을 갖는다고 마찰을 제거하지는 않지만 개발에 관여하는 관심있는 모든 사람들이 똑같은 조건을 음미함으로써 마찰의 가능성을 축소하는 것이다.

셋째, 계획이 경제개발을 고양한다. 계획과정을 통해서 주민들과 정책결정자들이 고용과 경제적 복지를 향상시킬 수 있는 시책들을 검토하여 선정한다. 계획이 경제개발을 장려하는 도시의 노력에서 핵심적인 요소이다.

넷째, 계획은 사회적 합의를 형성하는 광장이다. 사회적 합의에 이르는 것은 도시계획의 생동적인 관점이다. 도시의 전체적인 견해가 잘 표현될 수 있도록 계획에서 가능한 도시의 많은 집단들을 포함하는 노력이 필요하다. 이것은 계획과정과 종합계획에서 가능한 많은 영역의 사람들에 소속감을 주는 것이다. 계획이 동의하는 소수의 인구들에 의해 작성되었다면 도시 전역에서 의견합치는 어렵다. 상이한 견해와 가치가 함께하고 협상과 설득, 그리고 타협의 힘이 작용할 때만이 진솔한 의견합치가 만들어질 수 있다. 이러한 맥락에서 의견합치는 도시의 다수가 동의할 수 있는 목표의 형성을 의미한다.

다섯째, 계획은 도시의 설계를 증진한다. 도시설계는 도시가 동의한 건축적, 미적, 그리고 기타 목표에 의거하여 도시를 건설하는 섬세한 과정이다. 이것은 인공환경과 자연환경 사이의 비례적인 균형을 창출하기 위한 노력이다. 예로서 역사적으로 보전하고자 하는 2층, 3층 건물사이에 초고층 철골 업무빌딩의 설계는 문제가 있다. 자연적 특성을 무시한 개발이 환경의 적합성에 실패하였고 자연적 속성과 기능은 손상하거나 파괴되기도 한다.

여섯째, 계획은 재산권과 재산가치를 보호할 수 있다. 계획은 해악이 될 수 있는 용도를 주변의 주거용도, 상업용도와 상호 분리하고 안전한 근린을 보호함으로써 재산권과 재산가치를 보호한다. 예를 들어 건물의 건축선 후퇴가 소방안전성을 증대시킨다. 안전한 근린은 그들의 주택가치를 지탱하게 한다. 도시가 공원, 산책로, 놀이터와 기타 편익시설을 계획할 때 재산가치가 상승될 수 있다.

마지막으로 계획은 환경적 손상을 감소시키고 자원을 보전할 수 있다.
계획은 환경적 여건 때문에 개발되어서는 안 될 지구들을 발굴하는데 기여할 수 있다. 이러한 지구로서는 눈사태 혹은 산사태 위험지역, 지진피해가 우려되는 지역, 제방침식 혹은 개발할 경우 손실과 파괴를 초래할 수 있는 여타 여건 등이다. 계획은 중요한 동 · 식물서식지 혹은 야생동물의 가치를 지닌 지구들을 구별할 수 있다.

도시계획가의 유형

계획가는 계획환경에 따라 상이한 입장에 처하게 된다. 알랙산더는 계획가의 역할을 초기에는 전문기술인으로써 충실한 기술-행정역할이 중심이고 계획기능이 확대하면서 정치적 역할이 강조되고 있다. 이것은 계획에 대한 대중적 선전기능뿐 아니라 이해당사자 간의 조정자 기능을 수행하였고 사업시행을 추진하는 사업가 기능까지도 포함되어 있다. 그리고 마지막으로 특정 이익단체를 대변하는 옹호자와 유격대 기능을 제시하고 있다(캐더니즈, 스나이더 저, 윤정섭 역: 133-134). 레비는 이것을 좀 더 세분하여 4가지의 유형으로 계획가를 구분하고 있다(존 레비저, 서충원 · 변창흠 역: 114-117).

i) 중립적인 공무원으로서 계획가

중립적인 공무원으로서의 계획가들은 정치적으로 중립적인 입장을 가지고 그들의 직업적인 전문성에 의존한다. 그들이 도시에 제시하는 조언이나 기술적 작업은 주로 당위성 여부(should or should not)가 아니라 주어진 목표를 달성하는 방법(how to)과 인과관계(what if)에 한정된 것이다. 선택대안이 만들어지면 계획가들은 다양한 대안들이 어떻게 작용할 것인지에 대해 추정할 것이다. 만일 도시가 임대료가 낮은 보조금 지원 주택을 필요로 한다면, 그것들은 어디에 입지시키고, 주택을 어떻게 설계하고 그 비용은 어떻게 조달히며, 이것이 소세기반에 어떠한 영향을 미치는가, 얼마나 많은 아이들을 학교에 보낼 것이며, 주민들이 부가적으로 어느 정도의 공공서비스를 필요로 하는지에 대해 조언을 할 것이다. 만일 도시가 종합계획안과 지역지구제계획을 작성하고자 한다면, 그들은 도시의 의도를 반영할 수 있도록 이들을 형성시켜갈 것이다.

ⅱ) 지역사회 합의 형성자로서 계획가

이것은 본질적으로 정치적인 관점에서 본 계획가이다. 이러한 관점은 제2차세계대전 이후 더욱 두드러진 견해이다. 이는 비정치적인 공무원으로서의 계획가를 보는 과거의 계획가에 대한 시각은 계획의 문제가 실제로 해결되는 방식과 상당한 격차를 지닌다는 점이 대부분의 계획가들에게 명확해졌기 때문이다.

이러한 견해에서는 계획이 정치와 분리될 수 없다. 정치는 다양한 견해와 이해를 취합하여 적당한 조치가 취해지기에 충분한 조화를 유도하는 기술이다. 이 때 계획가의 역할은 다양한 이해들 사이의 중재자(broker)라 할 수 있다. 실제 어떠한 계획안도 정치적인 의지나 조치가 없으면 집행될 수 없기 때문에 계획가들 역시 정치적인 과정과 밀접하거나 그 일부가 되어야 한다. 계획가들이 그들의 가치를 드러내고 그들이 적당하다고 생각하는 방향으로 도시를 유도하고자 노력하는 것과 일치한다. 계획가들이 도시를 자신들이 원하는 방향으로 변화시킬 수 있는 정도는 경우에 따라 다르다. 도시에서 요구하는 주된 가치와 열망에 부합되지 못하는 계획가는 입지를 잃게 된다.

ⅲ) 기업가로서 계획가

이 역할은 계획가들이 스스로 상상해서 만든 역할이 아니라, 일부 계획가들이 자신이 이런 역할을 하고 있음을 발견한 것이다. 계획가들이 특히 과업 지향적인 기구들을 운영할 때, 그들은 기업가가 되기 쉽다. 예를 들어 미국의 도시재개발 프로그램에서 공공기금은 부지를 철거하거나 정리하는데 사용되고, 이 부지는 민간기업의 개발을 위해 매각되거나 임대된다. 재개발국에 종사하는 계획가는 그 부지를 판매하고 개발업자를 물색해야 하며 계약서 내용을 협상해야 한다. 지방경제개발 프로그램의 주요목표는 도시에 대한 민간의 투자를 증진시키는 것이다. 따라서 경제개발을 담당하는 계획가는 필연적으로 마케팅, 협상, 재원조달 같은 기업가적인 역할을 수행하게 된다. 최근 많은 도시들은 침체된 지역을 재활성화하기 위하여 외국에선 중앙정부의 보조금지급이 있다.

iv) 옹호자로서 계획가

이 경우에 계획가들은 어떤 그룹이나 단체의 대표로서 활동하거나 특정한 이익을 달성하기 위한 역할을 맡는다. 옹호자로서의 계획가라는 개념은 1960년대 초에 나왔다. 이 개념은, 사회 속에는 자신들의 이익을 적절히 향상시키기 위한 정치적, 경제적 힘을 갖고 있지 못한 집단이 있다는 견해에서, 도출된 것이다. 따라서 계획과정에서 그들을 특별히 대변해줄 필요성이 있다는 것이다. 특히 옹호적 계획이라는 개념은 배타적 지역지구제(exclusionary zoning)문제를 통하여 형성되었다. 교외지역지구제 법안들이 빈곤층이나 소수집단들의 진입을 못하게 하는 내용을 갖고 있다고 보고, 설득이나 좀 더 실질적 수단으로 법적 소송을 통하여 이러한 법안을 변화시키기 시작하였다. 옹호적 계획가는 변호사처럼 일반적으로 대다수 보다는 특정한 이해를 지닌 고객들을 대변하기 위해 법적 소송을 제기한다. 이러한 이해관계는 도시내 다수의 이익과 일치하지 않을 수도 있고, 국가의 이익과 일치하지 않을 수도 있다.

3) 우리나라 도시계획의 제도

국토계획체계

우리나라 국토관리의 기본법은 국토기본법이며 국토의 건전한 발전과 국민의 복지향상에 이바지함을 목적으로 하고 있다. 이를 위한 법체계로서 공간적인 영역계층으로 구분하면 국토종합계획-도종합계획-지역계획-시·군종합계획이 있고 계획의 수제에 의해서 국가기간망, 주택, 수자원, 환경, 문화 및 관광, 정보통신, 공업배치 등의 국가적 계획이 포함된다. 이것의 법체계는 〈표 11-1〉과 같다.

〈표 11-1〉 우리나라 국토계획체계

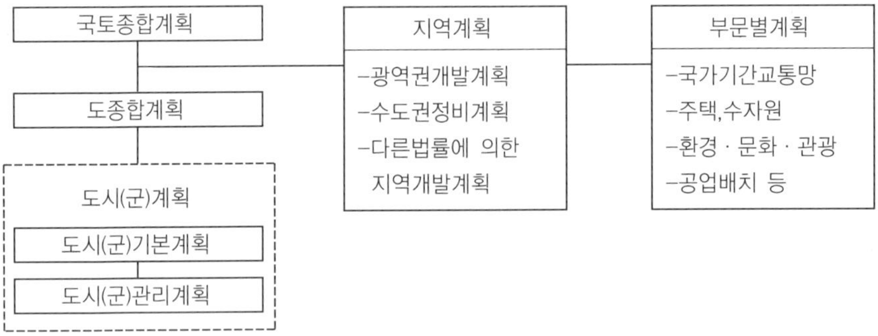

도시계획의 구분

도시계획은 크게 도시기본계획과 도시관리계획으로 구분한다. 도시기본계획은 장기계획으로서 도시의 개발방향을 제시하고 하위 도시관리계획 수립의 지침을 제시하는 지침계획 성격을 지닌다. 실행 도시계획은 도시관리계획으로 지칭하며 토지이용 · 교통 · 환경 · 경관 · 안전 · 산업 · 정보통신 · 보건 · 후생 · 안보 · 문화 등에 대한 계획이고 법에서는 구체적인 내용을 적시하고 있다.

도시계획의 집행수단

도시계획의 주요 수단을 크게 토지이용의 규제, 공공투자 그리고 도시개발사업 혹은 재개발사업 등이다.

- 토지이용규제

토지이용계획은 평면적 토지공간 위에 사람들이 영위하는 제반활동을 미리 가늠하여 이를 합리적으로 배치하기 위한 작업이다. 그리고 장소적 제약과 여러 활동 사이의 관계를 조사 · 분석하여 현재의 문제 뿐 아니라 장래의 문제를 파악하여 합리적인 토지이용방안을 마련하는 작업이다. 따라서 단순히 기존 상태를 개선하는 것이 아니라 원칙적으로 미래지향적이어야 한다. 이러한 토지이용계획을 실현시킬 수 있는 법적 · 행정적 장치가 용도지역제(zoning)이다. 우리나라에는 용도지역, 용도지구 그리고 용도구역으로 규정하고 토지용도와 건축물의 높이와 밀도 등을 규제하고 있다.
〈그림 11-1〉은 대구시의 용도지역의 분포 예이다.

- 도시계획시설(기반시설)의 계획

도시생활과 도시기능의 유지에 필요한 시설에 대하여 국토의 계획 및 이용에 관한 법률에서는 기반시설, 도시계획시설, 광역시설, 공공시설로 나누고 있다.

기반시설이란 교통시설, 공간시설, 공공·문화체육시설, 방재시설, 보건위생시설 등을 말하며, 일반적으로는 SOC라 불린다. 기반시설 중에서 도시관리계획으로 결정된 시설은 '도시계획시설', 광역적 정비체계가 필요한 2이상의 특별시·광역시·시·군의 관할구역에 걸치는 시설 또는 2이상의 특별시·광역시·시·군이 공동으로 이용하는 시설은 '광역시설'이라 부른다.

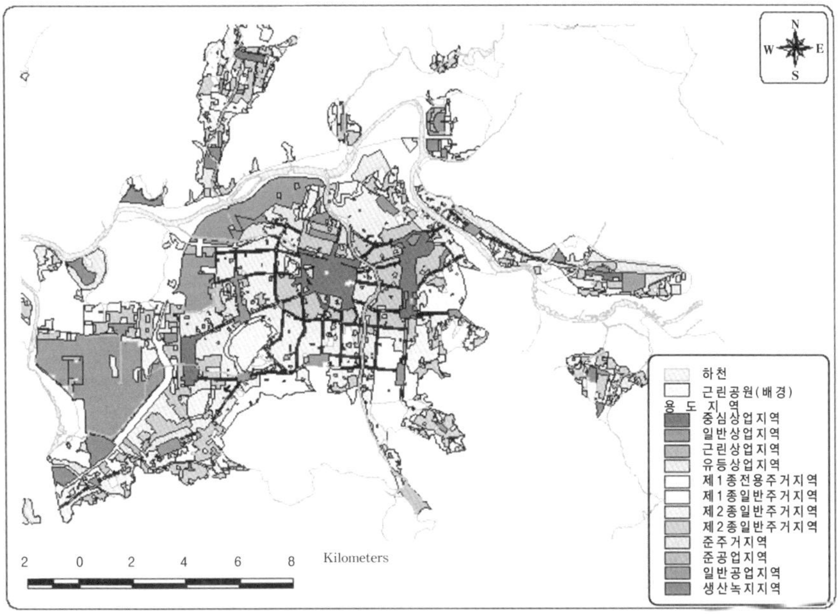

〈그림 11-1〉 대구시 용도지역의 분포

도시계획시설이라는 의미는 도시계획의 결정절차에 의해 결정되는 것에서 중요한 의미가 있다. 개별시설들의 입지가 지구 차원 혹은 도시 차원에서 고려되어야 하기 때문에 도시계획의 결정과정을 거친다. 대표적인 것이 도로노선의 결정, 교육시설, 공원의 위치 등이 도시적 차원에서 고려되어야 할 대상이다. 현재 법에서 53개의 시설이 도시계획시설로 명시되어 있다.

- 도시개발 · 정비사업

도시시설의 정비는 시가지 내부에서 필요로 하는 시설의 점적(點的) 또는 선적(線的) 정비를 위주로 하는 데 반하여 도시개발 · 정비사업은 시가지의 일부지역을 면적(面的) 또는 종합적으로 개발하기 위한 도시계획이다. 이들 사업은 일정지역에 대해 종합계획안을 가지고 택지 또는 건축물의 정비와 여기에 필요한 공공시설 등의 정비를 행하는 말하자면 토지이용계획의 실현과 도시시설의 정비를 동시에 실현시키는 적극적인 의미의 도시계획이다. 주거, 상업, 공업, 유통 등 단지 또는 시가지를 조성하는 사업은 별도의 법인 도시개발법으로 규정하고 있다. 그리고 기존도시의 재생과 재건축은 도시및주거환경정비법에서 규정하여 사업시행방법과 절차를 규정하고 있다.

■ 국토계획의 정의 : 국토기본법 제6조 2항

② 국토계획은 다음 각 호의 구분에 따라 국토종합계획 · 도종합계획 · 시군종합계획 · 지역계획 및 부문별 계획으로 구분한다.

1. 국토종합계획 : 국토전역을 대상으로 하여 국토의 장기적인 발전방향을 제시하는 종합계획
2. 도종합계획 : 도의 관할구역을 대상으로 하여 당해 지역의 장기적인 발전방향을 제시하는 종합계획
3. 시군종합계획 : 특별시 · 광역시 · 시 또는 군(광역시의 군을 제외한다)의 관할구역을 대상으로 하여 당해 지역의 기본적인 공간구조와 장기발전방향을 제시하고, 토지이용 · 교통 · 환경 · 경관 · 안전 · 산업 · 정보통신 · 보건 · 후생 · 문화 등에 관하여 수립하는 계획으로서 국토의계획및이용에관한법률에 의하여 수립되는 도시계획
4. 지역계획 : 특정한 지역을 대상으로 특별한 정책목적을 달성하기 위하여 수립하는 계획
5. 부문별계획 : 국토전역을 대상으로 하여 특정부문에 대한 장기적인 발전방향을 제시하는 계획

■ 도시계획의 정의 : 국토의계획및이용에관한법률 제2조 2-4항

2. "도시계획"이라 함은 특별시 · 광역시 · 시 또는 군(광역시의 관할구역안에 있는 군을 제외한다. 이하 같다)의 관할구역에 대하여 수립하는 공간구조와 발전방향에 대한 계획으로서 도시기본계획과 도시관리계획으로구분한다.

3. "도시기본계획"이라 함은 특별시 · 광역시 · 시 또는 군의 관할구역에 대하여 기본적인 공간구조와 장기발전방향을 제시하는 종합계획으로서 도시관리계획수립의 지침이 되는 계획을 말한다.
4. "도시관리계획"이라함은 특별시 · 광역시 · 시 또는 군의 개발 · 정비 및 보전을 위하여 수립하는 토지이용 · 교통 · 환경 · 경관 · 안전 · 산업 · 정보통신 · 보건 · 후생 · 문화 등에 관한 다음의 계획을 말한다.
   가. 용도지역 · 용도지구의 지정 또는 변경에 관한 계획
   나. 개발제한구역 · 도시자연공원구역 · 시가화조정구역 · 수산자원보호구역의 지정 또는 변경에 관한 계획
   다. 기반시설의 설치 · 정비 또는 개량에 관한 계획
   라. 도시개발사업 또는 정비사업에 관한 계획
   마. 지구단위계획구역의 지정 또는 변경에 관한 계획과 지구단위계획

2. 도시계획의 필요성과 정당성

도시계획은 시장원리의 작동에 대한 문제점의 개선으로서 공공개입의 한 방법이다. 공공개입의 근거는 공익의 실현에 있다. 공공개입의 이유를 크게 3가지 측면에서 고찰할 수 있다.

첫째는 도덕적 기준의 견해이다. 사람들이 더럽고 소음이 많은 공장에 인접해서 사는 것은 나쁘다. 사람들이 도시주변을 쉽게 여행할 수 없다는 것은 나쁘다. 사람들이 교통혼잡으로 시간과 돈을 허비하는 것은 나쁘다. 사람들이 교통사고로 죽고 부상당하는 것은 나쁘다. 사람들이 직업을 구하지 못해 실업자가 발생하는 것은 나쁘다. 만일 도시삶의 현실이 이같은 수준으로 떨어진다면, 사람들은 공공의 개입이 행해져야 한다고 말한다.

둘째는 공공의 문제가 왜 존재하는가의 견해이다. 공공문제가 발생하는 주요한 이유 중 하나가 외부효과(external effect)의 영향이다. 하나의 회사가 다른 회사에 영향을 주고 이 영향이 불가분이고 비용이나 편익을 돈으로 측정이 불가한 상태이다. 예를 들어 대기오염의 발생이나 교통혼잡 등이 외부효과의 요소이다. 도시는 다양한 토지이용이 근접되어 있기 때문에 개별토지이용이 이웃에 대해 외부효과가 있을 수밖에 없다. 그것이 부정적 영향

이 큰 것일수록 분리할 필요가 있고 상승적 영향이 작용할 경우 군집되는 성향이다.

그리고 일단 생산되면 모든 사람들이 자유롭게 이용 가능하지만 팔 수 없는 상품(예를 들면 가로등, 경찰보호)도 있고 일부 사람들에게 댓가없이 서비스를 제공해 주는 것(예를 들면 공원시설의 입지) 등이 있다. 즉 이들을 공공재라고 하는데 수익 동기가 없어 민간시장에서 제공되지 못하기 때문에 공공이 제공해야 한다.

공공개입의 가장 중요한 논리가 시장기능의 실패인데, 특정용도의 독점과 과점 때문에 만들어지는 불합리를 개선하기 위해서다. 예를 들어 소득수준에 의해서 고소득 주거지와 저소득 주거지의 공간적 분화현상이 심화하여 도시 통합성에 심각한 문제점을 낳기 때문에 이것을 교정하는 수단으로 고소득 주거지에 임대주택단지를 건설할 수 있다.

또다른 공공문제의 발생은 개인들의 잘못된 정보에 의거하여 잘못된 행동에 의한 결과일 수도 있다. 공공개입을 통해서 교정역할을 기대한다. 그러나 특정집단(땅 소유자, 신문사, 자본가)들이 지나친 권력을 가지고서 남용한다면 더 큰 공공문제를 야기할 수 있다.

세 번째는 공공개입이 문제를 완화할 수 있는지에 대한 견해이다. 공공문제가 조정의 부족, 외부효과, 공공재의 부족이라면 행정당국은 대책의 수립이 가능하다. 대책의 시행에서 정부가 최상의 당국이고 독점적 지위를 갖고 있기 때문에 불평이 있는 시민들은 도시에 탄원서를 제출할 것이다. 그러나 공공개입의 책임자에게서 개인적인 부적절성이 있을 때 공공정책의 선택은 문제가 있다. 특히 공공문제라도 정치가가 해결할 수 없는 도시문제들도 있다. 그리고 공공정책 입안의 인적구성과 정치가에 의해 공공개입의 성격이 상이하게 된다.

계획의 정당성

계획을 공공계획가에게 위임하는 이유는 정당성의 권위를 전제하기 때문이다. 도시계획은 다른 것에 많은 영향을 주기 때문에 계획가가 계획안을 평가하고 추천하는 권한을 가진다.

계획가에 권위가 부여된 것은 먼저 직업적 전문지식에 근거하고 있다. 전문지식은 다양한 요구를 공공의 공동이익으로 집합시키는 능력과 공공정책의 개발을 위해 합리성이라는 도구를 사용할 능력을 포함하는 것으로 확대되어 왔다. 그러나 정치적인 광장에서 계획가는 무력할 수도 있다. 계획가의 독립된 영역은 매우 제한적일 경우가 대부분이다.

두 번째 권위의 근거는 관료의 지위이다. 관료적 역할에서 계획가는 그들이 정부의 선출된 공무원으로부터 그들의 권위를 위임받는다. 그러나 이 합법성은 여러 가지 요인에 의해 제한받는다. 정치인, 공무원은 공공이익보다는 유권자의 요구에 더 민감할 수 있다. 특히 정책수립책임자와 행정공무원 사이의 구분은 행정적 차원에서 정책이 입안될 때 의회 간의 관계보다 모호하다.

세 번째 정당성의 근거는 사용자의 선호이다. 계획가는 시장모델의 경우로는 표출된 요구에 부응하는 서비스를 찾고, 사회적계획모델일 경우 고객의 요구가 현지조사와 답사에 의해서나 사용자에 의해 과학적으로 발견되어서 규명되어야 한다.

마지막으로 계획가의 직업적 가치관이 권위의 근거가 될 수 있다. 계획은 가치가 부여된 직업이며 계획가의 윤리관에 의해서 계획수립이 허용되는 것이다. 여기서 정당성의 어려움이 있다. 계획가와 계획을 받는 사람들 간에 가치관이 공유되는 동질적인 지역사회가 존재하기 힘들기 때문이다.

3. 우리나라 도시계획 운영의 과제

1) 도시계획의 신뢰성

우리나라의 계획가는 정치인으로부터 신뢰를 받지 못하고 있다. 급속하게 변화하는 사회에서 계획가의 예측력은 항시 한계가 있고 계획과정이 발달하지 못한 계획환경에서 과정보다는 오히려 환상을 선호하여 계획의 본질을 망각하기 때문이다.

과거 급속한 도시화가 진행된 시점에서 시가지의 팽창과 도시구조의 변동이 진행되어왔다. 급속히 변동되는 사회에서 20년이라는 장기적이고 전략적인 계획목표를 설정하는 것이 거의 불가능하고 사회에서 그러한 계획에 대한 신뢰성도 낮다. 자연히 당면한 문제해결에 초점이 되다 보니 장기계획은 허상의 계획으로 취급되며, 도시계획의 허구론으로 발전되어 왔다.

21세기를 시작하면서 우리사회도 안정되고 저성장시대에 진입하면서 도시에 대한 예측성이 증대되고 있다. 과거 도시계획의 운용실태를 분석함으로서 허상의 도시계획에서 도약의 도시계획으로 전기를 모색해야 할 것이다. 구습의 도시계획을 탈피하기 위해서는 계획이 결과물의 제시뿐 아니라 도시계획과정의 모색이 주요한 과제이다.

1981년에 도입된 도시기본계획-도시계획재정비-연차별집행계획의 제도는 도시계획의 수립과 집행간의 일관성과 연계성을 도모하는 목적으로 제안되었으나 이들 제도 운영이 실패하여 도시계획 활동이 큰 난관에 봉착하고 있다. 국토연구원의 공무원과 용역기관, 교수 등의 전문가를 대상으로 한 설문조사에서 도시기본계획 기능의 문제점이 제시된 바 있다. 이러한 문제점이 도시기본계획의 본질적 문제인가, 운영측면에서 생성된 것인가의 구별이 필요하다.

불실한 도시기본계획의 수립은 도시계획 수립 비용은 저렴하게 될지 모르나 도시계획분야의 발전을 저해하고 한편, 도시계획집행에서 과다한 비용을 유발한다. 도시기본계획이 준거가 되는 여타의 주제계획에도 영향을 미친다. 하수도정비기본계획과 상수도정비기본계획은 목표년도 20년이며 5년마다 타당성을 검토하는 제도이나 도시기본계획에서 공간적인 토지이용의 현황이나 장래 전망치가 제시되지 못하여 많은 비용을 투입하지만 동반적인 불실을 초래하고 있다.

법정계획인 교통정비기본계획의 수립에 존별 고용자수, 인구수, 업종별 토지이용의 정보는 필수적이나 도시기본계획에서 준거가 제공되지 못하여 현황과 목표년도의 토지이용자료를 독자적으로 분석하고 계획한다. 도시계획 기초조사의 미비로 교통수요예측이 교통계획 수립에서 장식용으로 취급되는 경우가 있다. 도시의 공간에서 가장 큰 비중을 차지하는 주택관련 정책은 특별법에 일임되어 도시계획에서 배제되어 있다. 주택수요가 지방적 특성을 지니고 있고 주택지의 개발은 도시공간구조에 심대한 영향을 준다. 중앙의 지배적인 의사결정으로 도시공간구조의 난맥상을 초래하고 도시계획 자체에 대한 효용성을 저하시키고 있다.

2) 도시계획과 공무원의 역할

도시계획 수립의 정당성; 도시계획입안을 용역회사에 위탁

일반적인 도시계획의 입안 주체는 자방자치단체이다. 도시기본계획, 도시관리계획, 연차별 집행계획의 수립주체는 해당 도시이며 대부분의 도시는 이들을 용역회사에 위탁하고 있다. 우리나라 도시경영에서 가장 열악한 부분이 도시계획의 수립을 행정부서에서 수행하지 않고 용역회사에 위임하는 것이다. 도시계획의 체제가 안정된 국가에서는 이러한 사례를 찾아보기 힘들다.

한때 미국의 도시계획을 수립한 도시계획위원회가 우리나라의 도시계획위원회와 비슷하게 인식하는 경우가 있다. 미국의 도시계획위원회는 정치적인 중립을 보장하기 위해 비입법기구이고 일반 행정부서에서 독립된 상근요원으로 구성된 시의 공적기관이다. 이것은 1940년대 「Walker」가 도시계획의 범위가 전행정부서 만큼 넓기 때문에 시장이나 도시관리자의 지근거리에서 도시계획 수립기능이 있어야 한다는 주장에서 계획수립이 지방정부의 책임이 되었다. 현재에도 독립적인 도시계획위원회가 상존하는 도시도 있지만 10만 이상의 도시에서는 대부분 행정부서가 도시계획업무의 중심이다. 일본과 대만에서도 행정부의 공무원이 도시계획의 입안과 집행을 담당한다.

도시계획의 입안이 공무원이 주도해야 하는 이유는 다음과 같다.

첫째, 계획수립과정에서 생성된 정보가 중요한 자산이다. 계획의 결과물은 도시정책의 지침이나 여타의 계획을 입안하고 관리하는데 직접 적용되고, 계획내용 중 목표와 목적 및 선정기준들은 행정공무원뿐 아니라 선출된

단체장의 의사결정에도 지침이 된다. 또한 계획과정에서 적용한 영향분석 및 여러가지 형태의 평가정보는 유사한 성격의 대안 결정에도 중요한 정보가 된다.

둘째는 민간기업은 용역비에 크게 의존하며, 도시계획의 작업에서 가장 중요한 요소가 작업수행의 수월성이다. 용역업체는 가능한 적은 비용으로 충당하기 위해 기법의 개발을 등한시하고 자료의 조사에 많은 비용을 지불하지 않으려 한다. 도시계획 내용의 부실, 도시계획수립에 있어 정보의 부족, 도시계획기법의 미성숙 등을 초래하고 행정담당자는 도시계획업무의 중요성에 가치를 두지 않는다.

셋째, 도시관리계획의 매력은 많은 도시계획을 한 묶음으로 하여 도시계획 결정과정이 진행되기 때문에 개개의 도시계획건에 대한 논의의 기회가 별로 없다. 일상에서는 3~4건의 도시계획안건이 도시계획 결정과정으로 이행되나 1996년과 1999년에는 한 도시의 도시계획재정비보고서에 의하면 거의 500건의 도시계획이 각각 2회의 도시계획 결정과정으로 처리되었다.

이해관계가 첨예한 도시계획의 결정을 과연 용역회사에 일임하고 지방행정에서는 손을 놓고 있을 수 있는가? 특히 현황자료가 부족하고 계획기준의 개발이 미진한 우리나라 실정에서 공무원이 직접 개입할 수밖에 없고 용역회사는 심부름꾼에 불과하다. 공무원은 책임을 지지 않으면서 도시계획의 결정에 영향력을 행사할 수 있는 방법이다. 이러한 수법은 정치가나 행정가에도 계획내용에 대해 전문가로부터 덜 방해 받고 개입할 수 있어 도시기본계획도 도시관리계획의 준거가 되는 청사진 계획을 선호하게 된다.

우리나라 도시계획의 입안을 용역회사에 일임하여 지방행정은 단지 계획의 결과물만 취득하고 있다. 도시내 일상적인 행정에서 결과물의 한정된 정보만 활용 가능하고 기타 계획과정의 정보는 사장되고 있다. 일상적인 도시계획 행정이 미리 작성된 결과물만 이용될 수 있고 상황이 상이할 때 계획과정에서 생성된 정보가 이용되어야 하나 활용이 불가능하다. 즉 도시계획을 누가 주체가 되어 수립하는가가 도시계획의 질 향상에서 가장 중요한 과제이다.

계획가치의 독점 : 제한적인 참여

1981년 도시계획법 개정에서 공청회제도를 도입하여 도시계획수립의 민주화에 기여할 것으로 기대되었다. 도시계획작업의 가장 기본원칙이 상이한 견해나 가치 혹은 해결이 어려운 사회적 갈등을 타협과 설득으로서 사회적 합의를 도출하는 것이다. 일반 시민 및 개별 이익단체의 견해도 중요하지만 지역의 도시계획 전공학자의 자발적 참여를 유도하는 것이 도시계획의 발전에서 주요한 요소이다. 1981년 이후 도시기본계획과 도시관리계획의 입안 과정에서 전문가의 참여는 매우 제한적이고 전문가들의 참여방법에 문제가 있다.

첫째, 공청회를 개최하는 도시기본계획 수립과정에서 공청회의 공술인으로 참여하는 교수는 중앙도시계획위원과 지방도시계획위원 중에서 선정되고 이들은 도시기본계획 입안의 자문교수로도 참여하고 있다. 계획 입안의 자문교수가 공청회 공술인으로서 참여한다면 자문활동으로서 도시계획입안의 참여와 공청회를 통한 참여 간의 차이를 구별할 수 없다. 그래서 공청회가 다양한 의견수렴의 절차로서보다는 형식요건의 충족이 중심이 되어 유명무실하게 되었다.

두 번째는, 도시관리계획의 자문교수가 지방도시계획위원이고 도시기본계획의 자문교수가 중앙도시계획위원이 되는 경우는 문제이다. 도시관리계획는 지방도시계획위원회에서 심의의결 된다. 자문교수가 지방도시계획위원일 경우 자신이 참여한 계획을 자신이 심의한 꼴이 된다. 도시계획입안과 결정과정에서 도시계획위원은 1인 3역의 역할로서 입안의 자문교수, 공청회의 공술인 및 도시계획위원회의 심의위원을 맡으므로 도시계획수립과 결정이 소수의 전문가에 의해 지배되어왔다.

한편, 도시계획의 입안에서 신문 · 방송 등의 메스컴 기능이 다양한 가치와 견해의 표출 보다는 장밋빛 청사진의 보도가 중심이어서 계획의 광고역할을 하고 있었다. 메스컴도 도시계획의 타성적인 수립 관행에 일조한 편이다.

공무원의 전문성

우리나라 도시계획 공무원은 도시계획분야에는 문외한이면서 도시계획의 규정에 대해서는 전문가이다. 도시계획부서의 업무는 인허가 중심이고 도시계획 결정절차를 거쳐야 할 타부서 업무를 중계 처리하는 기능이 중심이다. 도시경영을 창출하지 못하고 도시관리업무에만 한정되므로 도시의 관리에 대한 제도는 매우 구체적이고 명시적이어야 한다. 예를 들어 교육청에서 학교시설 지정을 도시계획부서에 신청하면 교육청에 업무처리를 전부 맡긴다. 도시계획부서에서 주민들의 교육서비스 수준에 대한 관심은 없고 도시계획 결정절차의 이행에만 관심을 기울인다.

우리나라 도시계획업무의 전문화를 위한 제도는 1962년 도시계획법 제정과 동시에 도입한 도시계획위원회제도, 1981년 도시계획위원회의 상임기획단이 있고, 1993년에 채택된 공무원에서 도시계획직의 전문직 제도이다. 그리고 도시계획제도에서 출발된 것은 아니지만 지방자치단체의 정책기획기능을 수행하는 지방자치단체 출연의 공공연구원이 있다.

도시계획의 결정과정에서 전문성을 강조하여 도시계획의 심의권을 갖는 도시계획위원회가 있다. 도시계획위원회의 중심적 구성원인 대학교수는 전문성, 공공성, 대표성등의 자격을 지닌 것으로 인정되어 왔다. 그러나 도시계획위원회가 비공개를 원칙으로 진행되어 주민참여가 배제되고 비정기적인 소집, 짧은 시간내 너무 많은 안건처리, 사전검토의 미미 등 충분한 심의가 이루어지지 못한 졸속처리로 비난을 받기도 한다. 도시계획위원회의 운영과정에서 도시계획에 대한 전문성의 적용에는 한계가 있는데도 불구하고 도시계획위원회의 통과만으로 전문가에게서 인준을 받은 것으로 이해하거나 선전되는 경향이다. 한편 도시계획위원회가 과대 포장되어 도시계획 수립의 발전에 장애가 되기도 한다.

1992년에 설치된 도시의 상임기획단은 1997년 IMF이후 공무원의 구조조정 과정에서 가장 먼저 퇴출당하였다. 현재 서울, 인천, 대전, 전남등의 지방도시계획위원회에만 존치되고 있고 부산은 1995년 정책개발실로 개편되었다. 설립취지의 목적과 달리 기능을 다하지 못한 이유는 열악한 처우, 석사학위

취득자의 계획업무 처리 능력에서 문제점 등이 있으나 가장 결정적인 문제점은 상임기획단이 도시계획과에 배속되어 도시계획 과장의 지휘를 받으나 과장 자신이 도시계획의 전문성이 낮아 상임기획단의 기능을 활성화하지 못하였기 때문이다. 도시계획상임기획단과 같은 전문 도시계획기구가 활성화되기 위한 선행조건은 운영책임자가 경험이 풍부한 도시계획전문가 이어야 한다.

1993년에 국가공무원법 임용령(1993.9.13)에 의해 시설직군(4급이하는 시설직)에서 도시계획직렬과 도시계획직류가 신설되었다. 지금까지 도시계획직에 대한 국가공무원의 채용은 전무하고 1995년과 1997년에 지방직 9급으로 공채와 특채가 몇몇 지방자치단체에서 있었다.

도시계획직으로 신규채용된 인원은 소수에 불과하고 현재 9급이어서 도시계획 전문직으로서 활동하기에는 한계가 있다. 그나마 공무원의 구조조정과정에서 신규채용이 단절되어 도시계획직의 전문직을 신설한 의미가 퇴색된 실정이다. 특히, 도시계획 공무원의 업무가 변화되지 않는다면 새로운 도시계획직의 공무원 수요도 기대하기 힘들 것이다.

지방자치단체가 강화되면서 1991년에 대구경북개발연구원, 전남개발연구원(현재 광주전남개발연구원) 등이 지방자치의 정책조사 전문기관으로 설립되기 시작하여 현재까지 13개의 지방전문연구원이 설립되어 있다.

지방자치단체가 출연한 연구원은 재정상태에 따라 서울시정개발연구원과 같이 경상회계에서 지원되는 경우가 있는가 하면 기관의 설립시 기금의 이자에 의해 운영되는 경우가 있어 연구원에 따라 크게 상이하다. 한편 초기 설립의 취지에 따라 경제학전공이 주류가 되는 경우와 도시계획, 교통 등이 주류가 되는 등 연구원에 따라서 개별적인 성격이 상이하다. 외국의 지방정부에서는 이러한 연구원의 예를 찾기 힘들다. 외국의 공무원은 정책기획기능을 수행하는 것에 비해 우리나라 공무원에게는 전문성이 낮아 정책기획의 수립기능을 연구원에서 기대하고 있다. 연구원은 그 자체가 공공의 기능을 수행함으로 현재의 상태가 어떠하든 도시계획전문화에 대한 행정부서의 보완적 기능을 갖고 있다.

3) 도시계획의 정보수준

우리나라 도시계획에서 활용되는 통계자료는 조사통계와 행정업무과정에서 생성된 자료를 기초하여 작성되는 업무통계가 있고 기존의 통계자료를 이용 · 처리한 가공통계가 있다. 국토개발연구원의 연구에 의하면 이들 통계에 근거한 도시계획정보로서 내용적 문제점은 다음과 같다. 첫째, 자료의 항목으로서 도시계획관련 통계의 부족이다. 현재 작성되고 있는 통계는 총량위주의 개발정책 및 일반행정의 부산물로서 도시계획정보로 활용하기에는 부족하다. 둘째로는 자료의 질적 측면으로 개념 및 기준의 불일치로 신뢰도의 저하와 연속성의 결여이다. 셋째, 정보자료의 미세분화와 계획지역의 변화에 따른 수용태세의 미비이다. 도시정보가 시간, 공간, 내용 및 항목의 세 가지 측면에서 세분화되고 구체화된 내용으로서 필요하다고 한다.

우리나라의 공식적인 토지이용자료는 지적통계가 중심이어서 도시의 토지이용현황 파악에 문제점이 많은 것으로 지적되어 왔다. 첫째, 토지이용현황과 토지이용계획 간의 단절이다. 토지이용계획은 용도지역 · 지구 등의 건축규제를 통해 토지이용계획의 목표를 실현하며 계획의 결과는 건물용도와 건물용적으로서 표현된다. 그러나 토지이용의 현황분석으로 이용되는 지목은 계획의 실현목표인 건물용도와 연계되지 않는다. 도시계획결정이 시민의 생활과 직결되는 바 합리적인 토지이용계획의 수립을 위해 건물용도가 가미된 토지이용현황의 자료가 제공되어야 한다.

둘째, 도시계획과 교통계획과의 비연계성이다. 도시계획과 교통계획은 상호보완적이면서 계획의 집행은 도시계획을 통해서 이행되고 교통계획은 도시계획결정의 준거로서 역할을 한다. 교통계획의 수립은 선행 결정된 도시공간정책인 도시기본계획의 지침을 수용해야 한다. 그러나 교통계획의 교통량 예측에서 주요 토지이용별 건물상면적의 예측이 필수적이나 도시계획에서 토지이용의 이러한 정보가 제공되지 못하고 있다. 교통계획수립은 별도의 토지이용현황과 예측으로서 선행 도시계획과는 연계성이 약한 독립적인 계획으로 진행된다. 도시계획과 교통계획의 연계에는 토지이용정보가 공유되어야 한다.

셋째, 기성시가지정비에서 토지이용정보가 필요하다. 재개발구역과 지구단위계획구역이 토지이용자료에 근거하여 기성시가지의 구조물과 주변여건의 평가의 결과로 지정되어야 하나 지목의 현황에 의존한 도시기본계획, 도시관리계획 혹은 재개발기본계획의 결정으로 이루어지고 있다. 향후 도시정책의 주요 과제로 등장하는 기성시가지의 정비정책수립에 있어서 구체적인 토지이용의 정보가 필요하다.

미국이나 일본, 영국 등 선진국은 정부차원에서 도시토지이용의 체계화된 분류에 따라 토지이용현황을 주기적으로 조사·분석하고 도시계획과 정책수립에 기본적인 정보를 제공하고 있다. 국토계획법과 시행령에 도시기초조사의 항목이 나열되어 있으나 구체적인 조사내용의 제시가 없다. 특히 도시종합정보시스템구축의 시작단계에 있는 우리나라에서도 토지이용분류체계를 시급히 개발해야 할 것이다.

4) 도시계획의 계획기법

용역업체의 기술축적 수준과 정책수립 능력이 도시계획의 수준을 가름하는 척도가 되고 있다. 1960년대 이후 용역업체가 입안한 어느 한 도시의 도시기본계획과 도시계획재정비의 보고서에 나타난 도시계획기법을 고찰하면 1960년대는 도시계획기법의 사전 축적이 낮아 진지하게 노력한 기법의 도입기, 1970년대는 빈번한 도시계획의 변경으로 도시계획 입안에서 체계적 접근보다는 즉흥적 접근이 주류가 되는 기법의 침체기, 1980년대에는 계획의 내용을 건설부의 수립지침이 주도하며 형식적 요소가 중심이된 기법의 정체기로 구분한다.

5) 도시계획 운용의 과제

도시계획은 공공이익의 추구라는 목적에 근거하여 시민의 재산권 행사를 제한하고 공공서비스 공급을 위한 투자를 결정하는 공공행위이다. 공공이익의 타당성을 담보하기 위해 도시계획은 엄격한 결정과정으로 운용하고 당면한 도시계획이 미래의 장기적 관점에서도 일관성을 지닐 수 있도록 장기의 전략계획인 도시기본계획의 중요성을 강조하고 있다.

도시계획의 제도적인 공공성에 비해 도시계획의 운용에는 공공성에 심혈을 기울이지 않았다. 잘못된 관행에서 시작된 도시기본계획은 도시관리계획 수립의 도구화로 전락되었고 도시관리계획를 통해 500여건의 도시계획이 한 묶음으로 결정되므로 개개 도시계획의 공익성에 대한 검정이 어려운 상태이다.

도시계획 심의권자인 위원이 도시계획 입안에 자문교수로 참여하고 일반 시민의 참여기회인 공청회에서는 시민의 대표로 참석하는 관례에서 도시계획의 입안과 결정에 소수만이 참여되고 있다. 용역회사에 도시계획의 입안이 위탁된 현재의 상황에서 도시계획 수립의 근간인 공공이익의 추구에는 한계가 크다.

도시계획의 업무가 행정의 전부서의 업무와 관련되어 있어 계획의 수립과 집행이 외국에서처럼 공무원의 손으로 이루어지면 바람직하나 현재의 공무원 전문화 수준에서 실행은 요원하다.

현재 제반 도시문제가 시민들이 직접 피부로 느끼는 수준으로 악화일로에 있고 지방자치시대가 성숙하면서 공무원들의 지방행정에 대한 책임의식이 증가하는 것이다. 충분한 전문인력이 연구기관, 대학, 용역기관 등에서 다양하게 분포되어 있고 외국의 사례에서 경험적인 연구가 상당히 축적되어 있어 이들의 활용이 용이하고 개인용 컴퓨터의 보급확대와 GIS 등 소프트웨어의 급속한 발달로 도시계획기법의 우리나라 토착화에 대한 주변여건이 성숙되어 있다. 무엇보다도 토지이용현황을 포함한 도시계획정보체계의 구축이 시도되고 있다. 지방화시대에 도시계획업무가 전문화가 되며 정치가의 장밋빛 환상보다는 도시계획의 과정이 더 평가받는 체제로 발전이 요청된다.

연 습 문 제

1. 도시계획이 무엇인지를 적용분야를 정리하여 보시오.
2. 도시계획의 공공적 성격을 설명하시오.
3. 도시계획을 통한 이루고자 하는 목표를 기술하시오.
4. 우리나라 도시계획제도에서 도시기본계획과 도시관리계획의 성격을 설명하시오.
5. 도시계획수립에서 공무원의 전문성이 중요한 이유를 설명하시오.

참 고 문 헌

1. 건설부, 도시기본계획 수립 및 도시계획재정비 지침, 1981.
2. 권원용외 4인, 도시정보관리체계의 개발, 국토개발연구원, 1985.
3. 김타열, "도시계획시행의 선행조건으로서 도시계획운영의 실천과제", 대한국토 · 도시계획학회, 제91회 정기학술발표회 논문집, 1999.
4. 김타열, "도시계획업무 전문화에 따른 공공부문의 도시계획직 확대", 도시정보, No.219, 2000.
5. 김타열, 대구시 도시기본계획 변천의 배경, 대구시사편찬위원회, 대구시사 제2편(정치 · 행정), 1995.
6. 김타열, "우리나라 도시계획수립에 있어 기법과 정보의 과제", 영남대학교, 환경연구, vol.19. No.1, 1997.
7. 박재길외 2인, 도시계획체계정립 및 계획수립기준에 관한 연구, 국토개발연구원, 1993.
8. 최봉문, 강병기, "도시기본계획에서 나타난 토지이용계획지표의 특성에 관한 연구", 국토계획, 제26권 제2호, 1991.
9. A. Gallion, and S. Eisner, 5th ed. The Urban Pattern : City Planning and Designing, D.Van Nostran Company.
10. E. Kaiser, and D. Godschalk, "Twentieth Century Land Use Planning, A Stalwart Family Tree", APA Journal, Summer. 1995.
11. W. Solesbury, Policy in Urban Planning, Pergamon Press. 1974.

제 12 장

지속가능한 발전과 도시계획

1. 지속가능한 발전의 개념

개념의 배경

지속가능한 발전(ESSD : Environmentally Sound and Sustainable Development)의 용어는 1987년 출간된 "Our Common Future" (일명 브룬트란트 보고서)에서 채택되었다. 이 보고서는 1983년에 설립된 세계 환경 및 개발위원회가 '2000년대를 향한 장기 지구환경보전전략' 으로 작성되었다. 그 이후 1988년 유엔총회에서 지속가능한 개발의 개념을 UN 및 각국 정부의 기본이념으로 삼을 것을 결의하고 1992년 리우회의에서 채택한 「의제 21」의 핵심적인 용어로서 발전하게 되었다(하성규 등, 2003: 53-57).

개념의 정의

「브룬트란트」보고서에서 사용한 지속가능한 발전이란 "미래세대가 그들 스스로의 필요를 충족시킬 수 있도록 하는 능력을 저해하지 않으면서 현재 세대의 필요를 충족시키는 개발" 이라고 정의한다. 즉 "자원의 이용, 투자의 방향, 기술의 발전, 그리고 제도의 변화가 서로 조화를 이루며 현재와 미래의 모든 세대의 필요와 욕구를 증진시키는 변화의 과정으로 정의한 것이다(상게서: 56-57).

지구환경적 관심은 1972년 UN인간환경회의에서 "UN인간환경선언"이 있은 후 20주년 기념행사로 1992년 리우데자이로에서 개최된 「환경의 개발에 관한 유엔회의」와, 2002년 남아공화국의 요하네스버그에서 지속가능한 발전의 세계정상회담이 개최되었다. UN회의에서 중심의제가 1972년의 "환경"에서 1992년은 "환경과 경제" 그리고 2002년에는 환경 · 경제 · 사회 · 문화 · 정신적 측면의 통합적 접근으로서 지속가능한 발전이 논의되었다(대한국토 · 도시계획학회, 2004: 479-481).

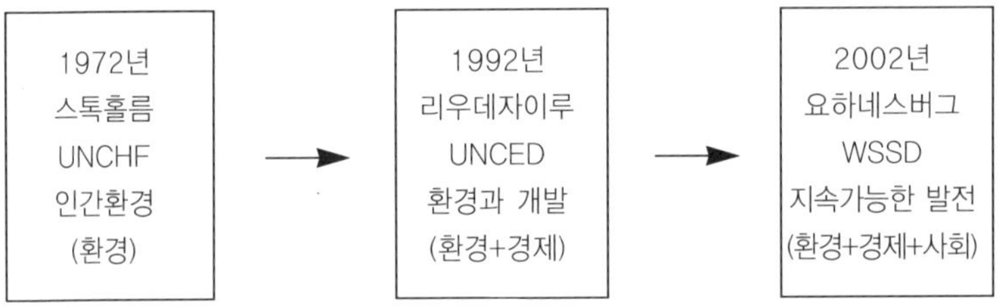

지속가능한 발전의 개념은 다양하게 정의되고 있다. 환경의 비중과 관심을 강화하는 소극적 접근에서 환경용량내에서 개발을 의미하는 적극적 접근까지 다양하게 이용되고 있다. 한편 지속가능성의 관심을 생태적 관점뿐 아니라 사회적 지속성, 경제적 지속성까지 통합적으로 접근하는 추세이다(상게서: 482).

도시계획과 관련성

지속가능한 발전은 도시계획의 기본이념이다. 국토의 계획과 정책수행의 기본법인 "국토기본법"은 국토의 지속가능한 발전이 기본이념이고 이의 전략으로서 국토의 균형발전, 경쟁력 있는 국토여건의 조성과 환경친화적 국토관리를 채택하고 있다(국토기본법 제 2조).

도시계획의 근거법인 "국토의계획및이용에관한법률"에서 국토이용 및 관리의 기본원칙이 환경적으로 건전하고 지속 가능한 발전(국토의계획및이용에관한법률 제 3조)을 명시한 것처럼 도시계획의 근본적인 원칙은 지속가능한 발전에 두고 있다.

현재 지속가능한 발전의 개별 도시정책은 1992년 이후 「지방의제 21」가 제시되고 있다. 대구시도 「맑고 푸른 대구21」을 채택하고 있으나 내용구성이 환경의제 중심으로만 다루어지고 특히 도시계획적 실천수단과 통합되지 않고 있어 정책의 실천성에 문제가 많음이 지적되고 있다(하성규 등, 2003: 270).

도시계획이 지속가능한 발전을 기본이념으로 하고 있어 기수립된 도시계획이 기본이념과 부합하는가의 검토가 있어야 한다. 그러기 위해서는 지속가능한 도시발전의 개념과 기준을 설정하여 실천을 위한 기본방향의 제시가 필요하다.

2. 지속가능한 발전의 도시계획 과제

1) 지속가능한 발전과 도시계획의 범위

지속가능한 발전의 개념적 모호성 때문에 도시계획의 기본이념으로서 실천성을 확보하기 어려운 것이 현실이다. 환경친화적으로 지속가능한 발전은 강조하는 분야에 따라 개념이 상이하다. 환경의 오염상태와 생물다양성 등 환경중심주의적 접근과 시민편의성, 쾌적성 증진 등 정주환경적 접근으로 구분하고 있다. 지금까지 너무 환경에 치중하여 환경문제만 크게 부각하고 대신 환경의 창출에 직접적으로 작용하는 도시계획의 지원은 미약한 실정이다. 지속가능한 발전의 수단으로 도시계획의 수법이 보다 구체화될 필요가 있다.

지속가능한 발전을 위한 수단은 ①에너지 절약적인 도시구조인 대중교통지향적인 도시설계와, ②직장과 주택 및 서비스의 균형적 입지를 유도하는 혼합적 토지이용, ③도시촌(Urban-Village)조성, ④고밀도시(Compact City)형성, 그리고 ⑤도심지 재생 등이 제기되고 있다. 특히 미국에서는 저밀도 토지이용에 의한 교외확산이 가져온 높은 에너지 비용과 자연 파괴의 문제점 때문에 1990년대 초 신도시주의(New-Urbanism)를 지속가능한 발전의 대표적인 수단으로 제시하고 있다.

2) 도시계획의 과제

교외확산의 문제

매우 빠른 속도로 시가지주변의 자연녹지가 도시적 용도로 전환됨에 따라 생태학적 다양성(Biodiversity)의 상실을 초래하고 있다. 인구 및 직장의 교외화가 진행되면서 도시주변의 광범위한 농촌 토지가 개발압력에 직면하고 있으며 이로 인한 녹지공간의 잠식이 심각한 문제로 대두되고 있다.

교외지역에서 건설되는 새로운 형태의 상업 및 업무시설 개발도 지속가능한 토지이용의 관점에서 문제점으로 지적되고 있다. 이러한 교외지역 상업·업무단지 개발은 승용차의 의존도를 높이며 기존 도심의 경제적 활력과 경쟁력을 떨어뜨리기 때문에 지속 가능성의 관점에서 바람직하지 못한 토지이용패턴이다.

중심시가지의 쇠퇴

시가지 조성이 오래된 중심시가지는 도로 등 기반시설의 부족하고 건물의 노후화 때문에 상업 및 생산활동이 저조하고 경제적인 쇠퇴현상과 사회적 빈곤층이 집중하는 현상을 초래하고 있다.

도심지가 중심에 위치한 입지적 잇점에 비해 토지이용의 효율성이 낮아 에너지 수요가 낮은 집중형 도시공간구조의 창출에 부적합한 실정이다. 도심에서의 상업업무시설에 대한 개발수요가 높기 때문에 중심도시가 가지고 있는 역사적 및 문화적 특성을 변화시킬 수 있는 위험요소를 가지고 있다. 어느 도시를 막론하고 도심을 포함하는 중심도시에서 성장을 시작했기 때문에 도심은 다양하고 풍부한 역사적 건물이나 시설을 보유하고 있는 장소이므로 귀중한 역사적 문화적 자원을 보전하고 계승발전을 유도해야 한다.

직주 및 이동의 원거리화

시가지확산과 직주분리현상은 자동차통행을 빠른 속도로 증가시켰고 이러한 현상은 에너지 소비증가, 대기오염의 악화 등 지속가능하지 못한 방향으로 도시환경을 악화시키고 있다.

과거 도시경제 성장의 원동력이 되었던 제조업이 산업구조 변화 및 제조업 입지패턴의 변화로 인해 도시외곽에 재입지하고 기존의 공장용지를 주거지로 전환하여 주거와 직장의 원거리화를 조장한다. 그리고 토지용도변경에 따른 자본가치 상승은 사유화되고 대신 도시기반시설의 공급에 공적인 부가적 비용을 유발하는 실정이다.

주거지의 차등화와 정체성 부족

시가지 조성 연대, 교육 등 도시서비스 수준의 차이와 주변의 토지이용 영향 때문에 도시 내 주거수준의 차이가 존재하고 그 차이가 심화되고 있다. 도시 내 지역간의 갈등으로 확대되는 추세이다.

거주민의 지역사회에 대한 연고의식과 정체성이 부족하여 거주지역에 대한 애착이 희박하여 사회적 지속성의 기본요소인 귀속감이 부족한 실정이다. 지역사회의 구성으로서 생활권 혹은 도시촌(Urban-Village)등의 시행이 요청되고 있다.

녹지공간 확보의 소극성

자연생태공간은 도시민의 쾌적한 삶을 위한 필수적인 요소이나 현재 진행되고 있는 지속가능하지 못한 토지이용의 가장 큰 문제 중의 하나도 도시 내 및 도시외곽의 자연생태공간의 상실이다.

도시 시가지 조성에서 녹지의 확보는 비용적인 요소이어서 엄격한 계획기준이 설정되지 않으면 어려운데 현재 포괄적인 기준만 있어 다양한 종류의 녹지공간 확보가 부족한 실정이다.

시가지확산과 난개발은 농업용 토지에 심각한 위협이 되고 있다. 매년 대규모의 농업용 토지가 주거 및 상업시설 등 도시용도로 전용되고 있으며 그 속도가 점점 빨라지고 있다는데 문제의 심각성이 있다. 농업용 토지는 도시의 지속가능성 여부를 결정하는 매우 중요한 요소이다. 농업용 토지는 식량생산뿐만 아니라 녹지공간을 제공하고 다양한 야생동물의 먹이와 서식지를 제공하며 또한 농업용 토지는 도시민들의 농촌에 대한 향수와 정신적

안식처를 제공하는 등 도시생활의 문화 심리적요소도 가지고 있다.

3. 지속가능한 도시계획의 방법

1) 지속가능한 도시의 계획목표

교통비용의 최소화

- 직장과 주거의 근접한 토지이용 배치로 통근교통의 단거리화
- 보행권내 자족적인 생활권조성으로 차량통행 수요의 억제
- 지하철 역세권과 중심부를 고밀도로 개발하여 대중교통중심의 도시공간구조를 유도
- 대규모 체육시설, 문화공연장 등 다중 공공시설을 대중교통수단과 연계하여 입지유도

주민 정주의식의 정착화

- 거주지구에 대한 자부심과 귀속감이 정착될 수 있는 지구 정체성의 고양
- 대도시내 주택지구 간의 사회서비스(특히, 교육) 차등의 해소를 통한 도시 내 통합화
- 최소 지방자치행정의 구역이 주민의 생활권과 일치하여 자치행정권 단위의 정주의식을 함양

녹지 공간의 보전 · 확보와 네트워크화

- 도시화에 의한 녹지감소, 대기오염, 수질오염 등 다양한 도시문제를 해결하기 위해 도시 내 자연재생을 위한 녹지의 확보
- 도시의 골격이 되는 하천녹지나 면적인 수림지의 보전과 창출로 무질서한 시가지의 억제와 자연환경의 보전
- 녹지의 계통적 정비와 보전을 도모하기 위해 자연과 공생적인 생태계의 보전
- 노후한 기성시가지의 정비와 기성시가지내 공업용지와 용도전환 억제

를 통해 신규 택지개발 수요의 억제

역사성과 전통성의 보존

- 역사적 건축물과 시설물의 보존을 통한 지속가능한 커뮤니티의 정체성 확보
- 우수한 도시경관의 보존과 도시경관 형성의 시책
- 중심부의 역사적 지구에 보행자 전용로 확보

2) 도시계획의 접근방법

신도시주의(New-Urbanism)

1993년 미국의 도시계획가, 건축가, 경제학자, 도시설계가 들이 기존의 저밀도 교외 확산과 난개발에 대한 대책으로서 주창한 신도시주의는 헌장을 통해 신도시주의의 목표와 방향을 제시하고 도시차원, 근린차원, 가구 및 건물차원에서 개발의 기본방향을 제시하고 있다.

신도시주의가 추구하는 도시공간구성은 근린주구 및 지구의 설계원칙이 가장 중요한 요소이고 이의 원칙은 도보로 5분 이내(반경 400m) (pedestrian pocket), 도시생활에 필수적인 도시기능의 배치(Complete Community), 대중교통수단 지향적 도시형태(Transit-Oriented Design)와 혼합적 토지이용(Mixed-Use Development)이다(안건혁, 온영태 옮김, 2003: 91-151).

- 근린지역은 고밀(Compact)개발, 보행자 위주의 혼합토지이용이 이루어지게 개발하고, 지구는 일반적으로 단일 용노로 개발하며 가능한 근린지역 설계의 원칙에 따라야 한다.
- 도시민의 일상적인 활동의 대부분이 도보거리 내에서 이루어질 수 있어야 하며 도로망이 도보를 권장할 수 있도록 한다.
- 근린지역에 다양한 소득계층과 연령층이 거주하도록 하고 지역주민들의 유대 강화로 지역공동체의 형성을 장려한다.
- 대중교통시설로부터 도보거리 이내 적절한 건축 밀도와 혼합토지이용

을 허용하여 대중교통수단의 의존성을 증대시킨다.

- 시민 편의시설, 상업시설 등이 지구 내에 집중하게 하고 특히 학교는 어린이들이 도보나 자전거로 등교할 수 있도록 규모와 위치가 결정되어야 한다.
- 어린이용 놀이터, 구기 경기장, 식물원 등 다양한 공원이 근린지역에 분포되어야 하며 근린지역은 보존지역과 녹지와는 구분되어야 한다.

생활권 계획

생활권은 도시생활에 필수적인 주택, 상점, 학교, 공원 그리고 도시공공시설들을 묶은 지역공동체이다. 단지계획의 수준에서 초등학교 학군 수준의 폐쇄적인 주거단위를 근린주구(Neighborhood)라 하고 몇 개의 근린주구를 결합하여 다양한 생활권을 형성하고 있다.

생활권은 도시를 조성하는 물리적인 공간단위인 동시에 구성원 간의 유대성과 친근성으로 조성된 사회적 지역공동체이다. 도시계획에서 공공시설의 공간적 배분의 단위로서 공간뿐 아니라 공동체 의식의 공간영역으로서 생활권을 중요시하고 있다. 우리나라에서 1981년 도시기본계획을 도입하면서 생활권계획을 가장 주요한 항목으로 제시하고 있다.

지속가능한 도시의 수단으로서 도시촌(Urban-Village)의 개념이 등장 하고 있다(이주현, 김지식: 28-29). 도시촌은 주거와 직장을 하나의 권역으로 설정하여 직장과 주거가 근접하는 자립자족형의 공동체이다. 이러한 권역들을 도시 내 공공교통을 통해 유기적으로 연결하고 권역 내는 버스, 자전거, 보행의 이동이 가능한 도시형태를 구성한다.

우리나라의 생활권의 개념은 직장을 포함하지 않아 도시촌과 상이하나 도시를 몇 개의 자족적인 지역 공동체로 구분하여 구성하는 원칙은 동일하다. 공동체의 정체성과 귀속감을 근저로 하는 사회적 지속가능성의 모색이 가능하여 도시공간의 만들기에 주요한 전략이 되고 있다.

도시촌 전략을 채택한 대표적인 도시가 미국의 시애틀이다(상게서: 28). 도시촌을 4개의 유형 - 도심부(Urban Center Village), 부도심지구(Hub Urban

Village), 주택지구(Residential Urban Village)와 근린주구(Neighborhood Village) - 으로 구분하여 새로운 거주인구와 취업인구를 각각의 유형에 배치하고 있다.

대중교통지향적인 도시설계(Transit-Oriented Design)

대중교통 지향적 도시설계란 신도시주의에서도 주장하고 있다. 전철역 혹은 버스 정류장과 같은 대중교통시설 주변에 혼합토지이용을 허용하여 도보로 도시생활에 필요한 도시 서비스시설에 접근할 수 있는 도시형태를 만드는 것을 의미한다. 즉, 전철역과 중심상업시설에서 평균 400m 반경 내에 혼합토지이용으로 구성하여 사무실, 오픈 스페이스, 그리고 공공시설을 유치하며 도보, 자전거, 대중교통 등으로 지역주민이나 종업원들이 쉽게 접근할 수 있는 토지이용패턴을 구성하는 것이다. 대중교통지향적인 도시개발은 대도시 외곽의 신개발지에 적용되는 지속가능한 토지이용계획전략이지만 이러한 개발전략은 도시내부의 재개발 지역에도 효과적으로 적용될 수 있다.

현재 시행되고 있는 대중교통지향적인 도시개발의 유형은 다음과 같다(하성규 등, 2003: 172)

① 대중교통시설 역 주변에 고밀도 주거개발을 집중

② 중심지 혹은 부도심 등에 입지한 고밀도 교통유발시설에 대중교통수단을 공급하는 방안

③ 개발업자로 하여금 새로운 교통투자비를 조달하는 방법

④ 걷고 싶은 거리 조성: 근린지역 내에 보행도로 및 자전거 전용도로를 건설하여 지역주민들이 도보 혹은 자전거로 대부분의 도시 활동을 할 수 있게 하는 정책. 보행환경의 조성은 단순한 보행도로의 건설에 있지 않고 보행도로 주변의 고밀도 개발 및 다양한 도시기능의 배치, 자동차가 아닌 인간 중심의 교차로 및 근린지역 설계 등이 수반되는 것.

혼합토지이용개발(Mixed Land-Use Development)

혼합토지이용개발은 다양한 지역사회활동, 서비스, 그리고 직장과 주거가

근린 지구 내에 공존하도록 배치하는 토지이용계획 전략이다(상계서: 28). 이러한 혼합토지이용계획 전략이 추구하는 궁극적인 목표는 승용차 통행을 획기적으로 축소하는 것이다. 과거 도시계획의 중요한 수단은 용도를 분리하는 것이었으나 최근에 산업구조가 서비스산업 중심으로 변함에 따라 용도분리의 근거가 많이 약화되고 있다.

직주근접은 혼합토지이용의 중요한 목표중 하나이다. 직주근접의 개념은 고밀도개발 및 혼합토지이용과 밀접한 관련을 가지고 있다. 도시 내 일정규모의 공간상에 어떤 지역은 주거보다 직장이 많고, 어떤 지역은 직장보다 주거가 많기 때문에 통근거리가 불필요하게 길어져 교통문제와 대기오염문제를 야기한다고 주장하며 이러한 문제의 해결방안으로 직주근접정책을 제시하고 있다. 직장이 많은 지역에 주택을 많이 건설하고 주택이 많은 지역에 직장을 유치하여 통근거리나 시간을 절약하자는 것이다.

고밀도시(Compact City) 개발

고밀도시란 주거, 직장, 상업·서비스 등 일상적인 도시기능들을 가급적 기성시가지 내부로 수용하여 상대적으로 밀집된 개발을 추구하는 방식의 도시 형태이다. 고밀도시 구조는 지속가능한 도시 개발에 있어 전략적인 도구로서 장점을 가지고 있는 것이다. 고밀도시는 도시외곽의 신규개발로 인한 환경파괴를 초래하지 않으면서 토지자원 소비를 최소화시키고 도시 내에는 접근성을 제고시켜 이동시간과 에너지를 절약하고 대기오염을 감소시킬 수 있다.

주거, 공업, 상업, 녹지 등으로 분리하고 있는 기존의 용도지역제(Zoning)와는 달리 각 기능들의 이동거리를 최소화 할 수 있도록 일정지역에 집중시키는 혼합토지이용 형태를 취하고 에너지 효율성이 높은 버스나 전철 등의 대중교통수단을 연계하는데 효과적이다.

고밀도시는 도시개발에 있어서 지속가능성의 원칙에 부합하는 이상적인 도시공간을 창출하기 위한 개발전략 또는 과정이라고 할 수 있다(정호식, 이우종: 135).

중심시가지의 활성화

도시인구의 교외화 현상과 함께 중심시가지의 기반시설 부족과 도시 서비스 수준이 열악하여 인구의 공동화 현상이 지속되고 있다. 중심지의 쇠퇴가 시가지의 교외확산을 유발하므로 지속가능한 도시발전에 역행한다.

중심시가지내 오래된 공장용지는 자본가치 때문에 아파트 등 높은 지가의 용도로 전환되고 대신 신규 공업이 도시외곽으로 이동하여 직장과 주택의 원거리화를 촉진한다. 한편 공장용지 소유자는 높은 우발이익의 사유화를 가지고 가지만 대신에 사회는 높은 교통비용을 부담해야 한다.

도심부는 도시전역에서 교통 접근성이 가장 유리한 지점이므로 도심부의 고밀도화와 기능의 활성화가 도시 전체의 교통비용을 축소하게 한다. 특히 도심부는 도시의 역사성을 대표하므로 도시의 정체성과 일체성에 중요한 역할을 수행할 수 있다.

4. 도시계획 사례의 지속가능성 평가

1) 생활권 계획의 문제점

생활권계획은 도시기본계획에서 가장 중요한 부문 중 하나로서 1984년, 1992년, 1997년 대구시의 도시기본계획 수립에서 생활권 계획이 수립되었으나 수립시기마다 생활권 체계의 변동이 심하고 생활권 계획의 문제의식과 기본 방향의 제시가 부족하다는 지적이 있다(대구시사편찬위원회, 1995: 723-724).

생활권계획에서 시민의 활동공간영역이 구분될 것인가? 생활권별 편익시설 배치계획이 어느 정도 개발시기별로 가능할 것인가? 만일 계획처럼 주거지개발의 시설배치가 따른다면 시민생활의 편리성의 향상이 가능한 것인가? 등의 질문에 응답할 수 있어야 할 것이다. 그러나 도시기본계획은 도시계획수립지침서에 나오는 도식적인 생활권의 정의, 실제 도시활동과 유리된 생활권의 기능과 영역의 구분, 예산계획과 개발의 집행이 전제되지 않는 편익시설의 도상 배치작업으로 되어 있다. 생활권 계획의 실천성에 대한 중요성이 단지 보고서 목차에서 우선순위에 있는 것이 아니고 심층적인 수단의 추구에 있다면 최소한 생활권계획부문에서 구체적으로 다루어야 했을 것이다.

도시생활을 생산, 소비, 여가활동으로 구분한다면 생활권형성에 가장 중심적 요소는 소비활동이 되며 다음이 여가활동이다. 소비활동의 대부분이 공공부문에서 기능을 부여하는 것이 아니고 시장기능에 의해 형성되는 것이다. 그러기 때문에 소비재의 군집과 소비활동 분포 간의 관계성이 분석되어야 한다. 일례로 기존의 기초생활권에 속하는 재래시장의 기능과 노선상업기능의 분포와 시장권의 분석이 전제되어야 하고 시장권의 크기에 따른 중심지 기능의 분석이 있어야 할 것이다.

과거 주거지 개발이 평면적인 확산에서 향후 집단적인 고밀도개발(아파트지구)이 예상되는 지역에선 좁은 범위 내에서 대규모시장권이 형성됨에 따라 집합적인 소비시장이 등장하게 된다. 즉 소비자의 최소거리 접근요소와 상업입지의 군집요소가 가미된 시장기능에 의해 도시활동의 이용행태에 대한 도시공간구성의 메카니즘이 규명되어야 할 것이므로 이러한 연구를 위해선 미시적 수준의 토지이용현황의 정보가 필요하나 실제는 불비한 실정이다.

생활권계획의 접근방법 하나에서 보더라도 도시계획의 수립이 도시 주민을 대상으로 한 것이 아니고 계획보고서 작성만을 위한 작업으로 되어 있다. 지금까지 수많은 계획이 전시행정적 틀에 급급하고 효용성이 무시되고 있다. 그래서 계획 무용론이 대두되고 있는 것이다.

2) 형체 없는 부도심 정책

대구시는 1965년의 제 1차 도시계획재정비에서 1도심과 대명동, 이현동, 본리동의 3개 부도심을 설정한 후 1969년 제 2차 도시계획재정비에서 동대구역 개발과 더불어 동대구와 본리동 부도심의 정책이 1987년 제 5차 도시계획재정비까지 지속되고 있었다. 20년 정도 일관된 부도심의 공간정책은 실체가 없는 실정이다. 정책 결정 후 토지이용의 현황조사와 분석도 없고 유도하기 위한 용도지역 지정 등 도시계획 수단도 따르지 못하고 있다(헌병철: 68-70).

1984년의 도시기본계획에서 도시의 구조를 기존의 도심과 5개 지역중심(성서, 월배, 고산, 안심, 칠곡)이 독립적인 생활권을 형성하는 것으로 제안하고 1992년 도시기본계획에서는 3개의 부도심으로 안심, 달서, 칠곡의 제안으로 변경되었다. 1997년에는 기존의 도심과 동대구의 신도심으로 구성된 2개 도심과 3개 부도심에 달성권의 현풍면이 추가된 4부도심이다.

실제적인 생활권이 상이함에도 하나의 생활권으로 묶고, 이의 중심지로 부도심을 설정하는 것은 형식적 도시계획의 대표적인 사례이다. 안심과 고산지역의 생활권이 분리 독립적이나 안심의 부도심이 지역중심으로 설정되어 있고 달서와 성서가 고속도로와 성서공업단지로 분리되어 있음에도 이들을 공동 중심지로서 달서 부도심을 설정하고 있다. 특히 달서 부도심의 경우 입지가 구체적으로 제시되지 못할 정도로 애매한 상태이다.

도시기본계획의 공간정책이 실행되지 못하는 대표적인 사례가 칠곡지구의 개발과정에서 알 수 있다. 칠곡 1지구, 2지구, 3지구의 사업이 각각 1988년, 1990년, 1994년에 착공되었다. 1984년의 도시기본계획은 칠곡을 독립적인 지역생활권을 형성하는 것으로 결정하고, 1992년에는 부도심이 설정된 것처럼 칠곡지구는 독립적인 생활권 형성이 1984년 이후 일관된 정책이 있었다. 그러나 택지개발사업과 간선도로 배치에서 칠곡 2지구가 부도심의 핵으로 발전할 수 있는 도시계획의 수단이 따르지 못했다.

부도심은 도심기능의 일부를 수행할 수 있도록 중심성이 자발적으로 집중되는 지구이어야 한다. 대중교통의 이용이 편리하고 접근이 쉬운 장소로 도심기능을 수용할 수 있어야 한다. 도시의 분산적 집중을 위해 부도심 정책이 적극적으로 장려되어야 하나 대구에서는 부도심정책이 도시계획보고서에만 등재되고 현실적인 실천이 없는 정책으로 제시되어 왔다.

3) 기성시가지내 공업지역의 해제와 외곽의 이전

환경오염문제와 도심 인접성에 의한 토지이용 마찰성이라는 빌미로 1984

년 이후 도시기본계획에서 공업단지 및 공업지역의 용도변경을 제안하고 도시계획으로 용도지역이 변경되어 왔다. 이들의 대표적인 사례는 다음과 같다.

① 1984년 도시기본계획에서 제 1공단의 공업지역(제일모직, 대한모방)의 주거용도와 상업용도 변경을 제시하였고(대구시사편찬위원회: 727),

② 1992년 도시기본계획에서 제 3순환선내 공업지역의 점진적 폐지를 선언하였고(대구광역시, 1992: 119),

③ 1997년 도시기본계획에서 대구염색공단, 서대구공단, 제 3공단, 월배공업지역, 대한중석, 연료단지, 안심공단, 사월동 공업용지 등 공업용도를 폐지하고 신설공업단지인 구지공단과 위천공단으로 이전유도를 명시하고 있음(대구광역시, 1997: 138).

대도시내 공업입지 성향의 몰이해에서 출발된 대도시형 공업의 축출과 직주원거리화를 유발하는 교외중심의 공업입지정책으로 전환된 것이다. 당시 제 3공단과 서대구 공단의 입주업체의 설문조사에서 교외의 신규공업단지 이전을 계획하는 업체는 29%에 불과하며 그것도 제 3공단 경우는 19%에 불과 하였다. 대도시 내부에 입지하는 중소기업 중심의 자생적인 입지행태에 대한 이해가 부족한 결과이다. 도심부에 지식기반형 제조업의 유치를 적극적으로 장려하는 선진국의 기업장려지구(Enterprize Zone)정책과 정면으로 배치되는 시책이다(이상철: 55).

기성시가지의 공업지역이 타용도로 전환되면서 막대한 우발이익이 발생하고 이를 사유화하여 도시 내 불평등한 자원배분을 초래하였다. 이의 대표적인 사례는 다음과 같다.

① 제일모직 33,762평, 대한모방 35,129평의 공업지역이 상업지역으로 변경되었고 삼성은 오페라하우스를 건립하여 대구시에 기부채납하고 나머지 용도지역변경에 의한 우발이익은 사유화되었다(대구광역시: 1997).

② 코오롱 부지 35,000평이 공원용지 1500평을 제외하고 아파트용지로 전환되었고 개발이익 중 두류공원 내 야외음악당 건설비용 200억원을 제

외하고 사유화되었다(대구매일신문, 2004)

③ 사월동 공업지역의 187,000여평과 안심연료단지의 94,000여평이 공업지역에서 해제되어 주거지역과 상업지역으로 전환되어 우발이익이 사유화되었다.

④ 사월지구의 공업지역은 해제한 후 시가지 조성의 지구단위계획 수립과정에 나타난 사업방법의 검토에서 전면매수법의 경우는 1200억원의 손실이 발생하고 환지수법인 경우 70%의 감보율을 주장하여 시가지 조성의 공공시설 비용은 시와 구청에서 분담하고 공공용지를 토지소유의 부담으로 유도하는 것으로 되어 있다. 공업지역을 주택지로 변경하는데 공공경비가 전면매수법에서 추정한 손실금액인 1200억원을 부담해야 한다는 논리다(대구광역시, 2001: 159- 168). 이러한 계산의 근거로서 택지의 평가가격이 1997년 가격으로서 주택지가 175만원/평, 상업지역이 300만원/평, 공공시설용지가 119만원/평이라는 매우 낮게 평가된 것이다. 지구단위계획에서 높은 용적률을 확보하여 개발이익을 극대화할 수 있는 준주거지역으로 5700여평을 배정하고 있다.

공업지역 해제에 의한 개발이익의 사유화는 도시계획의 공적규제에 대한 정당성에 심각한 도전이 되고 있다. 도시 내 공업지역은 자체 내 재산가치가 증식된 하등의 이유가 없고 도시계획에 의한 용도변경이나 또는 주변의 시가지 개발의 결과로서 생성된 것에 불과하다. 공업지역은 향후도 공업지역으로 존재하는 것을 전재로 평가되어야 할 것이며 가능하면 타 용도로 전환되는 것도 억제되고 오히려 공업기능이 고도화 되도록 공장재개발이 권장되어야 할 것이다.

4) 대중교통시설과 연계성 없는 대규모 시설의 입지

대량의 교통량을 발생시키는 시설은 지하철 역세권과 연계되어야 한다. 대구의 가장 대표적인 대규모 시설인 월드컵경기장의 입지가 지하철과 너무 원거리이다. 지하철 2호선의 고산역과 월드컵경기장 사이에 지하철 역세권과 연계성이 전혀 없는 고속도로 나들목(신대구-부산고속도로 수성나들

목)이 개발되는 것을 고려하면 월드컵경기장의 입지가 잘못된 도시계획의 대표적인 사례가 될 수 있다.

오페라하우스 및 문화예술회관 등이 대중교통수단의 연계성이 고려되지 못하고 있다. 물론 오페라하우스가 제일모직부지의 용도전환에 따른 반대급부이기 때문에 제일모직 내에 입지 할 수밖에 없지만 만일 도시계획으로 입지를 고민하였다면 대구역 북측의 재개발을 통해 유치할 수 있는 방법을 강구할 수도 있었을 것이다. 지금까지 도시계획이 인허가가 중심이었고 도시공간을 창출하는 역할이 미미한 것에 원인이 있다. 즉 대중교통지향의 도시설계라는 것은 적극적인 도시설계의 노력의 결과로서 창출되는 것이다.

연 습 문 제

1. 지속가능한 발전의 개념을 설명하고 환경적, 사회적, 경제적 접근방법을 제시하시오.
2. 도시계획에서 지속가능한 발전 측면에서 접근할 과제를 제시하시오.
3. 에너지 절약적인 도시공간구성의 방법을 제시하시오.
4. 신도시주의 측면에서 도시공간구성의 원칙을 설명하시오.
5. 대구시 월드컵경기장의 입지 문제점을 평가하시오.

참 고 문 헌

1. 대구광역시 도시기본계획, 1992, 1997.
2. 대구광역시 북구, 칠성/침산동 시가지 조성사업, 상세계획, 1997. 11.
3. 대구광역시, 사월지역 지구단위계획, 2001.
4. 대구매일신문, 2004년 8월 31일
5. 대구시사편찬위원회, 대구시사 – 제2권 정치,행정, 대구광역시, 1995.
6. 대한국토 · 도시계획학회, 서양도시계획사, 보성각, 2004.
7. 안건혁, 온영태 옮김, 뉴어바니즘, 한울아카데미, 2003.
8. 이상철, 도심인접공업단지의 공업입지 행태에 관한 연구, 영남대학교 대학원 도시공학과 석사학위논문, 1996.
9. 이주현, 김지석, 친환경도시만들기, 구미서관, 2003.
10. 정호식, 이우종, "대중교통중심의 지속가능한 토지이용계획수립에 관한 연구", 대한국토 · 도시계획학회, 2001 추계학술발표회 논문.
11. 하성규, 김재익, 전명진, 문태헌, 지속가능한 도시론, 보성각, 2003.
12. 헌병철, 대구시 부도심 정책의 평가에 관한 연구, 영남대학교 환경대학원 환경계획과, 석사학위논문, 1998.

찾아보기

가

사

아

차

카

타

파

하